生物多样性与环境变化丛书

上海崇明东滩鸟类国家级自然保护区科学研究

Scientific Research in Shanghai Chongming Dongtan National Nature Reserve

汤臣栋　马　强　葛振鸣　编著

U0336648

9

高等教育出版社·北京

内容提要

上海崇明东滩鸟类国家级自然保护区地处"东亚－澳大拉西亚"国际候鸟迁徙路线上的重要位置,其所在的崇明东滩湿地是我国规模最大、发育最完善的河口——长江口的典型潮汐滩涂湿地。本书全面梳理和介绍了在该保护区进行的长达30年的自然地理学和生态学研究、生态灾害与应对、湿地生态恢复和可持续管理,内容丰富,包括滨海湿地自然地理、生物多样性、外来种引入与环境污染危害及其控制技术等国内外热点科学问题的研究进展。

本书可供湿地生态学、生物多样性保护、地球科学、环境科学、管理学等领域的学者、科研与管理人员及院校师生阅读,并为我国自然保护区科研与管理提供参考。

图书在版编目(CIP)数据

上海崇明东滩鸟类国家级自然保护区科学研究 / 汤臣栋,马强,葛振鸣编著. -- 北京:高等教育出版社,2018.1
(生物多样性与环境变化丛书)
ISBN 978-7-04-048973-6

Ⅰ.①上… Ⅱ.①汤… ②马… ③葛… Ⅲ.①鸟类－自然保护区－科学研究－崇明区 Ⅳ.① S759.992.513

中国版本图书馆 CIP 数据核字(2017)第 284420 号

策划编辑	关　焱	责任编辑	殷　鸽	封面设计	张　楠	版式设计	马敬茹
插图绘制	杜晓丹	责任校对	张　薇	责任印制	尤　静		

出版发行	高等教育出版社	咨询电话	400-810-0598
社　　址	北京市西城区德外大街4号	网　　址	http://www.hep.edu.cn
邮政编码	100120		http://www.hep.com.cn
印　　刷	北京鑫丰华彩印有限公司	网上订购	http://www.hepmall.com.cn
开　　本	787mm×1092mm 1/16		http://www.hepmall.com
印　　张	15.75		http://www.hepmall.cn
字　　数	380 千字		
插　　页	5	版　　次	2018 年 1 月第 1 版
购书热线	010-58581118	印　　次	2018 年 1 月第 1 次印刷
		定　　价	89.00 元

本书如有缺页、倒页、脱页等质量问题,请到所购图书销售部门联系调换
版权所有　侵权必究
物 料 号　48973-00

SHANGHAI CHONGMING DONGTAN NIAOLEI GUOJIAJI ZIRAN BAOHUQU KEXUE YANJIU

《生物多样性与环境变化丛书》总序

生物多样性是人类赖以生存、繁衍和发展的物质基础和自然资本,是人类自身几乎无法创造或生产的自然产品,无疑也是维持社会经济可持续发展、维护国家安全和社会稳定的战略性资源,具有巨大的经济和社会价值。生物多样性不仅为人类提供了生存的必需品(如食物、工业原料、药物等),而且还提供了无法替代的生态服务,其每年创造的生态服务价值接近人类社会创造的 GNP 的两倍。所以,具有自然生物多样性水平的健康生态系统是人类福祉的基础。

然而,人口的快速增长、工业化和城市化进程的加快以及农业的强化等导致的土地利用方式的改变、资源的不合理利用、外来物种入侵、气候变化、环境污染等主要环境变化过程,正在以前所未有的速度影响着生物多样性及其所栖息的生境。《千年生态系统评估》指出,当前物种灭绝的速度是化石记录速度的 1000 倍,并预测未来物种灭绝速度将是当前的 10 倍多;全球温度上升 1℃,意味着 10% 的物种将面临灭绝的风险。

我国是世界上生物多样性最丰富的国家之一,物种丰富、特有种众多、遗传资源丰富,被誉为生物多样性大国。然而,我国同世界其他国家一样,生物多样性丧失问题日益严峻。根据中国履行《生物多样性公约》第四次国家报告,我国 90% 的草原存在不同程度的退化、沙化、盐渍化、石漠化;全国 40% 的重要湿地面临退化的威胁,特别是沿海滩涂和红树林正遭受严重的破坏;物种资源和遗传资源丧失问题突出,等等。

我国是世界上人口最多的国家,对生物多样性资源的依赖程度也是最高的,正因为此,我国也是对生物多样性造成威胁最严重的国家之一。针对生物多样性丧失的严峻态势,我国政府致力于从源头上消除造成生物多样性丧失的因素。随着我国政府加大生态保护和生物多样性保护的力度,生态恶化的趋势将可能得到局部的遏制,部分受损生态系统的结构与功能将得到一定程度的恢复;一些国家重点保护的动、植物物种和部分野生动、植物种群数量保持稳定或有所上升;生物栖息地质量逐渐得以改善。然而,总体来看,我国的生物多样性仍将面临严重的威胁,特别是随着我国人口的进一步增加、经济的持续增长以及环境变化的进一步加剧,生物多样性及其栖息地仍将面临巨大的压力,因此,亟待开展环境变化背景下生物多样性的保护与研究工作,从根本上扭转生物多样性丧失和退化的不利局面。值得注意的是,就目前的研究现状来看,对环境变化背景下我国生物多样性的动态、保护和可持续利用的研究与生物多样性所面临的威胁远不相称。所以,在我国加强环境变化下生物多样性的教育和基础与应用转化研究,不仅有助于有效保护生物多样性以及合理和可持续利用生物多样性资源,而且也有助于提升我国在生物多样性和环境变化科学研究中的整体水平和实力。

编辑和出版《生物多样性与环境变化丛书》,其目的是介绍生物多样性和环境变化科学的理论体系、研究方法和最新研究成就,向社会传播相关的科学知识。为此,本丛书将包括相关的中外优秀教学参考书(中文版)、研究性专著(中文或英文版)、科普性质的著作等。希望本丛书一方面能满足这两大领域发展所需专业人才培养以及知识普及的需要,另一方面能为我国生物多样性和环境变化科学的研究起到推动作用。

　　总之,人类活动所导致的生物多样性的丧失和环境变化已影响到人类自身的生存和社会的可持续发展。当下,我们需要自觉、理性地调整我们的价值观和行为,以使人与自然能和谐共存、协调发展。这样,我们才能做到为子孙后代留下地球,而不是向他们借用地球,从而能让他们继承地球——我们拥有的唯一星球。

　　希望本丛书所传播的知识能为遏制生物多样性的丧失和环境变化起到积极作用,这也正是我们编辑和出版这套丛书的努力所在。

2012 年立夏于复旦大学

前　言

　　自然保护区的建立能够有效地保护珍贵稀有的生物资源和具有代表性的自然生态系统，对促进国民经济可持续发展和科技文化事业发展也具有重大意义。目前，全球已建立数量众多的自然保护区或保护地。国家级自然保护区是我国自然保护区的精髓所在。截至 2017 年，我国已建立 447 个国家级自然保护区，保护了我国绝大部分重要的生态系统和珍稀濒危物种，其发展建设直接关系到我国生物多样性安全。然而，人类活动干扰、外来种入侵、气候变化等原因会导致原生生态系统生境变化和生态效益被削弱。我国生物多样性丧失的速度也并没有因建立了数量众多的自然保护区而减缓。

　　被誉为"地球之肾"的湿地与森林、海洋并称全球三大生态系统，在世界各地分布广泛。其中，滨海湿地包括分布在大陆架河口与海岸带的滩涂湿地、浅海湿地和岛屿湿地等。河口海岸区域大量泥沙的沉积作用形成了丰富的湿地资源和独特的地形地貌特征，为区域社会和经济发展提供了优越的生态环境保障。更重要的是滨海湿地为众多野生动植物提供了优质的栖息地，并具有物质生产、水质净化、保岸护堤、固碳减排、防止盐水入侵、旅游休闲和自然科普教育等生态服务功能。我国拥有 18000 km 长的海岸线，滨海湿地资源十分丰富，而且我国的滨海湿地汇聚了全国 80% 以上的水鸟种类，是区域性和全球性迁徙水鸟的乐园。

　　全球八大候鸟迁徙路线中有 3 条通过我国境内，其中穿过 22 个国家的"东亚–澳大拉西亚"路线是最重要的一条，每年约 500 种数千万只迁徙水鸟往返于该路线。上海崇明东滩鸟类国家级自然保护区（也称"崇明东滩湿地"）是我国为数不多的针对国际迁徙水鸟，特别是"东亚–澳大拉西亚"路线上 200 余种候鸟所设立的保护区，可见其在国际生物多样性保护方面的重要性，该保护区在 2002 年被列入《关于特别是作为水禽栖息地的国际重要湿地公约》（又称《拉姆萨尔公约》）中的《国际重要湿地名录》。该保护区位于崇明东滩湿地，由长江径流夹带的巨量泥沙在江海的相互作用下沉积而成，是我国规模最大、发育最完善的河口——长江口的典型潮汐滩涂湿地，目前仍以每年 80~110 m 的淤涨速度向东海推进，形成了独特的地形地貌特征。保护区已记录到的鸟类有 17 目 50 科 298 种。其中国家一级保护鸟类有东方白鹳（*Ciconia boyciana*）、黑鹳（*Ciconia nigra*）、白头鹤（*Grus monacha*）3 种、国家二级保护鸟类有白枕鹤（*Grus vipio*）、黑脸琵鹭（*Platalea minor*）、小天鹅（*Cygnus columbianus*）等 35 种；列入《中国濒危动物红皮书》的鸟类有 20 种；列入《中华人民共和国政府和日本国政府保护候鸟及其栖息环境的协定》和《中华人民共和国政府和澳大利亚政府保护候鸟及其栖息环境的协定》的鸟类分别为 156 种和 54 种，每年在崇明东滩湿地过境中转和越冬的水鸟总量逾百万只。此外，崇明东滩湿地还具有丰富的鱼类、两栖爬行类、无脊椎动物资源和以芦苇（*Phragmites australis*）、藨草（*Scirpus triqueter*）、海三棱藨草（*Scirpus×mariqueter*）群落为主的高生产量的植物资源。特殊的地理位置和快速演化的生态系统特征使崇明东滩湿地成为具有国际意义的重要生态敏感区。

　　然而，崇明东滩湿地的保护和发展面临众多挑战与问题。如早期大面积的围垦和填海、土地利用模式改变、环境污染等人为活动造成湿地面积锐减、地形地貌变化、水体富营养化、鸟类适宜生境丧失等后果。在这些威胁因素的作用下,湿地的结构被改变,导致湿地生态系统功能退化。同时,保护区最为突出的问题在于互花米草(*Spartina alterniflora*)的引入和飞速扩张。互花米草对沿海及河口滩涂环境具有良好的适应能力,是我国滨海湿地最典型的入侵植物,也是全球海岸盐沼生态系统中最成功的入侵植物之一。互花米草入侵崇明东滩湿地后,迅速挤压了土著植物海三棱藨草和芦苇的分布区,而海三棱藨草群落是迁徙鸟类最适宜的生境。互花米草的生长还抑制了底栖动物的生长,从而影响以底栖动物为食的鸻形目和白鹭属等鸟类。互花米草在滩涂上形成纯种群落后,抑制了其他植物生长,使贝类在密集的互花米草草滩中活动困难,甚至窒息死亡,从而威胁了鱼类、鸟类的食物来源,降低了滩涂的生物多样性,严重破坏了崇明东滩湿地生态敏感区的自然平衡。因此,如何尽快控制住互花米草的扩张,改善入侵地的生态系统质量,为鸟类提供稳定的栖息地和食物来源,成为保护区近年来迫切需要解决的问题。

　　由于蕴含着众多经典和前沿的生态学问题,崇明东滩湿地吸引了数以千计的科研人员投身其中开展科研工作。1985—2015年,国内外生态学者针对崇明东滩湿地发表了科研论文400余篇,培养了近200位研究生。在此基础上,本书以崇明东滩湿地为对象,紧扣区域特性,综述了已发表的科研论文的要点。本书以自然地理、生物多样性及生态服务价值、外来种影响、生境修复与可持续管理四大方向作为框架,综述了崇明东滩湿地沉积物性质与地球化学特征、地形结构和地貌演变、潮滩岸线动态监测、植物多样性、鸟类多样性、底栖生物多样性、鱼类多样性、微生物多样性、湿地生态服务价值、互花米草引入与危害、外来种控制技术、原生植被恢复与可持续管理、环境污染及对策、气候变化的影响与应对等国内外热点科学问题的科研进展。本书对崇明东滩湿地长达30年的生态学研究、生态灾害应对和可持续管理做了全面的梳理和介绍,在我国国家级自然保护区中尚属首例。本书可供湿地生态学、生物多样性保护、地球科学、环境科学、管理科学等领域的学者、科研人员、管理人员及院校师生阅读,并为保护区的科研与管理提供参考。

　　本书分四大部分,共17章,前期资料和科研论文由上海市绿化和市容管理局野生动植物保护处、上海崇明东滩鸟类国家级自然保护区管理处、华东师范大学、复旦大学的相关人员收集与整理。正文第一至三章由汤臣栋、马强、葛振鸣编写;第四至八章由葛振鸣、汤臣栋、马强、吴巍撰写;第九章由胡忠健、葛振鸣撰写;第十至十二章由汤臣栋、马强撰写;第十三章由葛振鸣、胡忠健撰写;第十四、十五章由汤臣栋、马强、吴巍撰写;第十六章由胡忠健撰写;第十七章由葛振鸣、王恒、崔利芳撰写。其他人员担任数据核对、文字与图表校对工作。全书由汤臣栋、葛振鸣、马强统稿;由复旦大学李博教授、吴纪华教授、马志军教授,华东师范大学张利权教授、周云轩教授、李秀珍教授以及上海交通大学刘春江教授审稿。

　　上海崇明东滩鸟类国家级自然保护区管理处由衷地感谢众多科研人员!你们的科研成果和学术论文对崇明东滩湿地的生态学研究、生物多样性保护、外来种治理、保护区科学管理等方面做出了卓越的贡献!

　　本书由国家重点研发计划(2017YFC0506000)、国家自然科学基金(41571083)、上海市科学技术委员会"科技创新行动计划"(17DZ1201900)和河口海岸学国家重点实验室自主课题(2015KYYW03)资助出版。

　　珠玉在前,限于编著者水平有限,本书存在不足之处在所难免,敬请同行和读者批评指正!

作者

2017年6月

目　　录

第二篇 生物多样性及生态服务价值研究

第三篇　外来种影响研究

第四篇　生境修复与可持续管理研究

第一篇　自然地理研究

第一章

上海崇明东滩鸟类国家级自然保护区概况

第一节 保护区简介

一、保护区成立历史

上海崇明东滩鸟类国家级自然保护区(也称"崇明东滩湿地")位于长江入海口,崇明岛的最东端。崇明岛是我国第三大岛,是我国最大的河口冲积型岛屿,也是我国最大的沙岛。因此,崇明东滩湿地是由长江径流夹带的巨量泥沙在江海的相互作用下沉积而成的河口滨海湿地,目前仍以每年 80~200 m 的淤涨速度向东海推进。崇明东滩湿地还是长江口规模最大、发育最完善的河口型潮汐滩涂湿地,其南北狭,东西宽,区内潮沟密布,高、中、低潮滩分带十分明显,是亚太地区迁徙水鸟的重要通道,也是多种生物周年性溯河和降河洄游的必经通道。

尤其是崇明东滩湿地处于全球鸟类八大迁徙路线之一的"东亚-澳大拉西亚"路线中段,是国际性候鸟迁徙路线上的重要驿站。在保护区,过境迁徙候鸟可以停留、休憩和觅食,补充能量,恢复它们在长途飞行过程中损失的近 60% 的体重,作为候鸟北迁的第一站和南归的最后一站,其重要性不言而喻。

由于崇明东滩湿地鸟类及其栖息地在保护与研究上的重要意义,该区域长期以来受到国内外的广泛关注。自 20 世纪 80 年代以来,国内外众多的专家、学者在此开展了大量的研究工作,为自然保护区的选址、规划、建立和发展奠定了科学基础。

在上海各高校和各部门专家的大量研究基础上,20 世纪 90 年代初,由上海市农林局牵头,组织有关专家和部门对崇明东滩湿地建立自然保护区开展了建区论证的前期研究工作(孙振华和虞快,1991,1998)。经过多年的努力,至 1998 年 11 月,上海市人民政府以沪府[1998]59 号《上海市人民政府关于同意建立上海市崇明东滩鸟类自然保护区的批复》,正式批准建立"上海市崇明东滩鸟类自然保护区",并明确保护区由上海市农林局主管。1999 年 4 月上海市机构编制委员会以沪编[1999]38 号《关于同意建立上海市崇明东滩鸟类自然保护区管理处的通知》,批准成立"上海市崇明东滩鸟类自然保护区管理处",核定事业编制 35 人。

崇明东滩鸟类自然保护区的相关工作和可持续管理还得到了国家有关部门的高度重视和关注。在 1992 年颁布的《中国生物多样性保护行动计划》中,崇明东滩被列为具有国际意义的 A2 级湿地生态系统类型;1999 年 7 月,崇明东滩被正式列入东亚-澳大拉西亚涉禽保护区网络;2000 年被《中国湿地保护行动计划》列入中国重要湿地名录;2002 年被政府列为未来 5 到 10 年优先保护的 17 个生物多样性关键地区之一。由此,崇明东滩对于生物多样性及湿地环境的保护具有国家战略意义。

为进一步做好崇明东滩自然资源本底调查工作,受上海市农林局委托,华东师范大学于 1999—2001 年联合上海有关高校开展了崇明东滩鸟类自然保护区科学考察活动,获得了大量的原始资料。在此基础上,2002 年 1 月,经上海市人民政府同意,中国政府提名,崇明东滩被正式列入《拉姆萨尔公约》(Ramsar Convention)下的"国际重要湿地",国际地位和影响力日益提升。

2003 年,崇明东滩鸟类自然保护区开始申报国家级自然保护区。2005 年 7 月 23 日,国务院办公厅以国办发[2005]40 号《国务院办公厅关于发布河北柳江盆地地质遗迹等 17 处新建国家级自然保护区的通知》,批准其晋升为"上海崇明东滩鸟类国家级自然保护区"。

2006 年,上海崇明东滩鸟类国家级自然保护区被国家林业局确定为全国 51 个具有典型性、代表性的示范自然保护区之一,并在国家林业局编制的《全国林业自然保护区发展规划(2006—2030 年)》中被列为重点建设的自然保护区之一。

二、保护区地理位置

上海崇明东滩鸟类国家级自然保护区范围在东经 121°50′—122°05′,北纬 31°25′—31°38′(图 1-1),南起奚家港,北至北八滧港,西以 1988 年、1991 年、1998 年和 2002 年等建成的围堤为界限(目前的一线大堤),东至吴淞标高 1998 年零米线外侧 3000 m 水域,呈仿半椭圆形,航道线内属于崇明岛的水域和滩涂。崇明东滩湿地总面积为 241.55 km²,由团结沙、东旺沙、北八滧三部分滩涂沙体浅滩组成。

整个保护区被划分为 3 个区域,分别为核心区、缓冲区和实验区(图 1-2)。

核心区面积 148.42 km²,占保护区总面积的 61.44%。该区为海三棱藨草植被集中分布区域,为保护区目前保存较为完好的自然生态系统,为 5 类鸟类类群的主要栖息地、觅食地和越冬地。对该区实现全年的严格保护措施,有利于系统内各种生物物种的生长、栖息和繁衍。一般情况下,该区禁止任何单位和个人进入,但因科学研究的需要,经上海市以及国务院有关自然保护区行政主管部门批准后,可以进入核心区从事科学研究观测、调查活动。

缓冲区面积 39.01 km²,占保护区总面积的 16.15%,分为南、北两个部分。该区为核心区以外主要保护对象相对集中分布的区域,为核心区外划定的严格保护区域。该区经保护区管理处批准后,可以从事非破坏性的科学研究、教学实习和标本采集活动。

实验区面积 54.12 km²,占保护区总面积的 22.41%。该区可以从事科学试验、教学实习、参观考察、旅游以及驯化、繁殖珍稀濒危野生动植物等活动。

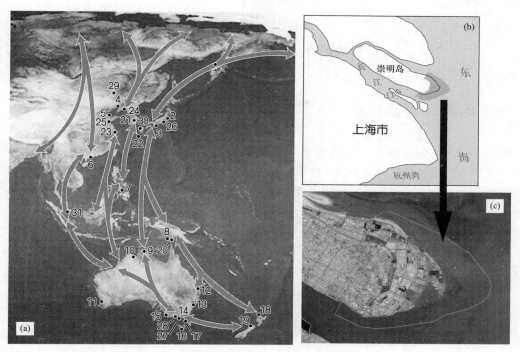

图1-1 上海崇明东滩鸟类国家级自然保护区(崇明东滩湿地)地理位置。(a)"东亚-澳大拉西亚"候鸟迁徙路线;(b)崇明岛区位;(c)崇明东滩湿地区位。(a)中数字编号代表候鸟迁徙路线上的重点区域,23号代表了崇明东滩湿地

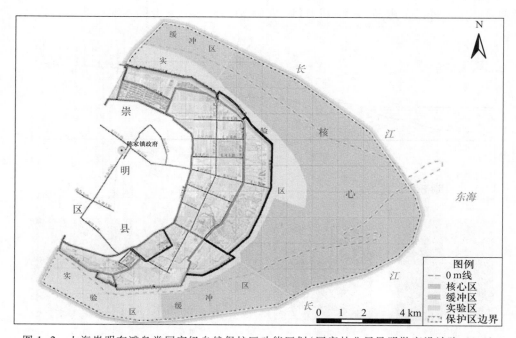

图1-2 上海崇明东滩鸟类国家级自然保护区功能区划(国家林业局昆明勘察设计院,2010)

第二节　自然地理特征

一、地质和地貌特点

崇明东滩湿地是上海市面积最大的一块自然湿地,自人工堤至低潮线滩面宽约7000 m,滩地以0.05%的坡度微微向海倾斜,每年以80~200 m的速度呈舌状向东淤涨。崇明东滩湿地平均每年约增加面积4 km^2。崇明东滩鸟类国家级自然保护区之所以依托崇明东滩湿地作为基础,与其地貌发育过程关系十分密切。

长江每年携带的泥沙多达5×10^8 t,在河口地区堆积形成了我国第三大岛——崇明岛,所以崇明岛是长江三角洲发育过程的产物,是长江河口最大沙岛。崇明岛早在618年就具雏形,后经复杂变化至1644年已呈现代轮廓。该岛面积1083 km^2,平均海拔2.3 m(吴淞零点),地势南高北低。1733年起,长江北支先后涨出10余处沙洲,并连成一片,称崇明外沙。20世纪80年代,崇明岛东部的团结沙经围垦与其相连,成为今日崇明东滩鸟类国家级自然保护区的一部分。

根据地貌学形态成因的分类原则和长江口地区地貌形成的外动力过程,崇明东滩湿地属于潮滩地貌类型(徐志明,1985)。潮滩由潮上带、中潮滩、低潮滩和潮下带组成(图1-3)。潮上带指平均大潮在高潮线以上的淤泥质沉积地带,潮间带指平均大潮在高潮线和平均低潮线之间的滩涂;在这两个区域的滩涂受周期性海洋潮汐影响。崇明东滩湿地的潮下带非常宽,一直延伸至20 km外的佘山岛(东经122°14′,北纬31°25′),潮下带的水深约5 m。崇明东滩湿

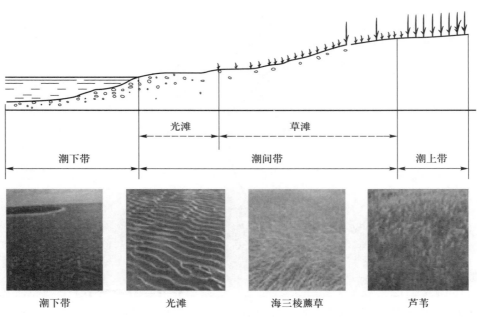

图1-3　崇明东滩湿地典型地貌特征

地地貌的一个重要特征是潮滩区中有众多大大小小发育良好的潮沟,潮沟是由于进潮和落潮时的潮水冲刷而成的,其主要作用是加速了潮水的涨落速度。潮沟在潮滩上的发育形成了众多的生态微环境,具有丰富的生物多样性。

崇明东滩湿地的土壤类型主要为潮滩盐土。其中,潮上带基本上是沼泽潮滩盐土,而潮下带是潮滩盐土。潮滩盐土适宜盐生化草本植物群落的自然生长。

二、气候、气象条件

崇明东滩湿地地处中亚热带北缘,属海洋性季风气候。气候温和湿润,四季分明,夏季湿热,盛行东南风;冬季干燥,盛行偏北风。春秋季节是气候转换的季节,季风气候特点明显。年平均日照时数为 2137.9 小时,无霜期长达 229 天。年平均气温为 15.3℃,极端最高气温为 37.3℃,极端最低温为 -10.5℃。降水充沛,年降水量为 1022 mm,主要集中在 4—9 月,占全年降水的 71%。由于处在长江口和东海水体的包围之中,水体热容量大,对区内气温有良好的调节作用。

四季气候特征在于,春季平均气温 10~22℃,冷暖变化大(日温差达 9℃左右),气温回升缓慢且跳跃式上升,多阴雨。春暖年 4 月中旬气温可升至 29℃,春寒年则最低气温可降至 3℃,并出现倒春寒、霜冻等现象。夏季平均气温高于 22℃,6 月下旬进入梅雨季节,雨量最大可达 197.4 mm。7 月上旬开始进入盛夏季节,最高气温可超过 35℃,常有伏旱现象发生。秋季平均气温 10~22℃,9 月下旬平均气温可降至 19℃ 以下,降水较少,易造成秋旱。冬季平均气温在 10℃ 以下。1—2 月平均气温在 3℃ 左右,极端最低气温为 -10.5℃。冬季是全年降水量最低的季节,降雪天数平均为 6.7 天。

总体上崇明东滩湿地整体空气质量良好,大气污染物浓度较低(马琳等,2011),但降水为轻度污染的弱酸性水(滕吉艳等,2010)。从各月份 pH 变化来看,9 月 pH 相对较低,1 月和 7 月较高,各季节 pH 变化规律为秋季<春季<夏季<冬季;湿沉降中主要酸性离子 NO_3^- 和 SO_4^{2-} 平均含量分别为 68 $\mu mol \cdot L^{-1}$ 和 241 $\mu mol \cdot L^{-1}$,季节变化均表现为秋季>冬季>夏季≈春季; SO_4^{2-} 和 NO_3^- 是主要致酸离子, NH_4^+ 和 Ca^{2+} 是主要碱性离子,大气颗粒物主要以 $(NH_4)_2SO_4$、 NH_4HSO_4、NH_4NO_3 的形式存在。周边人类活动产生的燃煤排放可能是湿沉降呈酸性的最主要原因。

崇明东滩湿地区域 3—8 月多东南风,9、10 月多北风和东北风,11 月至次年 2 月多北风、西北风,西北风频率高达 35%~40%,总体上全年盛行风向为东南风。夏秋两季是崇明岛台风频发季节,多发生于夏季,其中 8 月最盛,7、9 月次之,平均每年 1.5 次。台风侵袭时常伴有暴雨,风力可达 8 级以上,日降水量可超过 50 mm。冬季和初春是崇明岛寒潮易发季节,冷空气频繁南下,西北风最大的风速可达 24 $m \cdot s^{-1}$,形成寒潮,每年风速达 10 $m \cdot s^{-1}$ 以上的寒潮天气约为 37 天。

三、水文特征

崇明东滩湿地所在的长江口为中潮型河口,每日昼夜两潮,涨落有序。平均潮差 2.6 m,大潮平均潮差近 4 m,历史上最高潮位为 5.7 m。每年 8、9 月间是潮位最高的季节。潮汐涨落是塑造崇明东滩湿地的主要因素,其北侧紧靠长江口北支,北支为一涨潮槽,涨潮流速和含沙量均大于落潮流速和含沙量;其南侧与长江口南支北港相邻,南支落潮流作用大于涨潮流作用。崇明东滩湿地滩面涨潮流具旋转流性质,涨潮时潮流顺时针方向旋转。靠近南支、北支处的两侧,潮流则表现为往复流性质。

崇明岛北侧的北支和南侧的北港涨落潮流受岛屿地形的影响。潮流方向为往复流,涨潮西流,落潮东流,但东滩东旺沙外的潮流受常见南北支涨落潮流的时差和地形的影响,潮流具有旋转性质。同时它有位于落潮流的波影区,潮流速小,有利于泥沙大量沉积。因此,崇明东滩湿地是长江所携带来的泥沙在径流与潮流相交汇的地带淤积而成,也是崇明岛淤积速率最大的地段。

崇明东滩湿地附近水体含沙量涨潮为 $1.55\ kg\cdot m^{-3}$,落潮为 $0.78\ kg\cdot m^{-3}$,平均为 $1.16\ kg\cdot m^{-3}$ (陈德昌等,1989)。近 30 年来,岸滩向东淤涨的速率为 $150\sim190\ m\cdot a^{-1}$。崇明东滩湿地的东旺沙、奚家港和北八溆潮间带断面坡度分别为 $1/(170\sim200)$、$1/350$、$1/400$ 左右。潮间带底质的水平分布规律是随着滩面高程的降低而变粗,高潮滩为黏土质粉砂、中潮滩为粉砂、低潮滩为粉砂或砂质粉砂。潮上带底质垂直分布规律,从上而下也逐渐变粗。

长江河口区的波浪主要受河沙口风场的影响,年平均波高为 0.9 m,周期 3.9 s,波长 24 m。台风主要入侵方向为东南、东北方向,台风时最大波高可达 6.2 m。除长江口区波、潮、流等因素外,来自长江流域的输沙过程也是影响崇明东滩湿地发育的主要因素(杨世伦,1990)。长江口的悬沙年最大输沙量为 $6.78\times10^8\ t$,最小输沙量为 $3.41\times10^8\ t$,年平均输沙量为 $4.86\times10^8\ t$,占全年全球河流入海悬沙总量的 2.7%。长江口输沙量存在明显的季节不均匀性,洪季 6 个月(5—10 月)输沙量占年输沙总量的 87.2%,枯季 6 个月(11 月—次年 4 月)输沙量仅占 12.8%。7 月输沙量最大,占全年的 21.9%;2 月输沙量最小,仅占全年 0.6%。

据对长江大通水文站水沙资料的统计,长江来水量总趋势变化不大,但各年输沙量变化较大。20 世纪 50—80 年代为第一阶段,最大输沙量出现在 60 年代,为 $6.47\times10^8\ t$(1964 年);80 年代以来为第二阶段;最小输沙量出现在 90 年代,为 $2.39\times10^8\ t$(1994 年),与长江水下三角洲的相关研究结果比较一致(杨世伦等,2002)。1958—1978 年垂向平均淤积速率为 $55\ mm\cdot a^{-1}$,1978—1998 年垂向平均淤积速率下降至 $11\ mm\cdot a^{-1}$。

参 考 文 献

陈德昌,尤伟来,虞志英. 1989. 崇明东滩环境质量评价. 海洋环境科学,8(1):22-26.

马琳,杜建飞,闫丽丽,陈建民,李想. 2011. 崇明东滩湿地降水化学特征及来源解析. 中国环境科学,31(11):1768-1775.

孙振华,虞快. 1991. 崇明东滩候鸟自然保护区的建立及其功能区划. 上海环境科学,10(3): 16-19.

孙振华,虞快. 1998. 崇明东滩鸟类自然保护区的建立及其意义. 上海建设科技,4:24-26.

滕吉艳,史贵涛,薛文杰,宋国贤,汤臣栋. 2010. 崇明东滩大气湿沉降酸性特征. 环境化学,29(4):649-653.

徐志明. 1985. 崇明岛东部潮滩沉积. 海洋与湖沼, 16(3)：231-239.

杨世伦. 1990. 崇明东部滩涂沉积物的理化特性. 华东师范大学(自然科学版), 03：110-112.

杨世伦, 赵庆英, 丁平兴, 朱骏. 2002. 上海岸滩动力泥沙条件的年周期变化及其与滩均高程的统计. 海洋科学, 02：37-41.

第二章

地形地貌发育特征

第一节　沉积物性质与地球化学特征

一、沉积物构造

崇明东滩湿地是以潮汐作用为主要动力所塑造形成的粉砂淤泥质海岸湿地,也称为潮滩或潮坪。杨留法(1997)通过对崇明东滩湿地的详细观测和分析,根据潮汐水文、滩面高程、滩面组成物质、植被群落、土壤类型等差异,将崇明东滩湿地粉砂淤泥质海岸带的微地貌类型主要划分为潮上带的海岸(后滨,相当于芦苇、糙叶薹草带)、潮间带的高、中、低潮滩(滩面物质分别为粉砂、砂质粉砂、粉砂质砂)或高、低潮滩(前滨,相当于海三棱藨草和藨草带、盐沼光滩)以及潮下带的水下岸坡上部(临滨或近滨)和水下岸坡下部(滨外或外滨)。

崇明东滩湿地的沉积构造有如下特点(徐志明,1985;图 2-1)。

1. 潮上带

表面构造:暴露在空气中的时间较多,有微弱的直脊链状波痕,但一般比较模糊。在冬季,有树枝状冻裂痕。

垂直构造:以悬浮沉积作用为主,层理主要为薄层泥质粉砂与粉砂互层。水流因受到植物的阻挡,沉积界面起伏不平,层理表现略有弯曲。有很清楚的含细砂粗粉砂夹层,与薄互层规则地交替出现。

2. 潮间带上部

表面构造:具有一定的水流作用,波痕等表面构造类型丰富。

垂直构造:悬浮沉积作用与推移质沉积作用交替出现。层理以粗粉砂与泥质粉砂厚层互层、细砂质粉砂与粉砂厚层互层为主。常见有下列层理:平行层理、透镜状层理、波状层理、脉

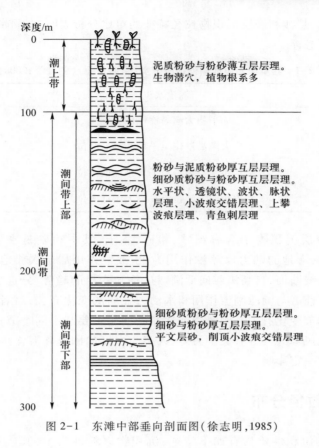

图 2-1 东滩中部垂向剖面图(徐志明,1985)

状层理、小波痕交错层理、爬升波痕纹层,此外还有揉皱、包卷层理。

3. 潮间带下部

表面构造:水流速度大,有弯曲形水流波痕、舌形水流波痕。

垂直构造:以推移质沉积作用为主。层理主要为细砂质粉砂与粉砂厚层互层、细砂与细砂质粉砂厚层互层。单层由下而上,层厚有减薄的趋势。

4. 潮下带

表面构造:水流强度最大,主要发育舌形水流波痕和弯曲形水流波痕。

垂直构造:由整个滩地的垂直沉积构造可见,自潮间带下部到潮上带,由高能量的平纹层砂及较大的小波痕交错层理变为较小的小波痕交错层理和脉状、波状、透镜状层理,再变为低能量的水平层理。这与潮汐强度的变化完全一致。

通过对崇明东滩湿地两个海滩剖面、表层沉积物和悬沙粒径以及同步水沙资料的分析,相关研究提出了波流共同作用下表层沉积物和地貌的分异规律(刘红等,2008),并以潮汐水位和高精度海滩剖面数据对崇明东滩湿地微地貌类型按高程进行了新的划分(表 2-1)。在波流的作用下,表层沉积物中值粒径由破波带向两侧逐渐变细,由破波带向岸方向,流速逐渐减小,含沙量逐渐增加。悬沙和表层沉积物粒径特征的对比分析表明,潮间带上部的悬沙主要来源于破波带泥沙的再悬浮。

表 2-1   崇明东滩湿地潮滩地貌分类(吴淞基面)(刘红等,2008)

潮滩分带	潮汐水位	滩面高程/m
潮上带	平均大潮高潮位以上	>3.8
高潮滩	平均大潮高潮位至平均小潮高潮位	3.0~3.8
中潮滩	平均小潮高潮位至平均小潮低潮位	2.5~3.0
低潮滩	平均小潮低潮位至平均大潮低潮位	2.0~2.5

崇明东滩湿地表层沉积物中含有细砂、粉砂、黏土,其中粉砂是主要组分(刘清玉等,2003)。塑造崇明东滩湿地的动力以潮汐作用为主,波浪作用居于次要地位。沉积物的平均粒径自北线断面向南线断面、自高潮滩向低潮滩呈逐渐变粗的趋势,分选变差,且平均粒径具有明显的季节变化。前者与潮滩潮流作用和水动力强弱的变化有关,后者与风向风浪潮差的季节变化和植被的季节变化有关。潮滩季节性冲淤变化主要与不同季节水文条件的差异性、潮滩植被季节变化及风暴天气等有关。另外,人类高强度的围垦和海洋生物资源的开发等都会对潮滩的发育产生一定影响。

二、沉积物粒径分布

崇明东滩湿地的沉积性质具有如下特征:沉积物以粉砂为主,其次是细砂,泥较少(徐志明,1985)。由潮下带到潮上带,物质逐渐变细。东滩中部向东延伸的水平剖面,平均粒径由潮下带的 3.74Φ[①]转变到 6.05Φ(表 2-2)。反映在各个粒级的含量上,细砂由 60% 减少到 0.5%;粉砂由 37% 增加到 82.5%;泥由 3% 上升到 17%。其原因在于,在涨潮的后期,随着流速的逐渐减小,水体中所携带的物质由粗到细发生"沉积滞后";在落潮时,因沉积物的起动流速大于沉降速度,因而发生"冲刷滞后"。由崇明东滩湿地南、中、北部三个水平剖面的资料分析表明,由南向北,各个相带都相应地变细。如潮间带下部,南、中、北部的平均粒径分别为 3.45Φ、4.25Φ、4.70Φ。这是由于北部区域的物质在自南向北的扩散过程中,粒径逐渐变细的结果。

表 2-2   崇明东滩湿地各相带平均粒径(Φ)(徐志明,1985)

部位相带	潮上带	潮间带上部	潮间带下部	潮下带
南部	5.50	4.20	3.45	3.10
中部	6.05	4.75	4.25	3.74
北部	6.70	5.45	4.70	4.10

① $\Phi = -\log_2$(绝对粒径,mm)。

崇明东滩湿地低潮滩粉砂滩有一定面积被围垦改造,沉积物主要由土黄色粉砂质黏土和黏土质粉砂组成,夹有薄泥层,含大量黑色有机质(张雯雯等,2008)。湿地沉积物粒径大,滩面宽、坡度小,具有"潮滩型"剖面的特点(图2-2)。中潮滩潮水沟边坡有波痕发育,波长一般为 6~8 cm,波高 1 cm。中潮滩向海一侧发育直脊链状波痕,波长一般为 6~8 cm,波高一般为 3~5 mm。低潮滩主要由土黄色至青灰色粉砂组成,发育各种类型的波痕,如直脊链状波痕、舌形波痕、菱形波痕,波长一般为 6 cm,波高一般为 1 cm,波脊上常有黑色的重矿物富集,与中潮滩交界处常有侵蚀作用形成的集水洼地。此类剖面主要受潮流作用影响,沉积物粒径要大于"江岸型"剖面,其滩面宽度大、坡度小。崇明东滩湿地剖面平均粒径从中潮滩的 5.164Φ 变化到低潮滩的 4.521Φ,具有高潮滩向低潮滩平均粒径逐渐变小、标准偏差变大的变化特征,基本上反映了潮滩水动力条件的变化规律。

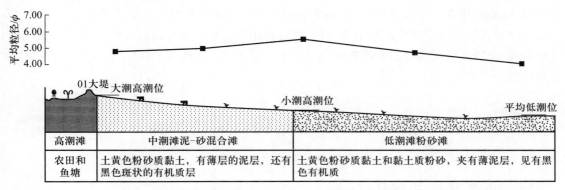

图2-2 崇明东滩湿地典型潮滩剖面示意图和沉积物粒径分布(张雯雯等,2008)

崇明东滩湿地由岸向海,潮沟内的沉积物变粗,平均粒径由 6.63Φ 到 3.68Φ,标准偏差由 2.21Φ 变为 1.23Φ,这与滩地沉积结构的变化一致。但物质粗细的纵向变化梯度大于滩地。由潮上带到潮间带上部,滩地一般为粉砂到细砂质粉砂,而潮沟却由粉砂变为粉砂质细砂。表面潮沟由于滩地汇水而使水动力强度迅速增加。自沟底到边滩上部,沉积物变细,如在潮上、潮间带交界处的潮沟横剖面上,平均粒径由 4.58Φ 变为 4.66Φ。标准偏差由 2.1Φ 变为 1.51Φ,分选性自沟底到边滩上部变好,说明沉积物的分异作用由沟底到边滩上部加强。沟内出现了两种不同于河流沉积的点坝,边滩内部纵向交错层理发育。

三、沉积物地球化学特征

王立群和戴雪荣(2006)利用崇明东滩湿地采得的北线、中线和南线三个典型区域的沉积物剖面样品,测定了其中的有机碳、总氮、活性铁、总磷以及粒径等特征参数,分析了地球化学元素的分布变化特征并对其沉积环境的变化进行了探讨。结果发现,①有机碳和总氮含量在三个柱样的垂向分布上都表现出一定规律性。表层/亚表层含量大,变化较复杂;中、下层主要受氧化分解和矿化作用影响,有机碳含量降低;但在每层都表现出异常点,显示出其受不同的物源输入、氧化还原进程与生物化学过程的共同影响,以及长江口复杂的水动力条件的扰动作用。②崇明东滩湿地沉积物的活性铁分布变化具有一定的规律性,在北线、中线和南线剖面的

柱样中 Fe^{3+} 含量、Fe^{3+}/Fe^{2+} 值都表现为从表层向下逐渐递减,而 Fe^{2+} 含量表现为逐渐增加。沉积物环境以弱氧化型和还原型为主,且其垂向变化的规律性明显。中线和北线剖面的柱样中氧化还原界面为 40 cm 左右,其上为氧化环境,其中 20~40 cm 是氧化性较强的层位,40 cm 以下为还原环境,下层表现为强还原性。南线剖面的柱样中氧化还原界面为 22 cm 左右,氧化环境与还原环境强度均小于中线和北线剖面柱样的相应层位。③从有机碳、活性铁、总磷以及粒径的实验结果看出,活性铁的分布与粒径有一定的相关性,受有机碳和总磷的氧化降解影响明显。各柱样氧化还原界面的位置和总磷含量突变位置基本上与中、高潮滩的划分位置相当。

硅作为海洋中一种重要的营养元素,对于海洋中硅藻来说具有不可替代的作用。崇明东滩湿地潮滩沉积物与渤海和黄海沉积物类似,沉积物生物硅含量也处在较低水平,沉积物中所含有的陆源黏土矿物也使硅酸盐在孔隙水中的浓度远低于纯生物硅的溶解度(高磊等,2007)。沉积物中含氮量以及氮/生物硅摩尔比等指标随深度呈现出降低的趋势,这反映了沉积物中的有机物在早期成岩过程中的降解,并且氮比生物硅降解得快。沉积物中 $\delta^{15}N$ 值与含氮量和氮/生物硅摩尔比等指标都具有一定的正相关关系。这反映了修坝、台风等偶然事件对沉积过程的影响。

第二节　地形结构和地貌演变

一、滩涂发育与变化

崇明东滩湿地近 60 年来(1951—2006 年),滩涂不断发育,在不同阶段形成了动态变化的趋势(郑宗生等,2013)。依据海图数据和 TM 及 ETM^+ 卫星数据,采用水边线及等深线叠加技术,将湿地陆面及水下部分作为相互关联的整体,定性与定量相结合,综合分析崇明东滩湿地近 60 年的演变(图 2-3,表 2-3)。结果表明,①1979—1989 年,是崇明东滩湿地演化最快的 10 年,人类活动是湿地自然演变的重要驱动力,白港潮汐通道的封堵使崇明东滩湿地成陆过程大大加快,湿地 0 m 线较为稳定地向东部扩展;②1989—2002 年,水边线向前推进的距离最大达到3.9 km,水平淤积速率超过 300 m·a^{-1};北六滧港附近形成舌状淤积体,最宽处达到 1.6 km;与此相反,南部奚家港至团结沙岸段 2 m 水边线则表现为侵蚀后退,其中后退距离最大达 500 m,水平侵蚀速率为 27.68 m·a^{-1};③1990 年后,崇明东滩湿地的淤积主要集中东北部、中部及东南部区域,北部岸段的淤积明显变缓;南部由于护岸工程的影响,侵蚀作用亦趋于停止,成为相对稳定的岸段;④2003—2005 年,崇明东滩湿地滩涂演变过程趋于稳定,在长江口河势稳定的情况下,将保持"南冲北淤、部分交替、中部淤涨"的态势。但东滩北部甚至出现了轻微的侵蚀,表明此岸段冲淤交替现象的存在。

通过对崇明东滩湿地水文、泥沙和地形等资料的分析,赵常青等(2008)发现崇明东滩湿地在 1983—2001 年淤涨延伸较快,0 m 以上各等高线大幅度向外扩展,潮滩面积稳定增长,3.5 m 以上面积增加最多(表 2-4)。滩面淤高迅速,尤其是高潮滩,且有随高程的降低,淤高速率下降的趋势。2003 年及以后 3.0 m 以上面积年均增长率下降。

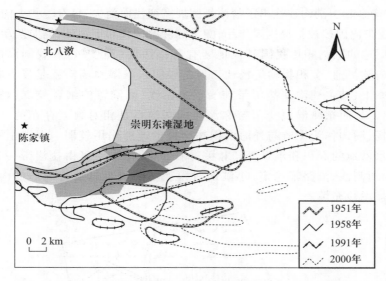

图 2-3 1951—2000 年崇明东滩湿地 0 m 等深线变化图（郑宗生等,2013）

表 2-3 1991—2005 年崇明东滩湿地潮间带面积变化（郑宗生等,2013）

潮位	1991 年	2002 年	2005 年
高潮滩/km²	19.0	7.65	9.3
中潮滩/km²	84.0	19.00	31.0
低潮滩/km²	109.0	59.85	85.0
高潮滩所占比例/%	8.9	8.80	7.4

表 2-4 崇明东滩湿地各等高线包络的面积统计（赵常青等,2008）

单位：km²

高程/m	3.5	3.0	2.0	1.0	0
1983 年	33.6	57.1	79.3	124.9	165.6
2001 年	98.8	106	119.2	145	174
2003 年	99.1	106.3	118.4	150.5	178.2

二、潮沟地形与发育特征

潮沟系是崇明东滩湿地最典型的地形地貌特征（谢东风等,2006）。崇明东滩湿地有大小20多条潮沟系,每个潮沟系由一主潮沟和一系列支潮沟构成,对应于一定面积的集水盆地。主潮沟切入滩面深达 50～100 cm,潮沟上覆软泥,厚 20～50 cm。主潮沟大小与集水盆地大小直接相关,众多潮沟开始于海堤脚下,随着支潮沟的不断汇入,向海逐渐展宽,最宽处可达 50～

100 m。小的潮沟系其主潮沟往往出了盐沼带因展宽变浅而消失,只有一些大的潮沟可能延续至潮下带。盐沼带内因植被护堤固滩作用,潮沟除溯源侵蚀和下蚀外,侧向摆动不大。

　　崇明东滩湿地的潮沟相比我国其他地区有其特殊性(图 2-4)。我国海岸带湿地多数潮滩潮沟从海向陆贯通,沉积物输运畅通。但是崇明东滩湿地潮沟系是发育在快速淤长的三角洲类型海岸上,其主潮沟在盐沼带前沿展宽淤浅,高潮滩的细颗粒沉积物被圈闭在盐沼带,无法排出。崇明东滩湿地盐沼带和泥滩的潮沟系是相对独立存在的,沉积物从高滩向外海输运不畅,潮沟作为潮滩与外海沉积物交换的通道作用较弱。泥滩上潮沟的发育与盐沼带潮沟积水盆地的面积和水量密切相关,潮沟水流量大时可由盐沼带一直延伸到低潮位,泥滩上潮沟切割浅,流路不稳定,小潮期时因上游断流难以维持成形的沟槽,易被潮流和波浪改造而被泥沙充填。

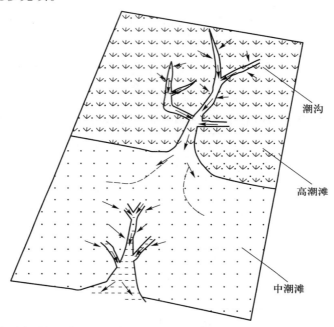

图 2-4　崇明东滩湿地潮沟系发育过程示意图(箭头代表水流方向)(谢东风等,2006)

　　崇明东滩湿地潮沟系的形成与发育也和潮滩围垦工程及盐沼带的宽度密切相关(谢东风等,2006)。泥滩上潮沟的发育和演化与盐沼带潮盆大小、潮时(大小潮)和降雨量等相关,潮沟系规模小,涨潮流不受其控制,退潮时潮沟成为主要泄水通道,未沉降的细悬浮颗粒和浮泥层在重力作用下向潮沟汇集,使潮沟内沉积物比滩面细。崇明东滩湿地潮沟系形成、演化及沉积物分布,完全不同于目前研究非常详细的欧美河口湾/港湾型潮道-潮沟体系。

三、潮沟地貌的影响因素

　　崇明东滩湿地的潮滩植被和底质类型是影响潮沟发育的主导因素之一(陈勇等,2013)。植被发育制约着潮沟的发育,是因为植物的出现降低了水流的波能和冲刷,潮流进入盐沼后,植物茎叶阻挡导致流速减小,侵蚀作用降低;同时由于植物根系的固滩作用,也使滩面不易侵蚀,所以植被发育的地方往往潮沟密度较小。同时,当潮滩沉积具有较高的含泥量时,潮滩不易被侵蚀,不易产生潮沟或形成大潮沟,这较好地解释了北部颗粒细、潮沟不发育的现象。

　　崇明东滩湿地潮沟基本发育在高潮滩地区。潮沟发育影响因子空间分布表现出区内潮沟中部高、南部次之、北部低的特征。崇明东滩湿地的植被在东北部地区发育最好;中部次之;南部由于长期以来为水牛放牧区,受牛群放牧、啃食和踩踏影响,加之由于盐度分布南北差异导致的互花米草在南部难以生长,植被发育最差。由于南部地区植被覆盖度下降,土壤裸露面积增大,造成了土壤湿度指数增加(图 2-5)。崇明东滩湿地沉积物以粉砂为主,其次是细砂,泥较少,沉积物的平均粒径从低潮滩向高潮滩逐渐减小,由低潮滩到高潮滩沉积物颗粒逐渐变细。表层沉积物平均粒径从潮滩北部向南部有逐渐加大的趋势,反映了水动力从北向南逐渐增强的特征。

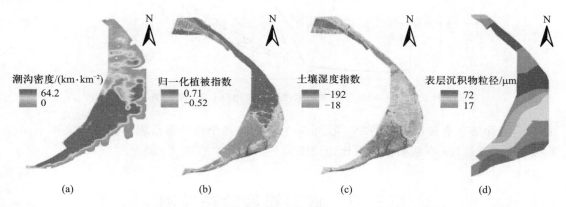

图 2-5　利用 3S 技术提取的崇明东滩湿地潮沟发育影响因子分布:(a)潮沟密度;(b)归一化植被指数;(c)土壤湿度指数;(d)表层沉积物粒径(陈勇等,2013)

　　与传统手段相比,"3S"技术,即遥感技术(remote sensing, RS)、地理信息系统(geographical information system, GIS)、全球导航卫星系统(global navigation satellite system, GNSS),是进行大空间尺度和长时间尺度潮间带湿地潮沟形态和演变定量研究的更有效方法。刘建华等(2012)利用 1994 年、2000 年和 2009 年崇明东滩湿地区域的专题制图仪(TM)和增强型专题制图仪(ETM$^+$)遥感图像和 GIS 技术确定潮沟的平面形态,量算了潮沟的长度和密度;在野外,利用 RTK-GPS 进行了典型潮沟的地形测量以确定潮沟的发育高程、宽度、深度、宽深比以及断面面积的纵向变化,并利用 GIS 技术建立了该潮沟的地貌模型(图 2-6)。研究结果表明,①崇明东滩湿地的潮沟主要发育在潮间带上部的盐沼中,其延伸方向总体上与岸线垂直,即在呈舌状的崇明东滩潮沟呈放射状分布,实地测量沟宽一般从数米到数十米,沟长数百米至数公里。北部和中部以单一微弯型潮沟为主,南部以树枝状潮沟为主。②潮沟的宽深比有明显的减小趋势,潮沟的深度有先增大而后减小的趋势,潮沟的侧向变化明显小于其纵向变化。植被类型对潮沟的发育似有重要影响。同一潮沟在高而茂密的互花米草带中其宽深比明显小于相邻的低矮稀疏的海三棱藨草带,说明互花米草带中潮沟的侧向侵蚀更为困难。③潮沟横剖面有两侧对称或近对称型,但多数呈明显

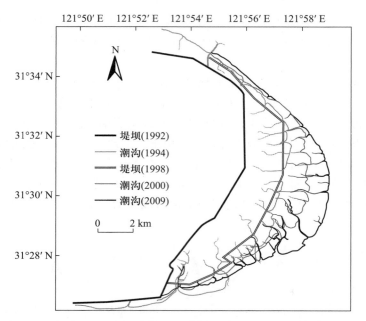

图 2-6　1994—2009 年的崇明东滩湿地潮沟分布图（刘建华等,2012）

不对称,断面形状有传统所谓的"V"形,也有"U"形。几个横断面高程的测量结果都不同程度地反映了天然堤（横断面上沟沿比距离潮沟更远处的高程略大）的存在。

第三节　潮滩岸线动态监测

一、岸线动态特征

淤泥质海岸广泛分布于世界各地,尤其是邻近大河口。这些地区的人口稠密、经济发达、地势低洼,对海岸侵蚀极为敏感。由于巨大的自然和人为压力,迫切需要对这些地区的海岸侵蚀风险有一个更全面深入的了解。基于卫星遥感的水边线技术是一个研究潮间带环境和海岸线变化的最有效的潜在工具（Zhao *et al.*,2008）。以崇明东滩湿地为实验区,依据长江口1999—2004 年多时相遥感影像的光谱特征,郑宗生等（2007）对不同潮情的影像采用不同的波段提取水边线信息。同时根据实测湿地高程剖面获得水边线的高程,对具有高程信息的水边线利用不规则三角网方法构建了崇明东滩湿地的数字高程模型。

崇明东滩湿地是个不断向东海延伸的动态滩涂。20 世纪 70 年代,潮滩淤积速率为 $100\sim145\ \mathrm{m\cdot a^{-1}}$,80 年代达到 $150\sim230\ \mathrm{m\cdot a^{-1}}$。随着滩涂淤涨,在滩涂上栖息或繁衍的湿地鸟类、底栖动物和植被也相继发生演替。但由于水动力、风向、地貌形态和物质组成等差异,崇明东滩湿地潮沟发育数量和规模由南向北逐渐减小。纵向上,中潮滩部位切割最为严重,主潮沟两侧有众多次级潮沟发育。高、中、低潮滩面积分布与自然发育滩地存在很大差异,自然状态下高潮滩面积要比中、低潮滩面积大。总体上崇明东滩湿地高潮滩面积较小,且呈不连续分布。崇明东滩湿地北部水动力较弱,季节性冲淤变化较大,中、南部相对稳定。潮滩不同部位季节性冲淤存在着很大差异,总体上夏季以淤积为主,冬季以侵蚀为主。通过实地观测和室内分析发现,崇明东滩湿地中部发育速度最快,是崇明岛向海延伸的主导方向。

近年来,长江入海泥沙量开始显著降低。人类活动,尤其是三峡大坝、南水北调等流域大型水利工程的影响是其主要原因之一。不断降低的水沙通量将导致长江河口水文条件和三角洲地貌的重新调整。Li 等(2014)通过将大通站泥沙通量与崇明东滩湿地岸线变化率进行关联,进而主要研究了三峡大坝与南水北调工程对东滩岸线演变的影响(图 2-7)。初步的结果包括:①在过去 20 多年中,崇明东滩湿地的淤积速率呈明显的降低趋势,从 20 世纪 80 年代的 115.4 m·a^{-1} 降低到最近的 19.7 m·a^{-1},降低率超过 80%。而且东滩各岸段对流域来沙的减少有不同的响应模式;②崇明东滩湿地的岸线变化率与大通站泥沙通量之间具有明显的相关性。对于崇明东滩的淤涨变化而言,大通站泥沙通量的临界值为 0.24 亿~0.29 亿吨;③崇明东滩湿地岸线的演变受流域大型水利工程的影响强烈。在 2003—2005 年,三峡大坝导致崇明东滩湿地岸线变化速率平均降低了 15.3 m·a^{-1},相当于 1987 年以来岸线变化速率总降低量的 15%。同时,南水北调潜在的影响约为三峡大坝的 5%~10%;④崇明东滩湿地在未来的 20~50 年内可能将达到其淤涨极限,届时侵蚀将占主导地位。考虑到其他在建和规划中的大型水利工程项目及其可能的级联效应,这一周期将会大大缩短。崇明东滩湿地在长江口所处的地理位置及其仅存的自然海岸,决定了东滩的岸线变化对长江三角洲的演变将具有重要的指示意义。

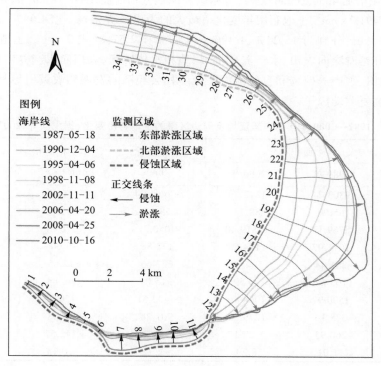

图 2-7 东滩岸线动态变化(据 Li *et al.*,2014 修改)

二、景观格局演变

许多学者利用 3S 技术和面向对象(object oriented)的遥感分析识别技术,分析了崇明东滩湿地及周边区域的自然滩涂、农业用地、水体和水产养殖场等土地利用景观要素的动态变化。田波等(2008)针对遥感人工目视解译判读出岸线从而进行冲淤变化分析方法的不足,提出了面向对象的岸线遥感识别提取方法,阐述了整个遥感迭代识别提取过程。以崇明东滩湿地为实验区,选取长江口区域 1990 年 12 月、1995 年 4 月、2000 年 6 月和 2005 年 11 月 4 个时相的陆地卫星 TM/ETM$^+$ 遥感影像,对其进行面向对象的识别处理,直接提取相应时相的岸线和滩涂陆域多边形,对四个时相的陆域多边形进行空间叠加分析,得到崇明东滩湿地自 1990 年以来 15 年间的冲淤空间变化,计算获得陆域多边形所包含的陆地面积分别为 1990 年 4717.6 hm^2,1995 年 5761.0 hm^2,2000 年 7352.8 hm^2,2005 年 8626.2 hm^2。总的来说,崇明东滩湿地具有比较稳定的自然淤涨趋势。自 1990 年来陆地面积增加 3908.6 hm^2,历年淤涨速度基本保持稳定,年淤积速率为 260.6 hm^2。从空间分布来看,崇明东滩湿地北部和南部处于被冲刷侵蚀的趋势,主要淤涨方向在东南方向。其岸线最快推进点自 1990 年来向外海推进 4050 m,年推进速度达到 270 m。但根据王亮和张彤(2005)的研究,崇明东滩并不是全部淤涨,南部滩涂岸线呈后退趋势。在淤涨部分,以最东端最快。

近 20 年来,非农建设用地占总面积比重有所增加,土地利用结构呈现多元化趋势(朱颖等,2007)。农田面积增加 4050.21 hm^2,水产养殖场和绿地分别增加 2566.24 hm^2 和 901.38 hm^2,滩涂面积则锐减了 7491.24 hm^2,土地利用年变化率最大的为水产养殖场,达 54.64%,其次是绿地、交通、自然滩涂和农田,分别为 13.24%、4.49%、-4.47% 和 2.57%(表 2-5)。土地利用类型之间的转变主要为自然滩涂向农田、水产养殖、绿地和水体转变,农田向水产养殖场、居住和绿地转变,水体向农田、水产养殖场和自然滩涂转变。社会经济的发展和政策引导是崇明岛东部土地利用变化的主要驱动因子。

表 2-5　1982—2000 年崇明东滩湿地及周边区域的土地利用变化(据朱颖等,2007 修改)

类型	面积/hm^2		面积变化 /hm^2	年变化面积 /(hm$^2 \cdot a^{-1}$)	年变化率/%
	1982 年	2000 年			
自然滩涂	9303.74	1812.50	−7491.24	−416.18	−4.47
工业	65.60	88.73	23.13	1.29	1.96
农田	8769.19	12819.40	4050.21	225.01	2.57
居住	1011.97	1184.86	172.88	9.60	0.95
交通	281.44	509.10	227.66	12.65	4.49
基础设施	105.62	90.59	−15.04	−0.84	−0.79
水体	1500.97	1068.46	−432.51	−24.03	−1.60
绿地	378.16	1279.54	901.38	50.08	13.24
水产养殖场	260.93	2827.17	2566.24	142.57	54.64
其他	11.01	8.29	−2.72	−0.15	−1.37

李行等(2010)在崇明东滩湿地提出了基于地形梯度的正交断面方法,对较复杂的非平直

岸线的变化进行建模,构建了基于图形学的分析预测模型(图2-8),对岸线的演变进行分析,预测了2010年和2015年的岸线位置。结果显示,①崇明东滩湿地以东南角节点为界,分为南侧的侵蚀岸段和其余的淤涨岸段,总体淤积速率有减慢趋势,最大侵蚀速率为22.0 m·a^{-1},最大淤积速率为247.2 m·a^{-1};②北侧自东旺沙水闸向东约4 km长的岸段存在明显的冲淤交替现象;③岸线演变受抑制区段都位于东滩两侧岛影缓流区的边界;④由于岸外东南侧发育有10 m深槽,除非有特殊的水动力条件出现,东滩未来的岸线将偏向东北方向演变。

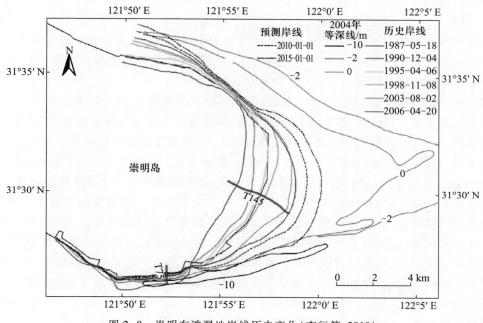

图2-8　崇明东滩湿地岸线历史变化(李行等,2010)

动态监测河口湿地生态系统发展是全球变化研究一个重点。潮汐作用引起的水文条件以及植被组成和分布状况是河口湿地生态系统的两大关键因子,Yan等(2010)在崇明东滩湿地初步探讨了中分辨率成像光谱仪(moderate resolution imaging spectroradiometer,MODIS)数据计算得到的光谱指数时空动态变化规律,以及遥感在潮汐作用影响以及河口湿地发展过程的监测研究。通过从大坝到近海的沿东至西横断面上6个样地的增强型植被指数(enhanced vegetation index,EVI)和地表水分指数(land surface water index,LSWI)的时间序列分析发现,EVI、LSWI以及两者之间的差值(difference value between EVI and LSWI,DVEL)均能反映出横断面上的植物群落类型和分布,及地表水分的变化特征,并可判断卫星过境前后各样地受潮水淹没的状况。然而,遥感数据监测的难度会随着背景复杂性的增加而增大(如从近海到大坝)。鉴于崇明东滩湿地土壤背景变化多样,EVI能用于分析植被,但却难以扣除水分的影响。因此,该研究构建一个融合植被信息和水分信息的综合湿地指数,并发现年均综合湿地指数可以更好地反映湿地植被演替过程,例如,当基于EVI的综合湿地指数(EVI/LSWI)小于0.25时,说明该区域处在演替发展前期,表现为无任何植被覆盖,经常被潮水淹没。当综合湿地指数为0.25~0.75时,说明该区域处在演替先锋阶段,表现为稀疏的植被覆盖和大面积的裸地等。

三、人类活动对潮滩结构的影响

河口湿地位于江河入海口前沿,其岸线受江河上游来水来沙、海水潮汐动力和人为因素影响,处于不断变化中。例如,堤坝的修建会造成潮沟分维值与潮沟密度的变化。从崇明东滩湿地潮沟遥感资料的分析可知,由于人工堤坝对自然潮沟的切断影响,湿地潮流经潮滩的上部和中部,往往在潮滩的中下部呈浅的喇叭状沟口,然后消失(何小勤等,2004)。20 世纪 80 年代后期,崇明东滩湿地滩涂淤积速度明显减缓,甚至出现侵蚀现象(何小勤等,2010)。据崇明东滩湿地南部断面的监测,淤积大于侵蚀主要发生在 1983—1991 年,并且淤积速度非常迅速,其他时段则表现为淤积慢于冲刷,整体以侵蚀为主。出现这种发育趋势与长江上游的来沙减少以及崇明东滩和崇明北岸的围垦具有密切联系。

围垦在一定程度上能促进滩地的生长,但是过度围垦就会影响河口的发育和湿地保护。同时上游大型水利工程的建设、河流污染物排放、滩涂畜牧放养和渔业等也会对河口湿地的发育产生影响。围垦不仅使崇明东滩湿地潮沟逐渐消失,更使堤外潮沟发育速度减缓,间接影响植被的生长、鸟类栖息地的减少等一系列问题(陶康华等,2004)。崇明东滩湿地在 1964—2001 年围垦的速度越来越快,围垦的面积越来越大,围堤的高程越来越低(施俊杰等,2004)。局部地区至今还是一片白水滩,人为增加了海浪对围堤的威胁。围堤外的湿地先锋植物——海三棱藨草所剩无几,即使是在海三棱藨草发育良好的捕鱼港口也只有近百米深的滩地。围堤阻止了海水的进入,加剧了海三棱藨草等盐生植物向陆生植物的演替。随着保护区的建立,捕鸟的现象逐渐减少,鸟类的种类和数量有所增加。但围垦对于崇明东滩湿地的中华绒螯蟹、日本鳗鲡、缢蛏、河蚬、芦苇和海三棱藨草等生物资源及整个湿地生态系统有负面影响。数据显示,由于围垦速度太快,使得新生湿地还没有来得及形成或完成形成,便已遭围垦,造成动物生境受到干扰影响。研究区域总体生物多样性和生物量下降,亟需加强保护和修复。

此外,长江上游人类活动所导致的下游输沙量减少也是影响崇明东滩湿地发育的重要因素之一。崇明东滩湿地水下三角洲不同阶段的面积变化与大通站输沙量变化明显相关,上游工程建设对河口水下三角洲演变存在明显的控制作用,而且长江口工程建设将成为控制河口水下三角洲等深线包络面积和分布形态变化的影响重要因素(宋城城和王军,2014)。潮沟发育与地形和沉积速率关系不甚密切,该区潮沟地质景观不会出现大的改变。要维护滩涂的稳定性、制约潮滩发育的有效手段可以通过控制植被来实现。在长江来沙量减少的新形势下,潮间带的淤积速率已大大降低,部分岸段已处于侵蚀状态,研究崇明东滩湿地潮沟地貌的发育与影响因素具有一定的现实意义。

参 考 文 献

陈勇,何中发,黎兵,赵宝成. 2013. 崇明东滩潮沟发育特征及其影响因素定量分析. 吉林大学学报(地球科学版),43(1):212-219.
高磊,李道季,余立华,孔定江,王延明. 2007. 长江口崇明东滩沉积物中生源硅的地球化学分布特征. 海洋与湖沼, 38(5):411-419.

何小勤, 戴雪荣, 顾成军. 2010. 基于海图的崇明岛东滩近40年发育变化与趋势. 海洋地质与第四纪地质, 30(4):105-113.

何小勤, 戴雪荣, 刘清玉, 李良杰, 顾成军. 2004. 长江口崇明东滩现代地貌过程实地观测与分析. 海洋地质与第四季地质, 24(2):23-27.

李行, 周云轩, 况润元. 2010. 上海崇明东滩岸线演变分析及趋势预测. 吉林大学学报(地球科学版), 40(2):417-424.

刘红, 何青, 吉晓强, 王亚, 徐俊杰. 2008. 波流共同作用下潮滩剖面沉积物和地貌分异规律——以长江口崇明东滩为例. 沉积学报, 26(5):833-842.

刘建华, 杨世伦, 史本伟, 罗向欣, 付信坤. 2012. 长江口崇明东滩潮沟地貌形态和演变. 海洋学研究, 30(2):43-50.

刘清玉, 戴雪荣, 何小勤. 2003. 崇明东滩沉积环境探讨. 海洋地质动态, 19(12):1-4.

施俊杰, 张振声, 张诗履, 沙文达. 2004. 崇明滩涂湿地的保护措施. 上海建设科技, 1:28-29, 37.

宋城城, 王军. 2014. 近30年来长江口水下三角洲地形演变与受控因素分析. 地理学报, 69(11):1683-1696.

陶康华, 倪军, 吴怡婷, 张渊. 2004. 上海市崇明东滩地区生态保护原则与生态区划. 现代城市研究, 12:13-15.

田波, 周云轩, 郑宗生, 刘志国, 李贵东, 张杰. 2008. 面向对象的河口滩涂冲淤变化遥感分析. 长江流域资源与环境, 17(3):419-423.

王立群, 戴雪荣. 2006. 长江口崇明东滩沉积物地球化学记录及其环境意义. 上海地质, 3:5-9.

王亮, 张彤. 2005. 崇明东滩15年动态发展变化研究. 上海地质, 94:8-10, 15.

谢东风, 范代读, 高抒. 2006. 崇明岛东滩潮沟体系及其沉积动力学. 海洋地质与第四纪地质, 26(2):9-16.

徐志明. 1985. 崇明岛东部潮滩沉积. 海洋与湖沼, 16(3):231-239.

杨留法. 1997. 试论粉砂淤泥质海岸带微地貌类型的划分——以上海市崇明县东部潮滩为例. 上海师范大学学报(自然科学版), 26(3):72-77.

张雯雯, 殷勇, 黄家祥, 季晓梅, 顾慧娜, 朱大奎. 2008. 崇明岛现代潮滩地貌和生态环境问题分析. 海洋通报, 27(4):81-87, 116.

赵常青, 茅志昌, 虞志英, 徐海根, 李九发. 2008. 长江口崇明东滩冲淤演变分析. 海洋湖沼通报, 3:27-34.

郑宗生, 周云轩, 蒋雪中, 沈芳. 2007. 崇明东滩水边线信息提取与潮滩DEM的建立. 遥感技术与应用, 22(1):35-38, 94.

郑宗生, 周云轩, 田波, 姜晓铁, 刘志国. 2013. 基于数字海图及遥感的近60年崇明东滩湿地演变分析. 海洋通报, 25(1):130-136.

朱颖, 李俊祥, 孟陈, 吴彤, 张挺. 2007. 上海崇明岛东部近20年土地利用变化. 应用生态学报, 18(9):2040-2044.

Li X, Zhou Y X, Zhang L P, Kuang R Y. 2014. Shoreline change of Chongming Dongtan and response to river sediment load: A remote sensing assessment. *Journal of Hydrology*, 511: 432–442.

Yan Y E, Ouyang Z T, Guo H Q, Jin S S, Zhao B. 2010. Detecting the spatiotemporal changes of tidal flood in the estuarine wetland by using MODIS time series data. *Journal of Hydrology*, 384(1): 156–163.

Zhao B, Guo H, Yan Y, Wang Q, Li B. 2008. A simple waterline approach for tidelands using multi-temporal satellite images: A case study in the Yangtze Delta. *Estuarine Coastal and Shelf Science*, 77(1): 134–142.

第三章

水文泥沙特征

第一节　长江径流与泥沙沉积

一、水沙动力与潮滩淤涨

　　崇明东滩湿地的涨潮槽为长江河口主要河槽类型之一,而此类河槽的发育演变及退化过程,以及深层次的开发利用,与河槽泥沙运动关系密切,对它进行深入研究,无论从理论上还是实践上均具有重要意义。李九发等(2004)分别于洪季和枯季对长江口新桥水道和南小泓两条典型涨潮槽及与其相邻的南支和南港主槽(落潮槽)的水流、泥沙和河床沉积物进行观测。结果发现,崇明东滩湿地涨潮比落潮的潮流历时更短,流速和单宽潮量更大,优势流小于50%,净水流向槽顶方向。而涨潮的含沙量和单宽输沙量比落潮更大,优势沙小于50%,净输沙向槽顶方向,悬浮泥沙颗粒组成较细,河床泥沙颗粒组成较粗。因此,河床存在推移质泥沙运动,并形成沙波微地貌。

　　辛沛等(2009)和 Cao 等(2012)在崇明东滩湿地内部采用复合测量手段进行了现场观测,对水动力过程数据进行了较系统的分析。结果表明,潮沟及盐沼表面对潮波产生严重阻尼作用,潮波传播至盐沼内部时,水位波动明显异于外海,潮沟水位上升极快但下降慢。当潮沟有退水时,涨潮初期的当地水位上升可能是流向相反的潮沟进口涨潮水和潮沟内退潮水形成的水位壅高。风对潮波的形成也具有一定作用,向岸风可抬高潮沟及盐沼内部水位,离岸风反之。崇明东滩湿地潮沟水位较低时,过流断面较小,涨潮水进入潮沟时,潮沟水一旦改变流向,就具备很高的流速并伴随流速峰值的出现。潮沟水向盐沼表面漫溢时,过流断面突变,潮沟流速出现峰值。由于潮沟退潮水位变化慢,盐沼表面水归槽时并没有产生潮沟流速峰值。

　　潮间带周期性淹水区域水深和流速的变化过程是潮滩水动力过程的基本组成部分,也是潮流与泥沙相互作用的基础(贺宝根等,2004,2008)。通过 2002—2003 年的连续野外实测,分别获得了崇明东滩湿地滩面潮流水深、流速与流向的变化过程数据。东滩的盐沼植被和邻近光滩处的涨潮历时均小于落潮历时,水深过程变化呈现出"陡涨、缓落"的特点。光滩与盐沼植被交界处的水流流速过程呈"双峰型"特征,涨落潮均出现流速峰值。盐沼植被和地形变化是影响崇明东滩湿地涨潮优势的主要原因,盐沼植被中的流速过程具有"单峰型"特点,仅在涨潮初出现峰值,流速变化过程的差异和潮流不对称性使盐沼区域发生稳定的泥沙淤积,盐沼植被的前缘光滩则会出现较频繁的冲淤变化。

通过长江流域不同潮位站(横沙潮位站、中浚潮位站、九段东潮位站、长兴岛潮位站、佘山潮位站)的实测数据和崇明东滩湿地潮滩高程及冲淤变化监测,并选择美国陆地卫星 TM、ETM$^+$ 为数据源,韩震等(2009)对崇明东滩湿地的潮滩变迁进行了分析(表 3-1),发现崇明东滩湿地为迅速淤涨岸段,平均淤积速率为 126.85 m·a^{-1},最大淤积速率为 247.77 m·a^{-1}。崇明东滩湿地淤涨的原因主要是其处在落潮缓流区,有利于悬浮泥沙沉降堆积。而且 1979 年团结沙与东旺沙之间的北港潮汐汊道上口筑坝堵汊,工程促淤效果使 0 m 以上面积急剧增加。

然而,近年来崇明东滩湿地潮滩淤涨逐渐减慢,这很大程度上是由于长江的输沙量减少所致(王金军和贺宝根,2005)。以长江宜昌站、汉口站和大通站的径流量和输沙量等水沙特征值以及在崇明东滩湿地上的实测数据为资料来源,相关研究发现,近年来长江的径流量未见减少,输沙量却有减少的趋势,淤涨减慢的幅度超过了来沙量减少的程度,潮滩向海淤涨明显减慢(表 3-2)。

表 3-1   崇明东滩湿地不同部位淤涨速率估算(据韩震等,2009 修改)

指标	堡镇港-奚家港	奚家港-团结沙	东滩候鸟保护区	北六滧港-崇明东滩湿地	北四滧港-北六滧港
水边线高程 (理论基面,cm)			136~139		
年份			1987—2000		
水边线平移距离/m	8	−270 (−654)	1649 (3221)	324 (789)	11
平均淤涨速率/(m·a^{-1})	0.62	−20.77 (−50.31)	126.85 (247.77)	24.92 (60.69)	0.85
平均坡度 (最小坡度,%)		1/238 (1/490)	1/581 (1/998)	1/323 (1/612)	
沉积(侵蚀)速率/(cm·a^{-1})		−8.72 (−10.27)	21.83 (24.83)	7.71 (9.92)	

注:括号内数值为最大值。

表 3-2   长江口来沙状况与崇明东滩湿地潮滩淤涨(据王金军和贺宝根,2005 修改)

	多年平均(1950—2000 年)	近年平均(2000—2002 年)	比多年降低程度/%
宜昌来沙量/×10^8 t	5.01	3.06	40
汉口来沙量/×10^8 t	4.04	2.87	29
大通来沙量/×10^8 t	4.33	2.97	31
潮滩淤涨/m	300	115	62

注:其中汉口多年平均来沙量的起止年份为 1954—2000 年。

二、冲淤季节变化

崇明东滩湿地潮滩冲淤变化过程的季节变化和区域分布特征存在很大差异。春季到夏季,崇明东滩湿地南部以冲刷为主,中部和北部以淤积为主;夏季到秋季,南部和中部以淤积为主,北部表现为冲刷;秋季到冬季,南部、中部和北部都以冲刷为主;冬季到次年春季,南部和北部以淤积为主,中部则表现为冲刷(何小勤等,2009)。崇明东滩湿地中部与北部是其发育的主导方向,淤积速度要比南部快,这一特征与潮滩分布特征及盐沼植被分布特征能较好对应。高潮滩由于受到芦苇对滩面的保护和对水动力的较强的削弱,因而沉积相对稳定;中潮滩面积广阔,离岸距离较远,植被受季节性影响比较突出,因而季节性沉积变化显著;低潮滩基本全年处于裸露状态,其冲淤变化主要受制于水动力和泥沙等因素。

崇明东滩湿地潮滩季节性沉积与潮滩基础地貌、水体含沙量、水动力和潮流等有密切关系,但在不同部位不同季节,各因素对潮滩冲淤影响程度各不相同(何小勤等,2009)。夏季水体含沙量最高,冬季水体含沙量最低,春、秋两季处于两者之间。从平行岸线方向看(表3-3),黏土含量无论在高潮滩部位还是在中、低潮滩部位,均呈现出由北向南的降低趋势,北部比中部与南部高得多,而中部与南部相差不大;砂的含量与黏土基本相反,唯有中部和南部在夏秋季节存在一些差异;平均粒径北部要小于中部和南部,高、中潮滩部位基本体现由北向南粒径减小的趋势,但中部和南部低潮滩部位出现一些细微差异,中潮滩秋季平均粒径要略高于南部,而低潮滩夏季则也出现南部略微偏低现象。在垂直岸线方向上,北部黏土含量基本是由高潮滩向中、低潮滩过渡呈减小趋势,但秋季则出现了中潮滩最高。中部和南部黏土含量基本是由高潮滩向中、低潮滩呈减小趋势,尤其在夏秋季节表现明显;砂的含量在北部与中部都出现由高潮滩向中、低潮滩呈增加趋势,而南部则在春季出现了反常,高潮滩部位明显高于中、低潮滩;平均粒径的变化规律与砂含量变化基本一致。该研究反映出水动力是崇明东滩湿地潮滩季节性沉积的重要影响因素,同时还与其他因素存在一定关系,如水体含沙量、潮滩植被等。

表 3-3　各季节东滩表层沉积物平均粒径、黏土及砂含量(据何小勤等,2009 修改)

		CH	XH	QH	DH	CM	XM	QM	DM	CL	XL	QL	DL
黏土/%	北部潮滩	28.50	39.00	26.40	37.10	28.60	21.20	45.80	23.60	15.80	16.60	25.40	15.10
	中部潮滩	14.90	16.40	15.50	13.60	13.60	10.50	6.91	9.97	10.10	10.50	7.53	10.80
	南部潮滩	10.10	12.00	16.10	11.60	12.00	12.20	8.70	10.40	10.90	11.20	8.35	9.89
砂/%	北部潮滩	0.10	0.02	1.60	0.10	0.30	2.70	0.01	2.80	3.10	5.30	2.10	6.00
	中部潮滩	3.30	3.30	3.20	3.20	6.00	8.40	19.40	14.90	29.20	34.20	22.50	23.60
	南部潮滩	36.20	4.20	2.70	5.60	7.27	19.60	14.70	17.40	24.70	24.30	20.00	26.40
平均粒径/μm	北部潮滩	13.93	9.00	16.06	10.49	13.85	21.01	7.27	21.03	24.50	26.37	18.90	28.88
	中部潮滩	23.46	22.95	22.87	25.13	27.34	33.84	44.60	38.58	46.41	49.74	45.37	41.35
	南部潮滩	30.44	28.52	22.67	28.60	32.22	39.48	40.21	39.66	42.77	42.33	43.03	44.98

注:H、M、L分别表示高、中、低潮滩;C、X、Q、D表示春、夏、秋、冬4个季节。

三、潮汐动力与悬浮物

　　长江口主槽落潮动力条件是决定区域内河口潮滩表层沉积物中值粒径大小的主要动力因素(刘红等，2007)。崇明东滩湿地北部淤积速率要高于中部和南部，中部淤积相对稳定，变化没有南部与北部明显，这与整个崇明东滩湿地的发育趋势相吻合(何小勤等，2008)。但从两个不同时段的潮周期沉降量分析，在稳定天气条件下，潮滩建设作用十分明显，尤其是北部与南部，沉降最缓慢的高潮滩年淤积量较高，几乎是长江口区域多年平均的8倍左右。不同滩面部位冲、淤存在巨大差异。从纵剖面看，秋季(11月)出现高潮滩向中、低潮滩过渡，沉积量减少；而春季(4月)不同部位、不同时间冲淤变化主要受到潮滩基础地貌和滩面水动力等因素影响。

　　根据崇明东滩湿地潮间带和潮下带两个站位的大小潮水文泥沙观测资料和悬沙水样的室内粒径分析资料，李占海等(2008)对悬沙粒径的时空分布特征及其与流速等的关系进行了分析，并对再悬浮特点进行了探讨，结果如下。

　　(1)在平静天气下的大小潮，中上层的悬沙粒径在潮周期内、在大小潮和平面上变化都较小，近底层的时空变化则较大，悬沙粒径在潮周期内的变化过程没有明显的时间性，各水层的平均粒径主要介于4~8 μm；在多数时间里悬沙粒径的垂向变化较小，各水层的值较接近；由底床向上，平均粒径趋于减小；大潮的悬沙粒径略粗于小潮，在潮间带略粗于潮下带(表3-4)。

表 3-4　崇明东滩湿地潮下带和潮间带测站悬沙粒径的垂向变化(李占海等，2008)

测站位置	潮型	层位	平均粒径/μm	中值粒径/μm	分选系数	峰态系数	偏态系数	砂含量/%	粉砂含量/%	黏土含量/%
潮下带	大潮	表层	5	5	1.60	1.98	0.92	0	58	42
		底层	8	9	1.86	2.27	1.12	4	61	35
	小潮	表层	5	5	1.52	1.94	0.31	0	58	42
		底层	5	5	1.67	2.07	0.00	0	57	43
潮间带	大潮	1.8 m 表层	7	7	1.76	2.16	1.17	1	65	34
		0.2 m 底层	7	8	1.82	2.23	1.13	3	64	33
	小潮	1.8 m 表层	5	5	1.60	1.97	0.30	1	51	48
		0.2 m 底层	9	10	1.90	2.32	0.87	8	57	35

　　(2)悬沙粒径与流速和悬沙含量的时间变化过程不一致，前者与后两者不具有明显的统计关系，复杂的底质粒径空间分布、再悬浮强度和再悬浮泥沙粒径的空间变化、浮泥及下层底床泥沙的再悬浮作用是导致它们没有明显统计关系的重要原因(图3-1)。

　　(3)由于底质空间分布复杂，崇明东滩湿地水域底质再悬浮具有明显的空间变化；在两测站部位和平均粒径大于60 μm的粗颗粒泥沙沉积区底质级配明显粗于悬沙级配，两者共同含有的泥沙成分很少，大小潮期间的再悬浮很弱，底质泥沙以推移质运动为主；在平均粒径为5~

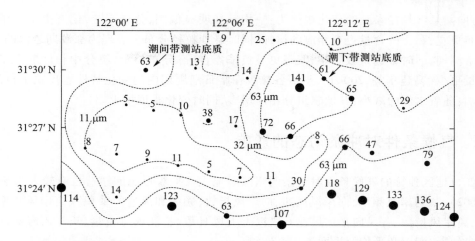

图 3-1　崇明东滩湿地水域底质平均粒径的空间分布（李占海等，2008）。数字为平均粒径的数值（单位：μm），虚线为平均粒径的等值线，采样日期为 2007 年 5 月

11 μm 的细颗粒泥沙沉积区悬沙与底质级配基本相同，两者共同含有的泥沙成分很多，在强动力期间有明显的再悬浮发生。

（4）悬沙粗峰是底质再悬浮的直接体现，底层悬沙粗峰的变化过程揭示，再悬浮对底层悬沙的贡献率平均为 8%~20%，大潮时的再悬浮作用明显强于小潮期间（为 5~10 倍）。

第二节　水动力与沉积物粒径

一、沉积物粒径空间分异

影响海岸滩涂沉积物粒径的主要因素有沉积物来源、水动力强度、海岸类型和植被状况。杨世伦（1990）分析了崇明东滩湿地东旺沙断面、北八滧断面和奚家港断面的沉积物粒径特性，发现东旺沙和北八滧都是迅速淤涨岸段，其光滩粒径的明显差异是由水动力的强弱所引起。两地潮汐状况相近，但东旺沙为开敞岸段，波浪作用强，故沉积物较粗。植被状况对沉积物粒径的影响反映在崇明东滩湿地的东旺沙和团结沙两处沼泽。崇明东滩湿地表层沉积物的平均粒径在 16.06~46.46 μm，平均值为 29.51 μm，且中值粒径小于平均粒径（刘清玉等，2003）。在潮流的作用下，沉积物粒径频率分布曲线不对称，大都呈正偏态。沉积物颗粒粒级组分的百分含量分布：小于 32 μm 组分：高潮滩>中潮滩>低潮滩；大于 32 μm 组分：高潮滩<中潮滩<低潮滩；高潮滩的细颗粒组分含量高，低潮滩的粗颗粒组分含量高。从高潮滩向低潮滩、从北向南沉积物的平均粒径有从小到大逐渐增加的趋势；从北向南沉积物颗粒具有从以含黏土细粉砂组分为主逐渐向以粗粉砂和砂粒组分为主的变化的趋势。

声学多普勒海流剖面仪（acoustic Doppler current profiler，ADCP）是近年来发展起来的一种用于测量流速的声学仪器，同时还可以通过建立回声强度和现场取得水样的回归关系式而获得悬沙浓度的数据。通过对崇明东滩湿地不同层次的悬沙粒径组成和粒径参数对比分析发现,由海向陆悬沙粒径参数的变化规律为:平均粒径明显偏细,分选变差,偏态更呈正偏态,峰态的分布更宽,黏土的含量也有相应的增加;同时悬沙粒径分布上表现为涨潮期悬沙的平均粒径大于落潮期,同时分选系数更小,偏态更呈负偏态,峰态分布更窄,组分中粉砂的含量更多,黏土含量更少(高建华等,2004)。悬沙各粒级在半日潮周期内的变化特性也反映了再悬浮作用的影响:随着水深的减小,其敏感组分相应增多,同时变化程度增大。

二、气候条件对冲淤动态的影响

长江口地区独特的气候条件对于崇明东滩湿地主要地貌形态的塑造也有较大影响(杨世伦等,2002),如向岸风频率、向岸风风速、向岸风指数(频率和风速的乘积)、离岸风频率、离岸风风速、离岸风指数、各风向平均风速6级以上大风日数、长江入海流量、长江入海输沙量、近岸水域含沙量、潮差和平均海平面等(表3-5)。

表 3-5   崇明东滩湿地岸滩动力泥沙因子的各月变化(杨世伦等,2002)

月 份	1	2	3	4	5	6	7	8	9	10	11	12
海平面/m	179	184	192	201	209	226	229	235	233	224	213	189
潮差/m	227	232	239	245	251	255	261	266	272	270	259	247
向岸风频率/%	31	37	54	63	65	67	60	70	68	58	38	28
向岸风风速/(m·s^{-1})	8.1	8.4	7.9	8.4	7.9	7.1	7.7	8.2	7.7	7.2	7	7.2
向岸风指数	251	311	427	529	514	476	462	574	524	423	266	202
离岸风频率/%	57	48	33	26	22	20	21	17	19	31	49	60
离岸风风速/(m·s^{-1})	7.5	7.2	8.4	7.4	6.5	6.5	6.7	6.8	8.2	7	7.4	6.9
离岸风指数	427	346	277	192	143	130	141	116	156	217	363	414
平均风速/(m·s^{-1})	8.7	8.7	8.4	8.5	7.7	7.3	8.2	8.4	7.8	7.9	8.1	8.3
大风(>6级)日数	6.7	6.3	7.7	9	6.2	4.6	7	5.7	5.3	5.8	7.6	7.8
岸外含沙量/(g·L^{-1})	0.6	0.8	0.41	0.38	0.26	0.2	0.11	0.13	0.28	0.24	0.42	0.4

不同天气条件会引起崇明东滩湿地盐沼植被前缘及邻近光滩处的水深、流速和悬沙含量的潮周期的变化(王初等,2009)。平静天气条件下光滩流速过程线呈"双峰型",盐沼植被前缘流速过程线呈"单峰型",植被对落潮流滞缓作用明显,流速随涨潮由光滩向盐沼植被前缘不断增大(图3-2)。平静天气条件下潮汐控制着研究区域泥沙的输移水平。盐沼植被前缘保持稳定淤积,光滩冲淤相对较频繁,总体上以淤积为主,淤积速率高于盐沼植被前缘,盐沼植被前缘稳定向海推进。然而,大风可导致潮次内流速和悬沙含量提高数倍,从而增加了悬沙输移量,并在盐沼植被前缘和光滩发生大量淤积。

在诸多气候因子中,台风作用对海岸带潮滩的影响最为显著(茅志昌,1993)。对崇明东滩湿地有较大影响的台风路径主要有两类,即在浙江中部至长江口登陆的台风和在长江口外侧海域转向北上的台风;佘山岛海洋站百年一遇的最大波高为5.6 m;台风期间偏北、东北、东

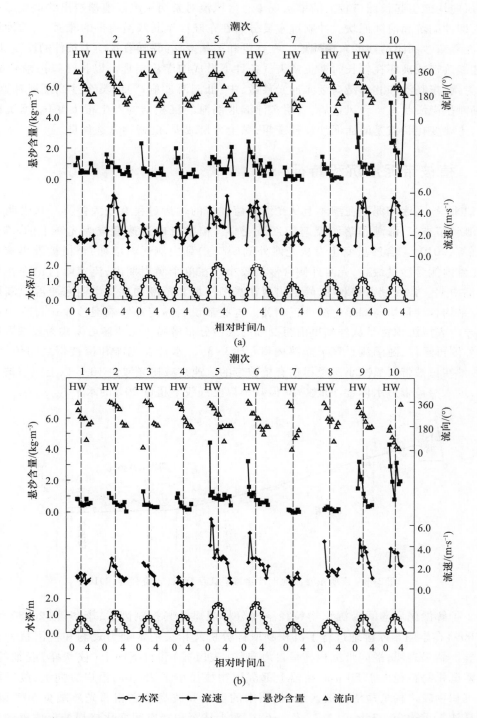

图 3-2 崇明东滩湿地光滩(测点 DTC)(a)和盐沼植被前缘(测点 DTB)(b)的水深、流速、流向和悬沙含量的变化过程(王初等,2009)

南的强风向均能引起长江口较大的增水现象。台风浪对崇明东滩湿地塑造出的地貌形态主要有两种,即冲刷坑和浪蚀泥坎。冲刷坑主要分布在东旺沙至北八滧一带的滩面上,浪蚀泥坎主要分布在奚东沙和团结沙的东南滩地。在台风和风暴潮期间,随着水动力条件的剧变,时间虽短,往往能改造或破坏在较长时期正常天气条件下形成的潮汐层理。以长江口记录到的8319号台风为例,东旺沙和北八滧高潮滩冲淤甚微,中、低潮滩冲刷严重;奚东沙高潮滩冲刷严重,中、低潮滩呈微淤状态。台风过后,崇明东滩湿地潮滩的沉积结构发生很大变化,据沉积物粒径分析,主要变化特点是滩面泥沙粒径变粗,黏土含量减少,沉积物分选优良。

三、植被带泥沙沉积特征

一般来说,水流和泥沙在潮滩上从光滩到植被带的输运过程有较大差异。从崇明东滩湿地的光滩到植被带,涨潮和落潮流速均逐渐变小。植被带内流速衰减为光滩上的6%~40%(吉晓强等,2010)。含沙量变化为从光滩外侧(靠海)到内侧逐渐增加,至植被带再减小。大潮时,光滩内侧含沙量最高,光滩外侧含沙量较小。在单个潮周期内,流速峰值出现在涨潮初期和落潮中期。含沙量则有双峰,峰值出现在涨潮初期和落潮中期。崇明东滩湿地潮周期最大流速、平均含沙量均与潮差呈线性正相关。这些都说明潮流在影响泥沙输运过程的各因素中占主导。表层沉积物呈从外到里由粗变细的底沙分布格局。泥沙输运模式为较细颗粒泥沙由光滩外侧再悬浮,随潮流平移至光滩内侧(图3-3)。水沙在光滩和植被带之间传播时,流速、含沙量在植被带明显减小。经粗估有植被带的流速衰减比光滩快10倍以上。植被带再悬浮减弱,进入植被带后水体含沙量变小,但减小幅度一般不超过20%的水平。

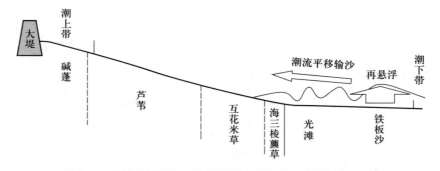

图3-3 崇明东滩湿地泥沙输移模式示意图(吉晓强等,2010)

为了了解淤泥质潮间带沉积物粒径空间分异规律及其控制因素,李华等(2008)及Li和Yang(2009)在崇明东滩湿地进行了沉积物取样分析及相关的水动力观测和盐沼植物黏附悬沙的实验。结果表明,潮间带沉积物呈自海向陆(表层样)和自下向上(柱状样)变细的趋势,一般光滩沉积物粒径大于50 μm,盐沼上部沉积物粒径小于25 μm;沿岸方向上,茂密的盐沼植被区沉积物较之稀疏盐沼植被区细;盐沼中的流速和波高较之相邻光滩减少50%以上;植物黏附悬沙干重达39~369 g · m^{-2}(表3-6)。对上述沉积物空间变化格局的形成机制分析认为,在光滩上主要是由于底床摩擦导致的水动力向岸衰减,在盐沼中则是植物和底床共同摩擦导致的水动力减弱以及植物茎叶对细颗粒悬沙的黏附。

表 3-6　崇明东滩湿地不同种盐沼植物黏附悬沙质量的比较(据李华等,2008 修改)

植物种类	位置	样点高程/m	黏附悬沙/(g·m⁻²)	植物生物量/(g·m⁻²)
互花米草	盐沼外缘	2.45	369	5408
海三棱藨草	盐沼外缘	2.50	448	866
互花米草	盐沼内缘	3.80	77.3	4193
芦苇	盐沼内缘	3.80	38.7	3244
互花米草	潮沟边缘	2.98	83.1	3369
海三棱藨草	潮沟边缘	2.46	18.0	220
海三棱藨草	草滩内部	2.47	24.9	375

注:表中黏附泥沙及植物生物量均为干重。

崇明东滩湿地沉积物粒径沿着潮滩高程降低而降低,主要原因是分布于较高高程的植被对水流有缓解作用,以及植物对悬浮颗粒物的捕获作用(Yang et al.,2008)。而且植被分布对潮滩淤积和侵蚀过程影响明显。侵蚀地区的沉积物粒径普遍较粗。植物对细粒沉积物的捕获机制在于:①悬浮物在植物上产生黏附;②植物茎干会阻尼水流而导致悬浮泥沙的沉积;③植物冠层的保护防止了细粒沉积物的再悬浮。植被的影响是沉积物颗粒大小的重要因素。因此,在不同生长季节植被郁闭度的差异引起了悬浮物沉积的变化。而一些植被退化区,如过度放牧区的沉积物累积速率较低。该研究提出,崇明东滩湿地沉积物粒径的时空变化主要由水文、泥沙动力物理过程和生物过程共同控制。

参 考 文 献

高建华,汪亚平,王爱军,李占海,杨旸. 2004. ADCP 在长江口悬沙输运观测中的应用. 地理研究,23(4):455-462.

韩震,恽才兴,戴志军,刘瑜,张宏. 2009. 淤泥质潮滩高程及冲淤变化遥感定量反演方法研究——以长江口崇明东滩为例. 海洋湖沼通报,01:12-18.

何小勤,戴雪荣,顾成军. 2008. 崇明东滩不同部位潮周期沉积分析. 人民长江,39(6):106-108.

何小勤,戴雪荣,顾成军. 2009. 崇明东滩不同部位的季节性沉积研究. 长江流域资源与环境,18(2):157-162.

贺宝根,王初,周乃晟,许世远. 2004. 长江口潮滩浅水区域流速与含沙量的关系初析. 泥沙研究,5:56-61.

贺宝根,王初,周乃晟,许世远. 2008. 长江河口崇明东滩周期性淹水区域水流的基本特征. 地球科学进展,23(3):276-283.

吉晓强,何青,刘红,Ysebaert T. 2010. 崇明东滩水文泥沙过程分析. 泥沙研究,1:46-57.

李华,杨世伦,Ysebaert T,王元叶,李鹏,张文祥. 2008. 长江口潮间带淤泥质沉积物粒径空间分异机制. 中国环境科学,28(2):178-182.

李九发,沈焕庭,万新宁,应铭,茅志昌. 2004. 长江河口涨潮槽泥沙运动规律. 泥沙研究,5:34-40.

李占海,陈沈良,张国安. 2008. 长江口崇明东滩水域悬沙粒径组成和再悬浮作用特征. 海洋学报,30(6):154-163.

刘红,何青,孟翊,王元叶,唐建华. 2007. 长江口表层沉积物分布特征及动力响应. 地理学报,62(1):81-92.

刘清玉,戴雪荣,何小勤. 2003. 崇明东滩表层沉积物的粒度空间分布特征. 上海地质,4:5-8.

茅志昌. 1993. 长江口的台风浪及其对崇明东滩的冲淤作用. 东海海洋,11(4):8-16.

王初,贺宝根,周乃晟,许世远. 2009. 长江口崇明东滩盐沼前缘地带悬浮泥沙横向通量的潮周期变化. 海洋学报,31(1):143-151.

王金军,贺宝根. 2005. 长江输沙与河口的冲淤变化关系. 上海师范大学学报(自然科学版),34(4):96-100.

辛沛,金光球,李凌,宋志尧. 2009. 崇明东滩盐沼潮沟水动力过程观测与分析. 水科学进展,20(1):74-79.

杨世伦. 1990. 崇明东部滩涂沉积物的理化特性. 华东师范大学(自然科学版),03:110-112.

杨世伦,赵庆英,丁平兴,朱骏. 2002. 上海岸滩动力泥沙条件的年周期变化及其与滩均高程的统计. 海洋科学,02:37-41.

Cao M, Xin P, Jin G, Li L. 2012. A field study on groundwater dynamics in a salt marsh—Chongming Dongtan wetland. *Ecological Engineering*, 40:61-69.

Li H, Yang S L. 2009. Trapping effect of tidal marsh vegetation on suspended sediment, Yangtze Delta. *Journal of Coastal Research*, 25:915-924.

Yang S L, Li H, Ysebaert T, Bouma T J, Zhang W X, Wang Y Y, Li P, Li M, Ding P X. 2008. Spatial and temporal variations in sediment grain size in tidal wetlands, Yangtze Estuary: On the role of physical and biotic controls. *Estuarine, Coastal and Shelf Science*, 77:657-671.

第二篇　生物多样性及生态服务价值研究

第四章

植物多样性

第一节　植物资源

一、植物群系概括

中国科学院吴征镒院士在其主编的《中国植被》(1980)中将我国种子植物所有的属按其分布区划分为15个地理成分。按照他的观点，崇明东滩湿地的大多数植物属有着自然的类群，在种系发生和地理分布的研究中具有重要意义，依据《中国植被》以及《上海植被》，崇明东滩湿地范围内植物共有88属，其中34个属是世界分布类群，17个属是北温带分布类群，占全部属的58%(孙振华等,1992)，这表明崇明东滩湿地的大多数植物为广布性类型，且以温带种类为主；另有10个属是泛热带分布，7个属是旧大陆温带分布，分别占全部属的11.36%和7.95%；其他尚有东亚分布(4属)、地中海至亚洲分布(4属)、东亚至北美分布(4属)、热带亚洲至热带大洋洲分布(2属)、热带亚洲分布(2属)、热带亚洲至热带非洲分布(2属)、热带美洲和热带亚洲间断分布(1属)、温带亚洲分布(1属)等区系成分，均仅有少数属。区系成分中广布性的种类主要有两类，一类是地带性分布规律不明显的湿地植物和盐碱植物，如芦苇、糙叶薹草、藨草、碱菀、碱蓬等，在崇明东滩湿地植物区系中不占主要地位，但其形成的群落却在整个滩涂上占有广大的面积；另一类是全球性分布也在我国广泛分布的但并非上海乡土植物区系的杂草，如萹蓄等，其中还有不少属于原产欧、美等地，现在我国各地广泛分布的归化种，如球序卷耳、土荆芥、喜旱莲子草、牵牛、龙葵、婆婆纳、加拿大一枝黄花、钻叶紫菀、一年蓬、小蓬草、水飞蓟等。

二、主要植被种类

崇明东滩湿地的植被类型及其分布与生态环境特征和群落演替之间有紧密联系(孙振华

等,1992;左本荣等,2003)。崇明东滩湿地野生植物主要包含野生状态及虽人工引种但目前自然生长的植物,如广阔滩涂湿地上生长的植物,包括人工引种的外来种互花米草(详见第十章)、芦苇等;堤坝上的芦竹、草木犀等;分布在大堤上及其两侧以及大堤以内的田间、道路两侧、水产养殖塘周围的杂草;分布在北部滩涂及围堤两侧的盐碱植物。此外,还有朴、楝、卫矛、刺槐等原为崇明东滩湿地堤坝及其附近的木本植物。20世纪90年代崇明东滩湿地所记录到的被子植物名录见表4-1。

表 4-1　崇明东滩湿地被子植物名录(孙振华等,1992)

标号	科名	中文名	学名
1	榆科	四蕊朴	*Celtis tetrandra*
2	桑科	葎草	*Humulus scandens*
3	蓼科	萹蓄	*Polygonum aviculare*
4		酸模叶蓼	*P. lapathifolium*
5		绵毛酸模叶蓼	*P. lapathifolium* var. *salicifolium*
6		愉悦蓼	*P. jucundum*
7		习见蓼	*P. plebeium*
8		丛枝蓼	*P. posumbu*
9		网果酸模	*Rumex chalepensis*
10		齿果酸模	*R. dentatus*
11		羊蹄	*R. japonicus*
12	马齿苋科	马齿苋	*Portulaca oleracea*
13	石竹科	无心菜	*Arenaria serpyllifolia*
14		球序卷耳	*Cerastium glomeratum*
15		拟漆姑	*Spergularia salina*
16		鹅肠菜	*Myosoton aquaticum*
17		繁缕	*Stellaria media*
18	藜科	藜	*Chenopodium album*
19		土荆芥	*C. ambrosioides*
20		小藜	*C. serotinum*
21		灰绿藜	*C. glaucum*
22		菠菜	*Spinacia oleracea*
23		碱蓬	*Suaeda glauca*
24		南方碱蓬	*S. australis*
25		盐地碱蓬	*S. salsa*
26	苋科	牛膝	*Achyranthes bidentata*
27		喜旱莲子草	*Alternanthera philoxeroides*
28		反枝苋	*Amaranthus retroflexus*

续表

标号	科名	中文名	学名
29	毛茛科	毛茛	*Ranunculus japonicus*
30		刺果毛茛	*R. muricatus*
31	十字花科	雪里蕻	*Brassica juncea* var. *multiceps*
32		欧洲油菜	*B. napus*
33		荠	*Capsella bursa-pastoris*
34		臭荠	*Coronopus didymus*
35		北美独行菜	*Lepidium virginicum*
36		蔊菜	*Rorippa indica*
37	蔷薇科	蛇莓	*Duchesnea indica*
38	豆科	山蚂蝗	*Desmodium racemosum*
39		沼生香豌豆	*Lathyrus palustris*
40		天蓝苜蓿	*Medicago lupulina*
41		紫苜蓿	*M. sativa*
42		草木犀	*Melilotus officinalis*
43		刺槐	*Robinia pseudoacacia*
44		田菁	*Sesbania cannabina*
45		白车轴草	*Trrifolium repens* L.
46		野豌豆	*Vicia sepium* L.
47		窄叶野豌豆	*V. angustifolia*
48	酢浆草科	酢浆草	*Oxalis corniculata*
49	牻牛儿苗科	野老鹳草	*Geranium carolinianum*
50	大戟科	铁苋菜	*Acalypha australis*
51		泽漆	*Euphorbia helioscopia*
52		地锦	*E. humifusa*
53	楝科	楝	*Melia azedarach*
54	卫矛科	卫矛	*Euonymus alatus*
55	葡萄科	乌蔹莓	*Cayratia japonica*
56	葫芦科	栝楼	*Trichosanthes kirilowii*
57	伞形科	旱芹	*Apium graveolens*
58		野胡萝卜	*Daucus carota*
59		窃衣	*Torilis scabra*

标号	科名	中文名	学名
60	报春花科	过路黄	*Lysimachia christinae*
61	萝藦科	萝藦	*Metaplexis japonica*
62	茜草科	猪殃殃	*Galium aparine*
63		鸡矢藤	*Paederia scandens*
64	旋花科	打碗花	*Calystegia hederacea*
65		牵牛	*Pharbitis nil*
66	紫草科	附地菜	*Trigonotis peduncularis*
67	马鞭草科	马鞭草	*Verbena officinalis*
68	唇形科	宝盖草	*Lamium amplexicaule*
69		益母草	*Leonurus japonicus*
70		紫苏	*Perilla frutescens*
71	茄科	枸杞	*Lycium chinense*
72		龙葵	*Solanum nigrum*
73	玄参科	通泉草	*Mazus japonicus*
74		直立婆婆纳	*Veronica arvensis*
75		婆婆纳	*V. didyma*
76		蚊母草	*V. peregrina*
77		阿拉伯婆婆纳	*V. persica*
78		水苦荬	*V. undulata*
79	车前科	车前	*Plantago asiatica*
80	菊科	黄花蒿	*Artemisia annua*
81		艾	*A. argyi*
82		茵陈蒿	*A. capillaris*
83		青蒿	*A. carvifolia*
84		野艾蒿	*A. lavandulaefolia*
85		猪毛蒿	*A. scoparia*
86		钻叶紫菀	*Aster subulatus*
87		刺儿菜	*Cirsium setosum*
88		小蓬草	*Conyza canadensis*
89		鳢肠	*Eclipta prostrata*
90		一年蓬	*Erigeron annuus*

标号	科名	中文名	学名
91		鼠麴草	*Gnaphalium affine*
92		泥胡菜	*Hemistepta lyrata*
93		剪刀股	*Ixeris japonica*
94		马兰	*Kalimeris indica*
95		翅果菊	*Pterocypsela indica*
96		母菊	*Matricaria recutita*
97		水飞蓟	*Silybum marianum*
98		加拿大一枝黄花	*Solidago canadensis*
99		苦苣菜	*Sonchus oleraceus*
100		蒲公英	*Taraxacum mongolicum*
101		碱菀	*Tripolium vulgare*
102	灯心草科	野灯心草	*Juncus setchuensis*
103	鸭跖草科	鸭跖草	*Commelina communis*
104	禾本科	看麦娘	*Alopecurus aequalis*
105		日本看麦娘	*A. japonicus*
106		芦竹	*Arundo donax*
107		野燕麦	*Avena fatua*
108		菵草	*Beckmannia syzigachne*
109		白茅	*Imperata cylindrica*
110		芦苇	*Phragmites australis*
111		早熟禾	*Poa annua*
112		棒头草	*Polypogon fugax*
113		鹅观草	*Roegneria kamoji*
114		狗尾草	*Setaria viridis*
115		狗尾草属某种	*Setaria* sp.
116		互花米草	*Spartina alterniflora*
117		菰	*Zizania latifolia*
118	莎草科	糙叶薹草	*Carex scabrifolia*
119		水莎草	*Juncellus serotinus*
120		海三棱藨草	*Scirpus×mariqueter*
121		藨草	*Scirpus triqueter*

第二节　植被群落和演替特征

一、主要土著群落

崇明东滩湿地地处长江淡水与东海海水的交汇处,是水-陆两个界面的交接地带,因此植物种类和植被类型受当地特定的环境因素影响。而且崇明东滩湿地地处北亚热带,植物种类和植被类型也反映了这一地域特征(孙振华等,1992),其主要的土著植物包括以下几种。

1. 芦苇群落

以芦苇占绝对优势的单优势群落在崇明东滩湿地分布最广。芦苇通常高达 1~3 m,植株直径平均 10 mm,最大可达 14 mm。芦苇生长迅速,地下根状茎发达。群落冠层结构均一,植株密集,常呈背景化,盖度可达 70%~90%。群落结构简单,季相明显,冬天枯黄,春天碧绿,夏天为花期,花序紫红色,秋天为果期。其他植物在本群落中往往无法与芦苇竞争而被排斥,仅在群落边缘有海三棱藨草、藨草、水莎草、糙叶薹草等植物混生。地上部分生物量可达 2222 g·m^{-2}(干重),地下部分生物量可达 2900 g·m^{-2}(干重)。潮水淹没芦苇滩滩底的时间和次数均极少,在较高处,仅特大潮高潮位时才被淹,滩地高凸是芦苇群落的生境特点。

2. 海三棱藨草群落

该群落为海三棱藨草的单优势种群落。群落外貌整齐,结构简单,平均高度为 25~40 cm,盖度 20%~80%。海三棱藨草地上生物量为 435~1000 g·m^{-2}(干重)。群落季相明显,冬季枯黄,春季碧绿,8—10 月为花果期,平均每平方米小坚果重量达 100 g 左右,每公顷可达 1000 kg 以上。海三棱藨草地下球茎发达,通常深度在 10~20 cm,甚至 30 cm,根状茎延伸速度较快,常可发展成大片的群落,对促淤涨滩有积极作用。海三棱藨草的地下球茎和小坚果富含淀粉,营养价值高,且略有甜味,是鸟类喜爱的重要饵料来源。

3. 藨草-野灯心草群落

以多年生草本植物藨草和野灯心草占优势,这两种植物几乎占 50%。此外,也偶见水莎草等。群落结构是藨草和野灯心草各呈小片状,相间镶嵌分布。植物高度相近,平均在 50~70 cm,盖度为 70%~90%。季相明显,冬季枯黄,春季碧绿,7—10 月为花果期。9 月上旬野灯心草已开始结籽,呈褐绿色,而藨草要到 9 月中旬结籽。藨草的地上部分鲜重较高,小坚果生产量丰富,是越冬鸟类的重要饵料来源。

4. 糙叶薹草群落

主要分布于团结沙,群落的主要成分为糙叶薹草,往往与芦苇群落镶嵌分布。每年 3—6 月为花果期,群落中也有芦苇、海三棱藨草和藨草,其中芦苇多自然生长,而藨草和海三棱藨草是被糙叶薹草演替替代后残留下来的。随着滩地淤高,蔗草和海三棱蔗草将逐渐消失。该群落常呈岛状生长,面积不大,通常约数百平方米。盖度可达70%,平均高度在24 cm。

5. 结缕草群落

主要分布于东旺沙。植物种类以结缕草占优势,其他种有芦苇、马兰等。生长在紧靠海堤外侧的潮上滩,只在特大潮位时,被间隙性地淹没。群落面积小。呈岛状分布。群落高度通常平均为12 cm,盖度为40%。季相明显,冬季枯黄,春夏为花果期,生产量较低。匍匐茎发达,可长达数十厘米。

二、植被群落的演替

崇明东滩湿地植被群落的演替与潮滩形成和发展过程密切相关。在外来种互花米草入侵前(详见第十章),植被沿高程分布模式如图4-1。群落的演替模式取决于滩涂高程的演变,其基本的演替模式是:原生裸地(光泥滩)→海三棱蔗草群落(或蔗草-野灯心草群落)→芦苇群落。这种植被分布模式在崇明东滩湿地具有广泛的代表性,但由于各小区域的滩涂性质不尽相同,可分为淤涨性滩涂和冲蚀性滩涂两类。在淤涨性滩涂,如团结沙东北部和东旺沙等,演替各阶段的典型植被类型较为完整,发育良好;而在冲蚀性滩涂,如团结沙南部,在原生裸地(光泥滩)内侧,直接分布着芦苇群落,演替显示不完整。这说明滩涂演替决定了植被群落的结构特征。

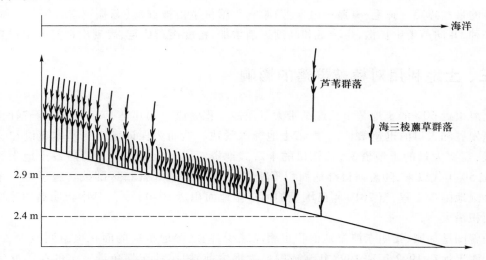

图4-1　崇明东滩湿地植被沿高程分布模式(据张利权和雍学葵,1992 修改)

海三棱蔗草是多年生耐盐耐淹性植物,具有较强的适应能力,能够在河口潮间带这样一种极端的生境中生存(张利权和雍学葵,1992;王亮等,2008),是长江口滩涂植被的先锋种和真正意义上的先锋建群种。在湿地原生植被演替的初始阶段,只有当光泥滩已经淤涨累积到近小潮高潮位时,才可能有海三棱蔗草定居并繁殖。一旦海三棱蔗草群落外带形成后,由于促淤加快,由外带向内带的演替也相应加快。而内带再向芦苇群落演替时,既有海三棱蔗草的残剩者,又有芦苇的先入者,是两者混生的过渡类型。此时,在某些局部生境,往往也出现结缕草群落、糙叶薹草群落或盐地碱蓬群落。这些群落与芦苇群落呈镶嵌分布。这表明,崇明东滩湿地的植被演替,在优势演替为主的同时,还存在多元演替。植被演替和扩展的方向均为向东,即向外海方向延伸。

除了植物本身的生长发育特性以外,鸟类对植物种子的摄取也会影响植被群落的演替。赵雨云等(2003)研究了鸭类的消化作用对海三棱藨草萌发速度和萌发率的影响。模拟消化道的环境(酸性条件 pH=2,高温 $T=42℃$,和消化道对种子的研磨作用),分别对海三棱藨草的种子进行了处理,并与自然环境下鸭类未取食的种子及鸭类粪便中采集的种子进行比较。结果表明,研磨作用能够显著加快种子的萌发速度,而酸性环境和高温条件减缓了种子的萌发速度。鸭类的消化作用对海三棱藨草种子的萌发率没有显著影响。崇明东滩湿地越冬鸭类的觅食地主要在海三棱藨草群落,种子排出后,随潮汐在滩涂上广泛传播并占据一定的分布生态位。因此,鸭类摄食种子后部分种子随粪便排泄到适宜生境,在潮汐的共同作用下,可使海三棱藨草种子在离母群落较远处散布并具有更好的萌发条件,使其每年可向光滩延伸 100~200 m,形成新的演替单元。

芦苇也是崇明东滩湿地高潮滩的主要建群种(赵平等,2005),其单位面积的盖度能达到70%,密度最大为 211.83 株·m^{-2},最高生物量为 1783.8 g·m^{-2},是湿地生态系统初级生产力的主要组成部分。然而部分区域由于排水而干涸,原来的芦苇群落成为次生裸地,缺少周期性潮水的控制,土壤条件发生变化,呈明显的旱化和盐渍化,植被群落结构发生相应的变化,发生典型的次生演替,适宜旱地的耐盐植物獐毛和碱蓬等先锋植物出现。部分地区植被群落已形成明显的带状獐毛—獐毛/碱蓬—碱蓬/芦苇—芦苇旱生植被群落(葛振鸣等,2005)。碱蓬成为优势种,并向芦苇中扩散,生物量和高度逐渐增加,密度逐渐稳定,表现出良好的生长趋势。

三、土地利用对植被群落的影响

上海市近 60% 的土地是由长江携带大量泥沙堆积而成。尤其是近 50 年来,随着社会经济的快速发展和人口的迅速增长,上海市土地资源紧缺。然而为保证城市的基本建设和工农业的发展,需要大量的土地资源,长江口的丰富湿地资源成了上海市重要的后备土地来源。自 20 世纪 50 年代以来,随着河口湿地面积不断扩大,上海市在长江口区陆续实施了多项大规模的河口湿地围垦工程,至 2010 年已围垦的河口湿地面积达 1040 km^2。其中崇明岛的滩涂湿地围垦面积最大。

随着围垦加剧,崇明东滩湿地面积也相应减少,随之湿地植被的面积也急剧减少。例如,崇明东滩湿地在 1992 年和 1998 年建成围垦大堤之前,团结沙至捕鱼港一带的芦苇群落分布宽度为 1000~1500 m,但随着 92 大堤和 98 大堤的建成,高潮滩的芦苇基本上都被围垦,土地利用类型转化成农田或鱼塘。大堤建成前后,崇明东滩湿地芦苇群落面积从 1990 年的 67.6 km^2 减少至 1998 年的 9.7 km^2,仅剩的群落零星分布在大堤以外的滩涂上(黄华梅等,2007)。之后两年芦苇群落面积才缓慢增加,但至 2000 年仅为 10.3 km^2。随着 2001 年大堤的建成和团结沙的围垦,芦苇群落面积再次大幅下降。

根据 1980—2010 年遥感影像解译结果可知,由于在崇明东滩湿地互花米草扩散能力强且北部淤积较快,部分先锋植物海三棱藨草的生态位被挤占,互花米草面积增加了 12.56 km²,而芦苇和海三棱藨草群落均受到互花米草挤压,面积分别减少 2.54 km² 和 3.24 km²。现阶段芦苇和互花米草之间保持竞争态势,但是互花米草生态幅大,对盐度耐受性广,适应力强。

利用土地利用动态变化 Dyna-CLUE 模型和元胞自动机模型,李希之等(2015)分别预测了 2020 年崇明东滩湿地在生态保护、现行趋势和围垦加剧三种不同情景下的植被格局演变(表4-2)。至 2020 年,在生态保护情景、现行趋势情景和围垦加剧情景下,滩涂湿地总面积分别增长 56 km²、44 km² 以及减少 7 km²。崇明东滩湿地现行趋势演变中,团结沙以南区域将处于侵蚀状态,且盐度相较于北部低,故将维持当前以芦苇群落为主并伴有少量斑块状海三棱藨草的状态。围垦加剧情景下,自然植被总面积减少约 13.5 km²,植被群落结构也发生一定变化,其中芦苇群落面积减少了 4.9 km²,海三棱藨草群落面积增加了 2.2 km²,互花米草群落面积减少了 10.8 km²。

表 4-2　长江口典型河口湿地在不同情境模式下植被面积的变化(据李希之等,2015 修改)

研究区域	年份	情境模式	面积/km²			总面积/km²
			海三棱藨草	芦苇	互花米草	
崇明东滩	2010		13.68	12.97	14.77	41.42
	2020	生态保护	10.44	10.43	27.33	48.20
	2020	现行趋势	13.84	9.40	8.54	31.78
	2020	围垦加剧	15.88	8.04	3.98	27.90
南汇边滩	2010		3.69	5.18	0.89	9.76
	2020	生态保护	11.86	21.29	19.87	53.02
	2020	现行趋势	1.34	0.54	0.12	2.00
九段沙	2010		11.05	22.25	22.66	55.96
	2020	生态保护	9.78	24.65	27.73	62.16

崇明东滩湿地北八滧区域在围垦加剧情景中与前两种模式下对比可知,修建大堤后堤外靠近大堤一侧高程有所提高,北部处于淤涨状态,且北支盐水倒灌利于互花米草的扩张,故互花米草群落扩张较快,面积增加迅速。与此同时,大堤修建具有一定的促淤作用,导致了光滩高程有一定增加,间接造成水淹条件、风浪大小、土壤理化性质以及地形冲淤的变化,进而促进了海三棱藨草群落的面积扩张。在生态保护、现行趋势和围垦加剧情景下,主要植物类型芦苇、互花米草和海三棱藨草群落面积比将由 2010 年的 36∶38∶26 分别变化为 2020 年的 46∶34∶20、38∶38∶24 和 38∶37∶25。在生态保护情景下,崇明东滩滩涂湿地面积将增加 7 km²,而现行趋势和围垦加剧情景下,滩涂湿地面积将不断减少。

参 考 文 献

葛振鸣,王天厚,施文彧,赵平. 2005. 崇明东滩围垦堤内植被快速次生演替特征. 应用生态学报,16(9):1677-1681.
黄华梅,张利权,袁琳. 2007. 崇明东滩自然保护区盐沼植被的时空动态. 生态学报,27(10):

4166-4172.

李希之，李秀珍，任璘婧，沈芳，黄星，闫中正. 2015. 不同情景下长江口滩涂湿地 2020 年景观演变预测. 生态与农村环境学报，31(2)：188-196.

孙振华，高峻，赵仁泉. 1992. 崇明东滩候鸟自然保护区的滩涂植被. 上海环境科学，11(3)：22-25.

王亮，李静，杨娟，蔡永立. 2008. 崇明东滩海三棱藨草生殖对策探讨. 信阳师范学院学报(自然科学版)，21(4)：539-542.

张利权，雍学葵. 1992. 海三棱藨草种群的物候与分布格局研究. 植物生态学与地植物学学报，16(1)：43-51.

赵平，葛振鸣，王天厚，汤臣栋. 2005. 崇明东滩芦苇的生态特征及其演替过程的分析. 华东师范大学学报(自然科学版)，3：98-104.

赵雨云，马志军，李博，陈家宽. 2003. 鸭类摄食对海三棱藨草种子萌发的影响. 生态学杂志，22(4)：82-85.

左本荣，陈坚，胡山，陈德辉，袁峻峰. 2003. 崇明东滩鸟类自然保护区被子植物区系研究. 上海师范大学学报(自然科学版)，32(1)：77-82.

第五章

鸟类多样性

第一节 鸟 类 资 源

一、主要鸟类种类

崇明东滩湿地是长江口地区最大的且保持自然本底状态的滩涂湿地。气候温和,自然植被繁茂,底栖动物丰富,为湿地鸟类提供充足食料。每年春秋两季,迁徙过境的湿地候鸟都在此做短暂的停歇,是休养生息的中转站;秋冬季节,大批越冬湿地候鸟由北方来此度过严寒。栖息于滩涂的湿地水鸟,是以绿色植物和底栖动物为食饵,基本处于该生态系统食物链顶端。崇明东滩鸟类国家级自然保护区处在亚洲东部及西太平洋地区候鸟迁徙路线东线的中段,重点保护对象是湿地鸟类,总数达 108 种,200~300 万只,约占我国鸟类种数的 1/10,占上海地区的 1/4,需要加强保护的是鸻鹬类、麻鸭类以及若干珍稀鸟类(孙振华和虞快,1998)。

根据崇明东滩湿地鸟类群落各种群食性生态位的差异,可分为鸻鹬类、雁鸭类、鹤类和鸥类四大类群。根据孙振华和虞快(1991)连续 4 年的观测调查,崇明东滩湿地计有鸟类 97 种。其中,92%以上为候鸟。按季节划分,可分为冬候鸟和春秋两季的旅鸟两大类。冬候鸟以雁形目、鸥形目和鹤形目为主,共 45 种;春秋两季的旅鸟主要为鸻形目和鹳形目的白鹳等,共 44 种。徐玲等(2006)调查崇明东滩湿地潮间带春季不同生境的鸟类群落,共记录到鸟类 64 种,隶属 7 目 15 科(表 5-1)。其中水鸟(包括涉禽和水禽)53 种,占总数的 82.81%;非水鸟 11 种,占 17.19%。水鸟中以鸻形目鸟类为主,共 35 种,非水鸟以雀形目鸟类占绝对优势,共 10 种。在鸟类居留类型方面,旅鸟 33 种,占总数的 51.56%;冬候鸟 18 种,占 28.13%;夏候鸟 8 种,占 12.50%;留鸟 5 种,占 7.81%。在动物地理区系划分上,地处东洋界北部边缘的崇明东滩湿地中古北界鸟类居多,共 29 种,占总数的 45.31%;东洋界鸟类仅 6 种,占 9.38%;此外,广布种鸟类 29 种,占 45.31%。

表 5-1　崇明东滩湿地春季鸟类调查统计表（据孙振华和虞快，1991；徐玲等，2006 修改）

目/科/种	居留类型[①]	地理区系[②]	保护级别[③]	密度/（只·hm^{-2}）	多度等级[④]
一、鹳形目					
（一）鹭科					
1. 草鹭（*Ardea purpurea*）	夏	广		0.0024	+
2. 苍鹭（*A. cinerea*）	留	广		0.0118	+
3. 池鹭（*Ardeola bacchus*）	夏	东		0.0012	+
4. 大白鹭（*Egretta alba*）	夏	东		0.0024	+
5. 白鹭（*E. garzetta*）	夏	东		0.0330	+
6. 中白鹭（*E. intermedia*）	夏	东		0.0082	+
二、雁形目					
（二）鸭科					
7. 赤颈鸭（*Anas penelope*）	冬	古		0.006	+
三、鹤形目					
（三）鹤科					
8. 灰鹤（*Grus grus*）	旅	广	2/Ⅱ	0.0029	+
9. 白头鹤（*G. monacha*）	冬	古	1/E/Ⅰ	0.0995	+
（四）秧鸡科					
10. 普通秧鸡（*Rallus aquaticus*）	冬	古		0.0018	+
四、鸻形目					
（五）鸻科					
11. 灰斑鸻（*Pluvialis squatarola*）	旅	古		0.0289	+
12. 金斑鸻（*P. dominica*）	旅	广		0.0018	+
13. 剑鸻（*Charadrius hiaticula*）	冬	古		0.0241	+
14. 金眶鸻（*C. dubius*）	旅	古		0.0024	+
15. 环颈鸻（*C. alexandrinus*）	旅	古		1.0769	++
16. 蒙古沙鸻（*C. mongolus*）	旅	古		0.0777	+
17. 铁嘴沙鸻（*C. leschenaultii*）	旅	古		0.1713	++
（六）鹬科					
18. 小杓鹬（*Numenius minutus*）	旅	古	2	0.0006	+
19. 中杓鹬（*N. phaeopus*）	旅	广		0.2897	++
20. 白腰杓鹬（*N. arquata*）	冬	古		0.0860	+

续表

目/科/种	居留类型①	地理区系②	保护级别③	密度/(只·hm⁻²)	多度等级④
21. 红腰杓鹬(*N. madagascariensis*)	旅	广		0.0442	+
22. 黑尾塍鹬(*Limosa limosa*)	旅	广		0.0512	+
23. 斑尾塍鹬(*L. lapponica*)	旅	广		0.0112	+
24. 鹤鹬(*Tringa erythropus*)	旅	古		0.4316	++
25. 红脚鹬(*T. totanus*)	旅	广		0.0053	+
26. 泽鹬(*T. stagnatilis*)	旅	广		0.0006	+
27. 青脚鹬(*T. nebularia*)	冬	广		0.0324	+
28. 白腰草鹬(*T. ochropus*)	冬	古		0.0236	+
29. 林鹬(*T. glareola*)	旅	古		0.0077	+
30. 矶鹬(*T. hypoleucos*)	留	古		0.0389	+
31. 翘嘴鹬(*Xenus cinereus*)	旅	古		0.0483	+
32. 翻石鹬(*Arenaria interpres*)	旅	广		0.0106	+
33. 扇尾沙锥(*Gallinago gallinago*)	冬	古		0.0018	+
34. 红腹滨鹬(*Calidris canutus*)	旅	广		0.0006	+
35. 大滨鹬(*C. tenuirostris*)	旅	广		4.9622	+++
36. 红颈滨鹬(*C. ruficollis*)	旅	广		0.1902	++
37. 青脚滨鹬(*C. temminckii*)	旅	广		0.0024	+
38. 尖尾滨鹬(*C. acuminata*)	旅	广		0.3056	++
39. 黑腹滨鹬(*C. alpina*)	冬	广		4.4553	+++
40. 弯嘴滨鹬(*C. ferruginea*)	旅	广		0.0006	+
41. 三趾鹬(*C. alba*)	旅	广		0.0012	+
42. 勺嘴鹬(*Eurynorhynchus pygmeus*)	旅	广		0.0018	+
43. 阔嘴鹬(*Limicola falcinellus*)	旅	广		0.0006	+
(七)反嘴鹬科					
44. 黑翅长脚鹬(*Himantopus himantopus*)	旅	广		0.0006	+
(八)瓣蹼鹬科					
45. 红颈瓣蹼鹬(*Phalaropus lobatus*)	旅	广		0.0012	+
五、鸥形目					
(九)鸥科					
46. 黑尾鸥(*Larus crassirostris*)	冬	古		0.9809	++

续表

目/科/种	居留类型[①]	地理区系[②]	保护级别[③]	密度/(只·hm⁻²)	多度等级[④]
47. 海鸥(*L. canus*)	冬	古		0.3539	++
48. 灰背鸥(*L. schistisagus*)	冬	古		0.3539	++
49. 银鸥(*L. argentatus*)	冬	古		0.1943	++
50. 黑嘴鸥(*L. saundersi*)	冬	古	V	0.0018	+
51. 白翅浮鸥(*Chlidonias leucoptera*)	旅	古		0.0041	+
52. 须浮鸥(*C. hybridus*)	夏	东		0.0065	+
53. 普通燕鸥(*Sterna hirundo*)	旅	古		0.0012	+
六、鹃形目					
(十)杜鹃科					
54. 大杜鹃(*Cuculus canorus*)	旅	广		0.0012	+
七、雀形目					
(十一)燕科					
55. 家燕(*Hirundo rustica*)	夏	广		0.0495	+
56. 金腰燕(*H. daurica*)	夏	广		0.0006	+
(十二)鹡鸰科					
57. 白鹡鸰(*Motacilla alba*)	冬	古		0.0012	+
(十三)鸫科					
58. 斑鸫(*Turdus naumanni*)	冬	古		0.0006	+
59. 红尾水鸲(*Rhyacornis fuliginosus*)	留	广		0.0006	+
60. 震旦鸦雀(*Paradoxornis heudei*)	留	东	R	0.0029	+
61. 大苇莺(*Acrocephalus arundinaceus*)	旅	古		0.2973	++
(十四)文鸟科					
62. 麻雀(*Passer montanus*)	留	广		0.0006	+
(十五)雀科					
63. 芦鹀(*Emberiza schoeniclus*)	冬	古		0.0124	+
64. 灰头鹀(*E. spodocephala*)	冬	古		0.0024	+

注:①居留类型:夏:夏候鸟;冬:冬候鸟;旅:旅鸟;留:留鸟。②地理区系:古:古北界;东:东洋界;广:广布种。③保护级别:1、2:国家一、二级保护动物;E:濒危;V:易危;R:稀有;Ⅰ、Ⅱ:《濒危野生动植物种国际贸易公约》(CITES)附录等级。④多度等级:+++:优势种;++:常见种;+:稀少种。

按鸟类珍稀程度,崇明东滩湿地的鸟类资源可分为如下两类:

1. 珍稀鸟类

属于国家一级保护动物的有3种:白头鹤、黑鹳和东方白鹳;属于国家二级保护动物的有黑脸琵鹭、小天鹅、大天鹅、小杓鹬和小青脚鹬等35种。白头鹤主要在高潮滩的外侧,海三棱藨草群落的外带和光泥滩一带越冬,数量在100只以上。小天鹅也主要在海三棱藨草群落外带越冬,退潮时可活动至低潮位以外几百米的水域,主要栖息于团结沙东北缘、东旺沙的东南缘和东北缘等3处特殊滩涂。据20世纪90年代的观测统计,小天鹅总数在3000~4000只,是目前国内最大的小天鹅越冬群。但近十年来,小天鹅越冬数量急剧减少。

2. 其他重要鸟类

崇明东滩湿地其他重要鸟类包括雁鸭类和鸻鹬类。雁鸭类的数量每年在40000~50000只。主要在广阔的海三棱藨草群落的内带和藨草-灯心草群落内觅食和宿夜。鸻鹬类数量全年达100万只,因迁徙季节途经崇明东滩湿地做短暂的休息并补充营养,所以特点是时间短、数量大。由于雁鸭类和鸻鹬类数量巨大,可以有计划地进行适度捕猎,但数量不能超过其自然增长的数量。

二、鸟类生态位与生境选择

崇明东滩湿地的鸟类一般是混群栖息,而鸟类是对食物和空间资源的主要利用者和竞争者。随着鸟类的密度增大,取食空间的重要性也随之增加,种间竞争也因此加剧。鸟类如何合理分配生态资源,以获得最大的食物来源和休息时间,这对完成来年的正常迁徙、以便维持种群繁衍是至关重要的。因此,研究优势种鸟类的取食、栖息空间生态位尤显重要。

根据崇明东滩湿地主要鸟类的生境偏好与选择进行聚类分析,可得到其取食空间生态位的分布(周慧等,2005),由图5-1可见,这些占据优势种群地位的鸟类在取食空间生态位上可分为4个类群。

第1类由黑尾鸥、银鸥、绿头鸭和黑腹滨鹬组成,集中在低潮带盐沼光滩带附近取食。它们各自在低潮带盐沼光滩带取食的概率一般达98%左右,所以生态位宽度较狭窄。

第2类由赤颈鸭、鹤鹬和绿翅鸭组成,经常在低潮带盐沼光滩带和堤内鱼塘-芦苇区附近取食。它们各自在两区取食的概率不等,在低潮带盐沼光滩带取食的概率偏高。

第3类由斑嘴鸭、环颈鸻、白鹭和白骨顶组成,分别出现在低潮带盐沼光滩带、海三棱藨草外带、海三棱藨草内带、堤外芦苇带、堤内鱼塘-芦苇区的概率不等。除白骨顶为生态位甚窄的一种鸟类外,其他三者均可归为生态位较宽的类群。

第4类由凤头麦鸡和青脚鹬组成,它们在海三棱藨草外带、堤内鱼塘-芦苇区出现的频率比上述其他鸟类高出许多,成为取食空间生态位的独立者。

鹈鹕目、鹳形目和鹤形目鸟类多分布于芦苇区;鹤形目中的鹤类多在盐沼光滩和海三棱藨草外带取食,而秧鸡科鸟类多在堤内鱼塘-芦苇区中取食和栖息;雁形目、鸻形目和鸥形目鸟类在盐沼光滩和堤内鱼塘-芦苇区均有大量分布(赵平等,2003)。崇明东滩湿地堤

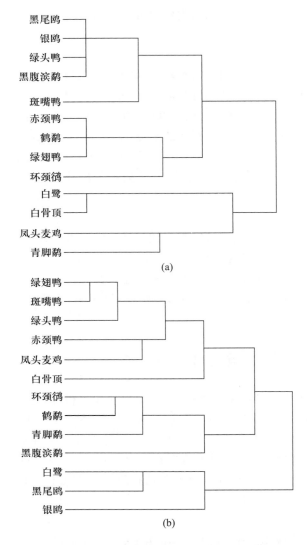

图 5-1 　(a)崇明东滩湿地水鸟取食空间生态位聚类结果;(b)食性生态位聚类结果(据周慧等,2005 修改)

内鱼塘-芦苇区拥有最大的越冬水鸟物种多样性和个体多度,堤外低潮带盐沼光滩带次之;而海三棱藨草带和堤外芦苇带较低。这样的分布格局与堤内鱼塘-芦苇区有相对丰富的食物资源、适宜的水深及芦苇群落较强的隐蔽性有关。然而,作为农田一类的人工湿地系统,也有人为干扰和猎捕问题,应该认真对待。越冬水鸟在堤内鱼塘-芦苇区出现率最高(表 5-2)。

　　芦苇带、海三棱藨草带和盐沼光滩是崇明东滩湿地潮间带典型的生境,各生境的鸟类种类密度和多样性差异较大(徐玲等,2006)。盐沼光滩和芦苇带鸟类的生物多样性较高,海三棱藨草带最低(表 5-3)。而且盐沼光滩和芦苇带鸟类群落均匀性较高,海三棱藨草带较低。

表 5-2　崇明东滩湿地 2002—2003 年冬季鸟类种类和觅食生境偏好（据赵平等，2003 修改）

水鸟种类	保护级别①	数量	觅食生境偏好（出现率/%）				
			低潮盐沼光滩带	海三棱藨草外带	海三棱藨草内带	堤外芦苇带	堤内鱼塘-芦苇区
小鸊鷉（Tachybaptus ruficollis）		327	23				77
普通鸬鹚（Phalacrocorax carbo）		91	27				73
苍鹭（Ardea cinerea）		74	21	19			60
大白鹭（Egretta alba）	+	101	6	12	25		57
白鹭（Egretta garzetta）		1124	1	5	9		85
大麻鳽（Botaurus stellaris）		6				60	40
黑脸琵鹭（Platalea minor）	C/E/2	1					100
鸿雁（Anser cygnoides）	V/+	102	67	12	21		
豆雁（A. fabalis）	+	3	100				
小天鹅（Cygnus columbianus）	V/2/+	12	100				
翘鼻麻鸭（Tadorna tadorna）	+	47	33	33	33		
针尾鸭（Anas acuta）	+	280	20	3			77
绿翅鸭（A. crecca）	+	3120	67				33
罗纹鸭（A. falcata）		13	34				66
绿头鸭（A. platyrhynchos）	+	513	98	1			1
斑嘴鸭（A. poecilorhyncha）		8790②	83	2			15
赤颈鸭（A. penelope）	+	478	64	2			34
白眉鸭（A. querquedula）	+	11	25		27		48
琵嘴鸭（A. clypeata）	+	207	63				37
斑背潜鸭（Aythya marila）	+	5	100				
鸳鸯（Aix galericulata）	NT/V/2	12					100
普通秋沙鸭（Mergus merganser）	+	81	20				80
红胸秋沙鸭（M. serrator）	+	2					100
灰鹤（Grus grus）	2	6	60	40			
白头鹤（G. monacha）	C/a/E/1	107	74	26			
白胸苦恶鸟（Amaurornis phoenicurus）		4				48	52
黑水鸡（Gallinula chloropus）	+	172					100
白骨顶（Fulica atra）		489					100
凤头麦鸡（Vanellus vanellus）	+	537		20	30		50
灰斑鸻（Pluvialis squatarola）	+	84	40	39	17		4
环颈鸻（Charadrius alexandrinus）		2389	56	11	15	5	13
红腰杓鹬（Numenius madagascariensis）	NT/+	103	3	2	46	49	
黑尾塍鹬（Limosa limosa）	1/+	135	56				44
鹤鹬（Tringa erythropus）	+	278	64				36

续表

水鸟种类	保护级别[①]	数量	觅食生境偏好(出现率/%)				
			低潮盐沼光滩带	海三棱藨草外带	海三棱藨草内带	堤外芦苇带	堤内鱼塘-芦苇区
红脚鹬(*T. totanus*)	+	25	17				83
泽鹬(*T. stagnatilis*)	+	24	23	6			71
白腰草鹬(*T. ochropus*)	+	3					100
青脚鹬(*T. nebularia*)	+	317	29	28			43
林鹬(*T. glareola*)	+	8	25				75
矶鹬(*T. hypoleucos*)	+	24					100
扇尾沙锥(*Gallinago gallinago*)	+	75					100
黑腹滨鹬(*Calidris alpina*)	+	1103	98	1	1		
黑翅长脚鹬(*Himantopus himantopus*)	+	19					100
黑尾鸥(*Larus crassirostris*)		4500[②]	100				
海鸥(*L. canus*)	+	66	100				
银鸥(*L. argentatus*)	+	8317[②]	100				
红嘴鸥(*L. ridibundus*)	+	9	24				76
黑嘴鸥(*L. saundersi*)	E/V	100	22	56			22
普通燕鸥(*Sterna hirundo*)	+	210	63				37
未识别鹬鸻类		2100					
未识别雁类		82					
未识别鸭类		2500					
合计		34504	13450 (39%)	2239 (6%)	1570 (5%)	1142 (3%)	16103 (47%)

注:①C:极危;E:濒危;V:易危;NT:接近受危;I:不确定;a、b:CITES 附录等级;1、2:国家重点保护野生动物级别;+:中日协定保护鸟类。②优势种。

表 5-3　崇明东滩湿地不同生境鸟类群落结构特征比较(徐玲等,2006)

生境类型	物种数	优势种	密度/(只·hm^{-2})	多样性	均匀度	优势度	相似性
芦苇带	25	2	2.56	1.69	0.53	0.35	0.41
海三棱藨草带	48	3	15.38	1.40	0.36	0.43	0.67
盐沼光滩	36	2	21.04	1.86	0.52	0.29	0.33
东滩滩涂	64	2	14.60	2.08	0.49	0.22	—

　　根据姜姗等(2007)和桑莉莉等(2008)的研究,斑嘴鸭、绿头鸭、银鸥及白鹭等白天在塘内栖息和取食的水鸟,黄昏时飞离并栖息于堤外海滩或堤内农田和防护林,次日清晨飞回。夜间停留在鱼蟹塘的水鸟活动差异性显著。其中,夜鹭白天栖息于堤内防护林,傍晚和夜间飞入鱼蟹塘,分散于塘内光滩及芦苇附近活动,行为以觅食为主。黑水鸡和白骨顶活动频繁,主要分布于芦苇丛和周边水域,早晨其觅食行为达到高峰,下午转为以休息为主。而白天活动频繁的小鸊鷉夜间停留在塘内,主要休息于水位较深区域。结果表明,越冬水鸟夜间行为具多样性,可能与昼间活动模式有关。

　　在崇明东滩湿地,较多雀形目鸟类主要选择纯互花米草生境栖息,互花米草和芦苇混合生境次之,而不选择纯芦苇生境,对生境类型有较强的偏好(侯艳超等,2014)。对雀形目鸟类越冬生境选择影响最大的是人类活动的干扰。葛振鸣等(2006)分析了冬、春两季崇明东滩湿地鸟类种类数、数量、物种多样性、均匀度和科属多样性等群落特征,以及调查样点内水位、水面积、植被盖度、底栖动物密度、鱼类捕捞和人类干扰等环境因子。研究发现,冬季鸟类种类数与植被盖度呈显著正相关,鸟类数量、物种多样性、科属多样性等群落特征与水位高低、水面积比例以及鱼类捕捞强度等有关,底栖动物密度影响鸟类均匀度和数量;春季鸟类数量与鱼塘的水面积呈正相关,而种类和数量与水位呈显著负相关,物种多样性和均匀度明显受水位、水面积和植被盖度影响,鸟类科属多样性与底栖动物密度呈显著正相关,鱼类捕捞强度对春季鸟类群落影响不大。

　　该研究对形态特征中喙长与跗跖长的数据进行聚类分析,可得生态位聚类分析结果(图5-1),占据优势种群地位的鸟类在形态生态位上可分为3个类群。

　　第1类由鹤鹬、青脚鹬、黑尾鸥、绿头鸭和斑嘴鸭组成。这些鸟类喙长比较接近,皆处于50~60 mm的范围;同样,在跗跖长比较时,处于47~60 mm的范围。

　　第2类由绿翅鸭、黑腹滨鹬、赤颈鸭、白骨顶和凤头麦鸡组成。它们的喙长在25~38 mm的范围,跗跖长在25~45 mm的范围。

　　第3类由银鸥、环颈鸻和白鹭组成。这些种类与其他鸟类的排序结果可明显分开,因此归为一群。

三、人类活动对鸟类的影响

　　全球范围内自然湿地的退化对栖息在湿地上的野生动物造成了严重威胁。大规模的围垦建堤活动致使崇明东滩湿地生态系统中的食物链基础资源——海三棱藨草遭到严重破坏(孙振华和赵仁泉,1996),处于这个湿地生态系统食物链顶端地位的湿地鸟类赖以生存的生活空间大部分被围占,鸟类觅食的食源也因围垦而大部丧失,从而造成崇明东滩湿地的鸟类,尤其是珍稀鸟类的数量明显减少。以小天鹅为例,每年在崇明东滩湿地越冬的小天鹅,大规模围垦前约为3500只,现今数量骤减。

　　崇明东滩湿地面积在20世纪80年代至2001年这20年内净损失了11%,超过65%的自然生境(包括海三棱藨草和芦苇湿地)消失。被围垦的自然湿地被开发成诸如水稻田和水产养殖塘等人造生境。截至21世纪初,引自北美洲的入侵植物互花米草占据了有植被覆盖潮间带区域的30%。然而,从20世纪80年代到21世纪初的水鸟丰富度并没有显著改变

(Ma et al.,2009),13 种发现于 20 世纪 80 年代的鸟类被 14 个新记录种所取代。另外,处于减少趋势的鸟类(58 种)要多于处于增多趋势的鸟类(19 种)。鸟类的种群趋势受到了栖息状态和生境类型的影响。相比于崇明东滩湿地的原生鸟类(全年居鸟和夏季居鸟)和泛生境种,过境鸟、冬候鸟和特殊生境种更容易发生衰减。另外,相比于与人工湿地相关的鸟类,主要与自然湿地相关的种类更容易衰减。这些特征说明,崇明东滩湿地的减小和改变对当地的种群动态有不利影响,甚至可能导致了部分水鸟种类的全球性衰减。

借助 Landsat ETM⁺ 遥感影像对崇明东滩湿地鸻形目水鸟适宜生境(海三棱藨草湿地和滩涂湿地)的变化进行动态监测,并借助 FRAGSTATS 景观指数对适宜生境的景观特征进行分析,邹业爱等(2014)发现鸻形目水鸟的适宜生境的总面积仅次于深水区湿地。海三棱藨草湿地和滩涂湿地面积的增加主要由深水区湿地转化而来,而其面积的减少主要被芦苇和互花米草湿地所取代(图 5-2),海三棱藨草湿地和滩涂湿地的景观异质性和破碎程度趋于增加(2000—2006 年趋于增加,2006—2010 年趋于下降)。在整个景观尺度上,所有湿地的异质性和破碎程度在 2000—2006 年趋于增加,而在 2006—2010 年趋于下降。从景观特征来看,研究地区鸻形目水鸟适宜生境的质量(生境组成/要素配置、复杂性、连接性和异质性等)在 2000—2006 年趋于下降,而在 2006—2010 年趋于提高。

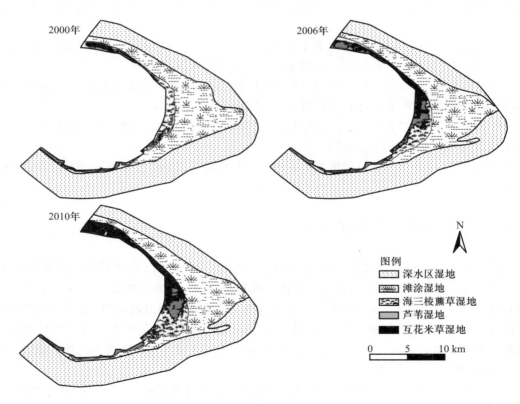

图 5-2　崇明东滩湿地水鸟生境类型分布示意图(2000—2010 年)(邹业爱等,2014)

目前,自然湿地被破坏后较多通过建造人工湿地以补偿自然湿地的损失。为了评估人工湿地能否替代自然湿地作为鸟类适宜的栖息地,Ma 等(2004)在崇明东滩湿地比较了堤外滩涂(自然湿地)和水产品养殖塘(人工湿地)两种类型湿地中的鸟类数量、物种丰富度和鸟类的群落特征及季节变化。结果表明,不同季节、不同生态习性的鸟类对两种类型的湿地表现出不同的选择性。大多数涉禽选择滩涂作为其栖息地,而大多数游禽选择水产品养殖塘作为栖息地。在春季和秋季,水鸟偏向于选择滩涂类型的栖息地;而在夏季和冬季,水鸟对两种类型的栖息地的选择性没有显著差异。总的来说,自然湿地是鸟类更为适宜的栖息地,而人工湿地是冬季水鸟适宜的栖息地。仅当自然湿地类型无法获得或质量较差时,水鸟才选择人工湿地类型。过分强调人工湿地对鸟类保护的作用可能误导土地管理者随意将自然湿地转变为人工湿地,从而导致鸟类多样性的丧失。因此,保护自然湿地比在自然湿地受破坏以后建造人工湿地类型更有利于鸟类的保护。

然而,其他一些研究则认为,人工湿地在水鸟保育中起到了重要的作用,不过前提是需要根据不同水鸟对生境因子的要求进行生境管理(张美等,2013)。例如,冬季应保持较大的明水面面积和一定的水深,为雁鸭类建立合适的栖息地。春季应保持一定的裸露浅滩面积,为鸻鹬类提供良好的避难所。

此外,人类活动引起的环境污染对鸟类的影响也是国际广泛关注的方面。近年来,由于社会经济的高速发展,人类对多溴二苯醚(poly brominated diphenyl ethers,PBDEs)产品的生产和使用越发频繁,PBDEs 已普遍存在于各种环境介质中,对候鸟也产生影响。Huang 等(2013)研究了崇明东滩湿地鸻鹬类和鸭类肌肉内的 PBDEs 浓度,发现东亚-澳大拉西亚候鸟迁徙路线上鸻鹬类水鸟体内的 PBDEs 浓度比欧洲的黑海-地中海迁徙路线、北美地区的美洲-太平洋迁徙路线、美洲-大西洋迁徙路线、美洲密西西比迁徙路线上的鸟类低。但它们会在大量使用 PBDEs 产品的繁殖区、中途停歇地和越冬地接触到 PBDEs。鸭类体内含有 PBDEs 的比例相对高于鸻鹬类,这表明鸭类的繁殖区和越冬地包括亚洲-太平洋区域受到的 PBDEs 污染严重。崇明东滩湿地为众多迁徙水鸟提供了中途停留场所和过冬栖息地,所以更需要切实保护自然湿地的环境。

第二节　重要鸟类种群

一、白头鹤食性与行为特征

崇明东滩湿地栖息有一定数量的白头鹤、小天鹅、鸳鸯和鸿雁等世界珍稀鸟类,是保护区的保护重点。白头鹤别名锅鹤、玄鹤,属于鹤科,为我国一级保护动物,世界易危鸟类,目前世界上的白头鹤数量约为 12000 只,我国约为 1000 只。白头鹤为大型涉禽,分布于东北亚,繁殖于俄罗斯西伯利亚东部至我国黑龙江的广大地区。越冬地在韩国南部、日本鹿儿岛出水市、八代市和我国长江中下游流域各湖泊湿地,包括鄱阳湖、洞庭湖、升金湖、龙感湖、安庆沿江自然保护区和崇明东滩等地。由于湿地在全球范围的大面积丧失和退化,白头鹤的栖息地受到了严重的威胁。大部分白头鹤对人工、半人工湿地和人工投喂的食物产生了一定程度的依赖性。

与其他越冬地相比,崇明东滩湿地是白头鹤目前不多的受人类干扰较少并保持自然湿地特征的越冬地。因此,对白头鹤的越冬生态进行研究对其的保护具有重要意义。

白头鹤在崇明东滩湿地的越冬期为 140~150 天。受气候和季节的影响,越冬后期比前期的日活动时间增加 1 小时。潮汐节律影响越冬白头鹤行为活动的时间分配、觅食地的选择以及集群大小。白头鹤的冬季食物以植物性食物为主,包括苦草,马来眼子草,狗牙草地下块茎,海三棱藨草地下球茎、根状茎和小坚果,稻田收割后遗落的稻谷以及人工投喂的谷物类食物等(敬凯等,2002a)。

潮汐对白头鹤在崇明东滩湿地的越冬活动具有重要影响(Ma et al.,2003)。潮水对潮沟边缘的冲刷和潮水中泥沙在平滩的沉积是白头鹤食物资源在滩涂上分布极不均匀的重要原因。在潮沟边缘,海三棱藨草的地下球茎被冲刷裸露出来,可直接啄取,食物集中,数量丰富;而在平滩上,地下球茎被泥沙深埋,较难取得,且食物分散,因此实际观察中常见白头鹤群集中在食物集中而丰富的潮沟边缘觅食。白头鹤觅食地的选择也受到潮汐节律的影响,海三棱藨草外带和中带,地下球茎发育良好,数量丰富,是白头鹤群在落潮时的主要觅食地,涨潮时潮水迫使白头鹤迁离外带和中带至内带活动,落潮后再返回。食物分布的不均匀和潮水的压迫使白头鹤无法建立稳定的领地,这也是白头鹤在崇明东滩湿地不具有领域行为的直接原因。潮汐对白头鹤的行为活动具有很大影响,落潮期间觅食活动时间长,其他活动时间短;涨潮时觅食活动时间减少,警戒、行走以及保养等其他行为活动时间增加。

白头鹤在潮沟边缘和平滩两种微地貌之间的取食强度具极显著差异(敬凯等,2002b),食物埋藏深度和食物重量是主要影响因素。白头鹤通过食物埋藏深度、食物重量和食物数量三个特征来选择最佳的觅食场所。其中,食物的埋藏深度对白头鹤觅食地的选择具有最重要的作用,白头鹤倾向取食埋藏浅的食物;而潮水的冲刷作用是造成食物埋藏深度不同的主要原因。通过食物的平均埋藏深度与白头鹤平均取食深度的比较,可以较准确地预测白头鹤的取食地点。

由于白头鹤大部分时间在滩涂自然湿地上活动和觅食,因此崇明东滩湿地对于保护白头鹤非常重要。崇明东滩湿地的越冬白头鹤觅食地主要为 98 大堤外滩涂,多在海三棱藨草群落外带和中间带的潮沟附近活动,海三棱藨草内带是白头鹤在大潮高潮时的觅食地及休息地(赵雨云等,2002)。白头鹤的越冬食性分析表明,占总重量 99% 的食物成分为海三棱藨草的地下球茎和根状茎,对地下球茎特别偏爱,很少食用海三棱藨草的种子。潮汐冲刷作用使潮沟附近海三棱藨草地下球茎和根状茎裸露,为白头鹤取食带来便利条件。

白头鹤的越冬集群行为对研究鹤类对人类不同干扰类型的耐受性有重要意义。相关研究表明,白头鹤集群大小对群中个体警戒时间和警戒个体比例均产生显著影响(张佰莲等,2009)。集群中个体警戒时间和警戒个体比例均随集群增大而减小。当鹤群数量超过 90 只时,警戒个体的比例降到最低,此后保持恒定。白头鹤在农田生境中对人类和机动车(船)的观望距离存在显著差异,对人类活动敏感,而对机动车(或船)的警惕性次之。在人类二次干扰条件下,白头鹤的观望距离、躁动距离和逃逸距离均显著增加,其中逃逸距离增加最多。

二、黑脸琵鹭种群与栖息习性

黑脸琵鹭在《世界自然保护联盟（IUCN）濒危物种红色名录》中被列为世界濒危物种，是世界上琵鹭属中分布范围最窄的物种，目前其种群处于濒危状态，被国际鸟类联盟（BirdLife International）定为濒危级，在《中国濒危动物红皮书》中也被作为濒危级的珍稀鸟类，属国家二级保护野生动物。黑脸琵鹭常分布于亚洲东部的日本、朝鲜半岛、越南和我国东部沿海等地，其中在朝鲜半岛和我国东北沿海地区繁殖，而在我国台湾、我国香港、越南及我国海南省越冬，迁徙时则经过我国东部的省份。黑脸琵鹭的生存和保育状况受到全球关注，据 2015 年最新统计的全球种群数量仅为 3900 余只。

黑脸琵鹭属体型较大的鹳科鸟类，一般栖息于内陆湖泊、水塘、河口、芦苇沼泽、水稻田以及沿海岛屿和海滨沼泽等湿地，以鱼、虾、蟹及螺类等水生动物为食。在 2002—2003 年，在崇明东滩湿地观察到 718 只黑脸琵鹭，主要在春季北迁时在东滩停留，占全年的 93.2%，时间长达 1 个月以上，并选择鱼蟹塘作为主要的栖息和觅食地（袁晓和章克家，2006）。在崇明东滩湿地度夏的黑脸琵鹭均为亚成鸟，这些亚成鸟在夏季不会回到繁殖地参与繁殖，而是在迁徙途中选择合适的生境度夏，说明崇明东滩湿地是黑脸琵鹭在迁徙过程中重要的栖息地。

三、鸻鹬类食性特征

迁徙停歇地多变和难以预测的食物资源给鸻鹬类的觅食活动带来了严峻挑战。机会主义觅食策略，即鸻鹬类摄取食物的比例与食物可利用性的高低相一致，可以使鸻鹬类高效地补充能量和营养物，尽快为下一阶段的迁徙活动做好准备。研究鸻鹬类的食物来源和组成有利于对其栖息地进行科学有效的保护。以往研究鸻鹬类食物所使用的方法大多为胃内容物分析或粪便分析，但所得结果只能反映鸟类摄取的食物，无法反映其利用的食物。利用稳定同位素分析方法，张璇等（2013）比较了崇明东滩湿地的黑腹滨鹬食物组成以及初级生产者的食物贡献。黑腹滨鹬在春、秋、冬三季的稳定同位素水平具有显著差异，反映了食物组成差异显著。各类底栖动物生物量的季节变化可能是导致黑腹滨鹬食物组成存在季节差异的主要原因。春、秋季的食物组成中都以双壳类贡献最大；在秋季，甲壳类的食物贡献上升，腹足类和多毛类的贡献则相对春季有所下降；越冬期食物组成中，4 类底栖动物的贡献相对平衡。在春季和秋季，黑腹滨鹬最主要的食物来源分别是土著 C_3 植物（芦苇和海三棱藨草）和外来 C_4 植物（互花米草）；3 类初级生产者越冬期对黑腹滨鹬的食源贡献比较接近，可能是冬季崇明东滩湿地食物资源相对匮乏所致。

通过底栖动物调查和粪便分析，Zhang 等（2011）对大滨鹬在崇明东滩湿地停歇期的食物进行了研究。在大滨鹬的觅食地，底栖动物有腹足类、双壳类、多毛类、甲壳类和昆虫幼虫 5 类。粪便分析表明，腹足类和双壳类占大滨鹬食物组成的 70% 以上，其中堇拟沼螺和河蚬是出现频次最高的底栖动物种类。每种食物在粪便中出现的频次与其在底栖动物中所占的比例没有显著差异，但是大滨鹬依然更多地摄取丰度较高的食物。这暗示着大滨鹬在崇明东滩湿地采取的是机会主义觅食策略。

　　鸻鹬类的觅食策略在栖息地利用上具有重要的作用。崇明东滩湿地底栖动物密度在鸻鹬类不同栖息地之间存在显著差异（Jing *et al.*，2007）。超过 90% 的底栖动物分布在鸻鹬类可获得的 0~3 cm 的深度范围。盐沼内底栖动物中超过 90% 为底上生活型，光滩内超过 90% 为底内生活型。在盐沼和光滩交界处，底内和底上生活型底栖动物的比例几乎相等。鸻鹬类群落中触觉连续觅食策略者占优势，超过总量的 80%。奔-停觅食、视觉连续和触觉连续 3 类觅食策略的鸻鹬类在对栖息地的利用上存在显著差异。奔-停觅食和视觉连续觅食鸻鹬类在盐沼中比例较高，触觉连续觅食者在光滩和盐沼边缘具有较高比例。触觉连续觅食者密度与双壳类的密度和物种丰度均呈显著正相关。视觉连续觅食者的密度与腹足类、多毛类的物种丰度以及甲壳类的密度呈显著正相关。奔-停觅食者与底上生活型底栖动物密度呈显著正相关，而与底内生活型底栖动物密度呈显著负相关；触觉连续觅食者与底内生活型底栖动物密度呈显著正相关，与底上生活型底栖动物密度呈显著负相关；视觉连续觅食者的比例与底内生活型和底上生活型底栖动物的比例均无显著相关。

四、鸻鹬类迁徙和能量策略

　　崇明东滩湿地春、秋两季黑腹滨鹬与其他 4 种常见滨鹬类（大滨鹬、红腹滨鹬、红颈滨鹬和长趾滨鹬）的迁徙和能量策略存在明显的年龄和季节差异，而且不同迁徙策略的种类间也有差异（Choi *et al.*，2009）。在崇明东滩湿地及周边地区越冬的黑腹滨鹬，南迁时的能量状况显著低于北迁时期。采用长距离迁徙模式的大滨鹬和红腹滨鹬，它们南迁时在崇明东滩湿地的能量状况显著高于北迁时期，而它们北迁时到达崇明东滩湿地一段时间后，能量状况会有所提升。采用相对短距离迁徙飞行的红颈滨鹬和长趾滨鹬，它们离开崇明东滩湿地时的能量状况并不存在季节上的差异，而且成年个体的能量状况在停歇时期也没有显著的提升。另外，所有 5 种滨鹬类的 1 龄鸟在南迁时的能量状况都显著提升，这说明崇明东滩湿地对 1 龄鸟的能量积累有重要意义。

　　不同时期、不同年龄的黑腹滨鹬在崇明东滩湿地的迁徙时间和能量状况表明，黑腹滨鹬的体重和能量状况在南迁结束后最低，在整个冬季基本保持稳定，到北迁前再增加并达到最高值（Choi *et al.*，2011）。其中 1 龄黑腹滨鹬在北迁前（5 月）和南迁后（9 月和 10 月）的能量状况都显著低于同时期的成鸟。另外，崇明东滩湿地迁徙期和越冬期黑腹滨鹬的年龄结构以 1 龄鸟为主。南迁时，最早到达崇明东滩湿地的成鸟种群里，超过一半的个体属 2 龄鸟，它们可能是繁殖失败或没有完成迁徙的个体。正在换羽的个体的能量状况高于未开始或者暂停换羽的个体，而完成换羽的黑腹滨鹬则有更高的能量储备。这说明鸟类换羽对其状态指标和迁徙前的能量积累有一定影响。此外，繁殖地换羽时间与不同年龄组别南迁先后顺序有紧密联系，在南迁前更换初级飞羽的亚种中，成年黑腹滨鹬与 1 龄鸟到达越冬地的时间接近或较之更晚到达越冬地，而在南迁后才开始更换初级飞羽的亚种里，成年黑腹滨鹬比 1 龄鸟更早到达越冬地。

　　自然湿地是鸻鹬类的重要栖息地，淹水的农业耕地可能也是鸻鹬类适合的栖息地。Choi 等（2014）通过无线电跟踪和实地调查方法，研究了崇明东滩湿地越冬黑腹滨鹬的栖息地利用、偏好和活动范围。结果显示，黑腹滨鹬更偏好潮滩生境而回避农田，也能按其有效性成比例地使用养殖塘。黑腹滨鹬对养殖塘的使用概率随着养殖塘未淹水区域的增大而减少。与潮滩湿地相比,黑腹滨鹬在养殖塘有较低的觅食成功率。因此,潮滩湿地可能是越冬黑腹滨鹬重要的觅食生境,但养殖塘也可能是其备选的栖息和食物补给生境。保护潮滩的自然湿地对东亚鸻鹬类的保护是必不可少的。在合理调控下,养殖塘也能发挥重要的作用。

五、震旦鸦雀性比

震旦鸦雀是我国特有的珍稀鸟种,被称为"鸟中大熊猫"。它的名字非常中国化,古印度称华夏大地为"震旦"。这种鸟的第一个标本采集是在我国南京,所以定名为震旦鸦雀。震旦鸦雀是一种体型长约 18 cm 的中型鸦雀,已被列入国际鸟类红皮书,为全球性濒危鸟类。目前其分布仅限于黑龙江下游及辽宁芦苇地和长江流域、江苏沿海的芦苇地。

崇明东滩湿地的震旦鸦雀主要栖息于芦苇丛中(董斌等,2010;Boulord et al.,2011)。通过对捕捉到的震旦鸦雀进行性别鉴别,显示已收割芦苇地和未收割芦苇地的震旦鸦雀性比达到平衡,且芦苇收割活动可能不会影响筑巢期震旦鸦雀的性比。而且震旦鸦雀与另一种鸦雀——棕头鸦雀具有相似的社会系统。

第三节 鸟类环志与新记录

一、鸟类环志

上海崇明东滩鸟类国家级自然保护区为东亚-澳大拉西亚迁徙路线上鸻鹬类的重要迁徙停歇地,并长期承担鸻鹬类异地环志记录及异地回收环志记录(惠鑫等,2009)。保护区的环志工作始于 1986 年,自 2002 年,每年春季和秋季都进行较系统的环志工作(汤臣栋,2012)。至 2010 年底,已环志鸻鹬类 46 种 36800 余只(表 5-4),其中超过 95% 的鸟佩带了代表长江口地区标识的黑白色足旗。其中大滨鹬、黑腹滨鹬和翘嘴鹬是崇明东滩湿地环志数量最多的 3 种鸟类,环志数量分别为 10631 只、3056 只和 2746 只。为了便于野外个体识别,保护区于 2006 年起在环志时尝试使用编码足旗,到 2010 年,共有 9 种 1758 只鸟佩戴了编码足旗。

在环志过程中,总计有 20 种 441 只来自不同国家地区的环志鸟被回收。1986—2008 年,保护区共回收到来自澳大利亚西北部、澳大利亚维多利亚、美国阿拉斯加及新西兰北岛等 17 个国家与地区环志的鸻鹬类 265 只,包括大滨鹬、斑尾塍鹬、红腹滨鹬等 16 种鸟类,其中春季北迁期间的记录占总数的 93%;2003—2008 年,澳大利亚西北部、新西兰南岛、我国大陆及新西兰北岛等 10 个国家与地区回收到崇明东滩湿地环志的大滨鹬、斑尾塍鹬、红腹滨鹬等 12 种鸟类,共计 164 只。在所有与崇明东滩鸻鹬类存在迁徙连接的 20 个国家和地区中,澳大利亚西北部的回收记录占全部回收记录的 55%。根据斑尾塍鹬和红腹滨鹬不同亚种的越冬地分布,崇明东滩湿地回收的斑尾塍鹬有 *Limosa lapponica menzbieri* 与 *L. l. baueri* 两个亚种,红腹滨鹬有 *Calidris canutus piersmai* 和 *C. c. rogersi* 两个亚种。回收鸟类中 70% 的回收鸟是在澳大利亚西北部被环志的,表明崇明东滩湿地与澳大利亚西北部在对迁徙涉禽的保护上有非常紧密的联系(章克家等,2006)。

表 5-4　崇明东滩鸟类国家级自然保护区环志鸟类的种类及数量（据章克家等，2006 修改）

中文名	英文名	学名	鸟类数量/只	
			1986—1996 年	2002—2010 年
大滨鹬	great knot	*Calidris tenuirostris*	334	10631
黑腹滨鹬	dunlin	*Calidris alpina*	116	3056
翘嘴鹬	terek sandpiper	*Xenus cinereus*	67	2746
红颈滨鹬	rufous-necked stint	*Calidris ruficollis*	0	2423
中杓鹬	whimbrel	*Numenius phaeopus*	12	2008
斑尾塍鹬	bar-tailed godwit	*Limosa lapponica*	87	1919
长趾滨鹬	long-toed stint	*Calidris subminuta*	128	3695
尖尾滨鹬	sharp-tailed sandpiper	*Calidris acuminata*	48	1449
青脚鹬	common greenshank	*Tringa nebularia*	50	1213
红腹滨鹬	red knot	*Calidris canutus*	32	1157
红脚鹬	common redshank	*Tringa totanus*	53	927
铁嘴沙鸻	greater sand plover	*Charadrius leschenaultii*	35	813
林鹬	wood sandpiper	*Tringa glareola*	11	768
阔嘴鹬	broad-billed sandpiper	*Limicola falcinellus*	13	425
灰尾漂鹬	grey-tailed tattler	*Heteroscelus brevipes*	30	409
黑尾塍鹬	black-tailed godwit	*Limosa limosa*	2	353
灰鸻	grey plover	*Pluvialis squatarola*	33	305
环颈鸻	kentish plover	*Charadrius alexandrinus*	32	334
蒙古沙鸻	lesser sand plover	*Charadrius mongolus*	0	255
翻石鹬	ruddy turnstone	*Arenaria interpres*	6	262
泽鹬	marsh sandpiper	*Tringa stagnatilis*	10	210
弯嘴滨鹬	curlew sandpiper	*Calidris ferruginea*	10	264
矶鹬	common sandpiper	*Tringa hypoleucos*	0	207
鹤鹬	spotted redshank	*Tringa erythropus*	20	168
红腰杓鹬	eastern curlew	*Numenius madagascariensis*	4	164
金鸻	pacific golden plover	*Pluvialis fulva*	11	171
三趾鹬	sanderling	*Crocethia alba*	1	129
白腰杓鹬	eurasian curlew	*Numenius arquata*	3	78
扇尾沙锥	common snipe	*Gallinago gallinago*	1	63
金眶鸻	little ringed plover	*Charadrius dubius*	0	65

续表

中文名	英文名	学名	鸟类数量/只	
			1986—1996 年	2002—2010 年
小青脚鹬	nordmann's greenshank	*Tringa guttifer*	2	31
半蹼鹬	asian dowitcher	*Limnodromus semipalmatus*	1	33
普通燕鸻	oriental pratincole	*Glareola maldivarum*	0	19
小杓鹬	little curlew	*Numenius minutus*	3	14
白腰草鹬	green sandpiper	*Tringa ochropus*	0	11
红颈瓣蹼鹬	red-necked phalarope	*Phalaropus lobatus*	0	9
流苏鹬	ruff	*Philomachus pugnax*	0	17
青脚滨鹬	temminck's stint	*Calidris temminckii*	0	7
大沙锥	swinhoe's snipe	*Gallinago megala*	0	7
黑翅长脚鹬	black-winged stilt	*Himantopus himantopus*	0	3
长嘴鹬	long-billed dowitcher	*Limnodromus scolopaceus*	0	2
灰头麦鸡	grey-headed lapwing	*Vanellus cinereus*	0	3
孤沙锥	solitary snipe	*Gallinago solitaria*	1	0
勺嘴鹬	spoon-billed sandpiper	*Eurynorhynchus pygmeus*	2	1
剑鸻	ringed plover	*Charadrius hiaticula*	0	1
蛎鹬	eurasian oystercatcher	*Haematopus ostralegus*	0	1
种类总计	total species		31	46
个体总计	total individuals		1158	36826

二、鸟类新记录

至今,在崇明东滩湿地发现上海地区鸟类新记录 3 种:史氏蝗莺(*Locustella pleskei*)、斑背大尾莺(*Megalurus pryeri*)和钝翅苇莺(*Acrocephalus concinens*)(干晓静等,2006)。史氏蝗莺为旅鸟,秋季在芦苇群落中栖息。斑背大尾莺和钝翅苇莺为夏候鸟,在芦苇和互花米草群落中栖息。

史氏蝗莺为雀形目(Passeriformes)莺科(Sylviidae)蝗莺属(*Locustella*),体长约 16 cm 的灰褐色莺,无暗色斑纹和条纹。嘴较长而粗壮,眉纹较短,贯眼纹深灰色。尾呈凸状,具不明显的深浅两色横斑,除中央一对尾羽外,其余外侧尾羽具有窄的白色尖端,翼覆羽微具银色羽缘。第 2 枚和第 5 枚初级飞羽等长,第 3 枚和第 4 枚初级飞羽等长。

斑背大尾莺为近危物种,属雀形目莺科大尾莺属(*Megalurus*),体长约 13 cm。上体淡皮黄褐色,头顶、背、肩部、下背和尾上覆羽均具黑色纵纹。眉纹近白色。中央尾羽具窄的黑色羽轴纹,两侧尾羽内甲羽淡灰褐色。两翼外表面与背同色。最内侧 3 枚三级飞羽黑色,羽缘呈皮黄色,其余内侧飞羽淡灰褐色,两翼覆羽与背同色。颏、喉、胸、腹及下体白色。两胁和尾下覆羽淡皮黄色。斑背大尾莺在互花米草群落中营巢,其雄鸟在调查区域内的密度为每公顷 0.5 对。斑背大尾莺目前已在崇明东滩湿地形成稳定的繁殖种群,其巢位于丛生草本植物的下方,营巢生境有三种,即互花米草、芦苇和互花米草—芦苇混生生境(胡春芳等,2012)。斑背大尾莺偏好于枯草密度高、滩涂水浅的地方营巢,多数靠近小道。植被隐蔽因子和空间位置因子贡献率最大,是影响斑背大尾莺巢址选择的主要因素。

钝翅苇莺为雀形目莺科苇莺属(*Acrocephalus*)。钝翅苇莺体长约 13 cm。上体橄榄棕褐色,眉纹淡皮黄色,具不甚明显的黑褐色贯眼纹,眉纹较短,到眼后结束。两翅和尾深褐色,外甲羽缘淡棕褐色。尾较圆阔。颏、喉和上胸白色,下胸和腹皮黄色。两胁和尾下覆羽棕黄色。第 2 枚初级飞羽长度位于第 8 和第 10 枚之间。

新记录的发现可能是过去调查遗漏或是由于环境变化导致的鸟种迁入等原因造成的。近年来,互花米草通过人为引入和自然扩散在崇明东滩湿地迅速扩散,排挤土著种芦苇和海三棱藨草,改变了植物群落结构,并对鸟类群落结构产生了影响。植被结构的改变也可能为一些鸟类提供了适宜的栖息地,从而使这些物种出现在新的分布区。以斑背大尾莺为例,互花米草比芦苇更容易编制成巢,而且互花米草群落比海三棱藨草群落更为隐蔽。因此,互花米草群落可为斑背大尾莺提供良好的营巢场所。

参 考 文 献

董斌,吴迪,宋国贤,谢一民,裴恩乐,王天厚. 2010. 上海崇明东滩震旦鸦雀冬季种群栖息地的生境选择. 生态学报, 30(16):4351-4358.

干晓静,章克家,唐仕敏,李博,马志军. 2006. 上海地区鸟类新记录 3 种:史氏蝗莺、斑背大尾莺、钝翅苇莺. 复旦学报(自然科学版)45(3):417-420.

葛振鸣,王天厚,周晓,赵平,施文彧. 2006. 上海崇明东滩堤内次生人工湿地鸟类冬春季生境选择的因子分析. 动物学研究, 27(2):144-150.

侯艳超,李枫,张欣宇,丛日杰,汤臣栋,庚志忠,冯雪松. 2014. 上海崇明东滩斑背大尾莺越冬栖息地选择偏好. 东北林业大学学报, 42(5):136-138, 142.

胡春芳,李枫,丛日杰,张玉铭,汤臣栋,庚志忠,冯雪松. 2012. 崇明东滩斑背大尾莺的巢址特征. 东北林业大学学报, 40(5):107-111.

惠鑫,马强,向余劲攻,蔡志扬,宋国贤,袁晓,马志军. 2009. 崇明东滩鸻鹬类迁徙路线的环志分析. 动物学杂志, 44(3):23-29.

姜姗,葛振鸣,裴恩乐,徐骁俊,桑莉莉,王天厚. 2007. 崇明东滩堤内次生人工湿地冬季水鸟的夜间行为. 动物学杂志, 42(6):21-27.

敬凯,唐仕敏,陈家宽,马志军. 2002a. 崇明东滩白头鹤的越冬生态. 动物学杂志, 37(6):29-34.

敬凯,唐仕敏,陈家宽,马志军. 2002b. 崇明东滩越冬白头鹤觅食地特征的初步研究. 动物学研究, 23(1):84-88.

桑莉莉，葛振鸣，裴恩乐，徐骁俊，姜姗，王天厚. 2008. 崇明东滩人工湿地越冬水禽行为观察. 生态学杂志，27(6)：940-945.

孙振华，虞快. 1991. 崇明东滩候鸟自然保护区的建立及其功能区划. 上海环境科学，10(3)：16-19.

孙振华，虞快. 1998. 崇明东滩鸟类自然保护区的建立及其意义. 上海建设科技，4：24-26.

孙振华，赵仁泉. 1996. 崇明东滩候鸟自然保护区的动态变化. 上海环境科学，15(10)：41-44.

汤臣栋. 2012. 崇明东滩鸻鹬类迁徙的环志研究. 湿地科学与管理，8(1)：38-42.

徐玲，李波，袁晓，徐宏发. 2006. 崇明东滩春季鸟类群落特征. 动物学杂志，41(6)：120-126.

袁晓，章克家. 2006. 崇明东滩黑脸琵鹭迁徙种群的初步研究. 华东师范大学学报(自然科学版)，(6)：131-136.

张佰莲，田秀华，刘群秀，宋国贤. 2009. 崇明东滩自然保护区越冬白头鹤警戒行为的观察. 东北林业大学学报，37(7)：93-95.

张美，牛俊英，杨晓婷，汤臣栋，王天厚. 2013. 上海崇明东滩人工湿地冬春季水鸟的生境因子分析. 长江流域资源与环境，22(7)：858-864.

张璇，华宁，汤臣栋，马强，薛文杰，吴巍，马志军. 2013. 崇明东滩黑腹滨鹬(*Calidris alpina*)食物来源和组成的稳定同位素分析. 复旦学报(自然科学版)，52(1)：112-118.

章克家，钮栋梁，马强. 2006. 上海崇明东滩须浮鸥繁殖期雏鸟生长初步研究及首次雏鸟环志和彩色旗标. 四川动物，4：847-849.

赵平，袁晓，唐思贤，王天厚. 2003. 崇明东滩冬季水鸟的种类和生境偏好. 动物学研究，24(5)：387-391.

赵雨云，马志军，陈家宽. 2002. 崇明东滩越冬白头鹤食性的研究. 复旦学报(自然科学版)，41(6)：609-613.

赵雨云，马志军，李博，陈家宽. 2003. 鸭类摄食对海三棱藨草种子萌发的影响. 生态学杂志，22(4)：82-85.

周慧，仲阳康，赵平，葛振鸣，王天厚. 2005. 崇明东滩冬季水鸟生态位分析. 动物学杂志，40(1)：59-65.

邹业爱，牛俊英，汤臣栋，裴恩乐，唐思贤，路珊，王天厚. 2014. 东亚-澳大利亚迁徙路线上鸻形目水鸟适宜生境变化：以崇明东滩迁徙停歇地为例. 生态学杂志，33(12)：3300-3307.

Boulord A, Yang X T, Wang T H, Wang X M, Jiguet F. 2011. Determining the sex of reed parrotbills *Paradoxornis heudei* from biometrics and variations in the estimated sex ratio, Chongming Dongtan Nature Reserve, China. *Zoological Studies*, 50(5)：560-565.

Choi C Y, Gan X J, Hua N, Wang Y, Ma Z J. 2014. The habitat use and home range analysis of Dunlin (*Calidris alpina*) in Chongming Dongtan, China and their conservation implications. *Wetlands*, 34(2)：255-266.

Choi C Y, Gan X J, Ma Q, Zhang K J, Chen J K, Ma Z J. 2009. Body condition and fuel deposition patterns of calidrid sandpipers during migratory stopover. *Ardea*, 97(1)：61-70.

Choi C Y, Hua N, Gan X J, Persson C, Ma Q, Zhang H X, Ma Z J. 2011. Age structure and age-related differences in molt status and fuel deposition of Dunlins during the nonbreeding season at Chongming Dongtan in east China. *Journal of Field Ornithology*, 82(2): 202-214.

Huang K, Lin K F, Guo J, Zhou X Y, Wang J X, Zhao J H, Zhao P, Xu F, Liu L L, Zhang W. 2013. Polybrominated diphenyl ethers in birds from Chongming Island, Yangtze Estuary, China: Insight into migratory behavior. *Chemosphere*, 91(10): 1416-1425.

Jing K, Ma Z J, Li B, Li J H, Chen J K. 2007. Foraging strategies involved in habitat use of shorebirds at the intertidal area of Chongming Dongtan, China. *Ecological Research*, 22(4): 559-570.

Ma Z J, Li B, Jing K, Zhao B, Tang S M, Chen J K. 2003. Effects of tidewater on the feeding ecology of hooded crane (*Grus monacha*) and conservation of their wintering habitats at Chongming Dongtan, China. *Ecological Research*, 18(3): 321-329.

Ma Z J, Li B, Zhao B, Jing K, Tang S M, Chen J K. 2004. Are artificial wetlands good alternatives to natural wetlands for waterbirds? —A case study on Chongming Island, China. *Biodiversity and Conservation*, 13(2): 333-350.

Ma Z J, Wang Y, Wang X J, Li B, Cai Y T, Chen J K. 2009. Waterbird population changes in the wetlands at Chongming Dongtan in the Yangtze River Estuary, China. *Environmental Management*, 43(6): 1187-1200.

Zhang X, Hua N, Ma Q, Xue W J, Feng X S, Wu W, Tang C D, Ma Z J. 2011. Diet of great knots (*Calidris tenuirostris*) during spring stopover at Chongming Dongtan, China. *Chinese Birds*, 2(1): 27-32.

第六章

底栖生物多样性

第一节 大型底栖动物资源

一、大型底栖无脊椎动物

崇明东滩湿地是大量鸟类的栖息地,丰富的底栖生物资源能为停歇时的候鸟提供饵料。大型底栖动物主要包括腹足类、双壳类、多毛类、甲壳类和昆虫幼虫,是湿地生态系统中关键的食物链类群(Zhu et al.,2007)。崇明东滩湿地腹足类密度最高,约占大型底栖动物总密度的80%,双壳类和腹足类超过总生物量的90%。另一方面,不同潮间带的大型底栖动物的分布存在显著差异。腹足类主要出现在薰草和海三棱薰草带,双壳类主要出现在薰草和海三棱薰草外带、淤泥质海滩和砂质海滩。在密度的空间分布上,北部腹足类密度要高于南部。

崇明东滩湿地大型底栖动物最多的纪录为160多种(表6-1),有甲壳类、双壳类、螺类、多毛类、鱼类等(袁兴中和陆健健,2001a;全为民等,2008;余骥等,2013),多栖息于潮沟边滩和草滩(图6-1)。潮沟底以甲壳类动物占优势,其中又主要是十足目(Decapoda)游泳亚目(Natantia)长臂虾科(Palaemonidae)种类为多。

潮沟边滩以软体动物和多毛类占优势;而草滩则以软体动物和甲壳类动物占优势。潮沟剖面中出现明显的动物群落分带现象,从潮沟底、潮沟边滩到草滩,底栖动物种类、生活型组成和生活类群比例反映了河口潮滩潮沟底栖动物生态系列。潮沟系列各生境间大型底栖动物的密度和生物量均存在着显著差异,表现为潮沟边滩>草滩>潮沟底。对各生活类群及生活型密度的分析发现,潮沟底以游泳底栖型动物的密度最高;而潮沟边滩是底内潜穴和穴居型动物占优势;草滩占绝对优势的是底上附着型动物。不同类型底栖动物密度的值为草滩>潮沟底>潮沟边滩。对各生活类群及生活型生物量的分析发现,潮沟底以游泳底栖型动物的生物量最高;潮沟边滩以底内潜穴型动物的生物量最高;而草滩则以穴居型和底上附着型动物占优势。

表 6-1　崇明东滩湿地大型底栖动物物种名录（调查于 2012 年）（据余骥等，2013 修改）

类群及物种	数量级	断面				
		S1	S2	S3	S4	S5
一、脊索动物门（Chordata）						
（一）硬骨鱼纲（Osteichthyes）						
1. 弹涂鱼（*Periophthalmus modestus*）	+	√	√	√	√	√
二、节肢动物门（Arthropoda）						
（二）软甲纲（Malacostraca）						
2. 无齿螳臂相手蟹（*Chiromantes dehaani*）	+	√	√	√	√	√
3. 红螯螳臂相手蟹（*C. haematocheir*）	+	√	√	√	√	√
4. 天津厚蟹（*Helice tientsinensis*）	+	√	√	√	√	√
5. 伍氏拟厚蟹（*H. wuana*）	+				√	√
6. 中华绒螯蟹（*Eriocheir sinensis*）	+					√
7. 狭颚新绒螯蟹（*Neoeriocheir leptognathus*）	+				√	√
8. 沈氏长方蟹（*Metaplax sheni*）	+			√		
9. 四齿大额蟹（*Metopograpsus quadridentatus*）	+	√				
10. 谭氏泥蟹（*Ilyoplax deschampsi*）	+++					
11. 日本大眼蟹（*Macrophthalmus japonicus*）	+			√		√
12. 短身大眼蟹（*M. abbreviatus*）	+					
13. 弧边招潮蟹（*Uca arcuata*）	+				√	√
14. 隆线背脊蟹（*Eucrate crenata*）	+		√			
15. 豆形拳蟹（*Pyrhila pisum*）	+				√	
16. 秀丽白虾（*Exopalaemon modestus*）	+				√	
17. 脊尾白虾（*E. carincauda*）	+			√		√
18. 安氏白虾（*E. annandalei*）	+				√	
19. 雷伊著名团水虱（*Gnorimosphaeroma rayi*）	++	√	√			
20. 中华蜾蠃蜚（*Corophium sinensis*）	+				√	
21. 日本旋卷蜾蠃蜚（*C. volutator*）	+				√	√
22. 板跳钩虾（*Orchestia platensis*）	++	√	√			
三、软体动物门（Mollusca）						
（三）双壳纲（Bivalvia）						
23. 黑龙江河篮蛤（*Potamocorbula amurensis*）	+		√		√	√
24. 缢蛏（*Sinonovacula constricta*）	++	√			√	√
25. 中国绿螂（*Cadulus anguidens*）	+				√	√
26. 彩虹明樱蛤（*Moerella iridescens*）	+					√
27. 河蚬（*Corbicula fluminea*）	++	√	√	√	√	

续表

类群及物种	数量级	断面				
		S1	S2	S3	S4	S5
（四）腹足纲（Gastropoda）						
28. 泥螺（*Bullacta exarata*）	+					√
29. 中华拟蟹守螺（*Cerithidea sinensis*）	++	√	√	√	√	√
30. 绯拟沼螺（*Assiminea latericea*）	++	√	√	√	√	√
31. 堇拟沼螺（*A. violacea*）	++	√	√	√	√	√
32. 拟沼螺（*Assiminea* sp.）	+++				√	√
33. 光滑狭口螺（*Stenothyra glabra*）	+++			√	√	√
34. 齿纹蜒螺（*Nerita yoldi*）	+	√	√			
四、环节动物门（Annelida）						
（五）多毛纲（Polychaeta）						
35. 疣吻沙蚕（*Tylorrhynchus heterochaetus*）	+	√	√		√	√
36. 多齿围沙蚕（*Perinereis nuntia*）	+	√				
37. 圆锯齿吻沙蚕（*Dentinephtys glabra*）	++	√				√
38. 丝异须虫（*Heteromastus filiforms*）	+				√	√
39. 结节刺缨虫（*Potamilla torelli*）	+			√	√	√
五、纽形动物门（Nemertea）						
（六）无针纲（Anopla）						
40. 纽虫（*Cerebratulina* sp.）	+				√	
合计		17	15	22	30	26

注："+"表示该物种占所采集到总物种个体数的1%以下；"++"表示该物种占1%~10%；"+++"表示该物种占10%以上。"√"表示有分布。

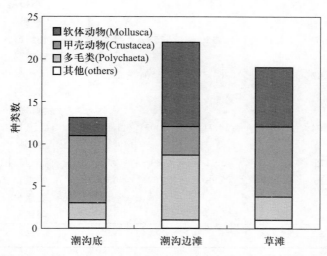

图6-1 崇明东滩湿地不同生境底栖动物群落种类组成（袁兴中和陆健健，2001a）

二、昆虫与浮游生物

利用网捕和收割植株等方法,解晶等(2008)采集了崇明东滩湿地芦苇群落中的昆虫样本。共采集到昆虫 10588 头,隶属于 9 目 57 科 68 种(表 6−2)。就丰度论,鞘翅目(Coleoptera)占绝对优势,为全群落的 50% 以上,其他优势类群依次是同翅目(Homoptera)、膜翅目(Hymenoptera)和双翅目(Diptera)。物种丰富度以双翅目最高,占整个群落物种总数的近三分之一,鞘翅目次之,占 25%;同翅目与膜翅目均有 10 种,占 10% 左右。随着温度升高,昆虫的物种丰富度及多度总体上呈现上升趋势,但由于大风和降雨等自然因素而出现波动。芦苇群落中全年昆虫群落的香农−维纳多样性指数(H')为 2.52,辛普森优势度指数(D)为 0.14,Pielou 均匀度指数(J)为 0.61,其中,香农−维纳多样性指数随月份不同波动较大,9 月最高,次为 3 月和 10 月,7 月最低。辛普森优势度指数变化幅度较小,较高的月依次是 3 月、9 月与 10 月,7 月最低。Pielou 均匀度指数变化最平稳,较低的月依次为 3 月、9 月与 10 月,7 月最高。

表 6−2　崇明东滩湿地芦苇群落中的昆虫群落组成(解晶等,2008)

目	科		种		个体		优势科		
	数量/个	百分比/%	数量/个	百分比/%	数量/头	百分比/%	科名	数量/头	占同目数百分比/%
鞘翅目	12	21.05	17	25.00	5417	51.16	拟步甲科	2436	44.97
							瓢虫科	1199	22.13
							叩甲科	768	14.18
革翅目	1	1.75	1	1.47	41	0.39	蠼螋科	41	100.00
直翅目	1	1.75	1	1.47	2	0.02	斑腿蝗科	2	100.00
膜翅目	9	15.79	10	14.71	1429	13.50	茧蜂科	431	30.16
							钩腹姬蜂科	335	23.44
							叶蜂科	249	17.42
							金小蜂科	148	10.36
							蚁科	146	10.22
半翅目	5	8.77	5	7.35	257	2.43	长蝽科	89	34.63
							红蝽科	98	38.13
双翅目	17	29.82	18	26.47	1350	12.75	水蝇科	624	46.22
							水虻科	540	40.00
							食蚜蝇科	300	22.22
同翅目	8	14.04	10	14.71	2003	18.92	飞虱科	1648	82.28
							蚜科	231	11.53
缨翅目	1	1.75	2	2.94	83	0.78	管蓟马科	58	69.88
鳞翅目	3	5.26	4	5.88	6	0.04	蛱蝶科	3	50.00
							麦蛾科	2	33.33
							潜蛾科	1	16.67
总数	57	—	68	—	10588	—	—	9549	—

　　浮游动物是潮间带湿地食用初级生产者的重要食草动物,也是高营养级消费者的最优猎物。崇明东滩湿地潮间带浮游动物平均密度在 4 月开始上升,在 7 月达到最高,这与长江口近岸潮下带水域的情况相同(Zhou *et al.*,2009)。较高的丰度说明浮游动物通过复杂的潮间带潮沟系统在湿地和近岸水域之间的物质通量中发挥重要作用。相似性分析和典范相关分析(canonical correlation analysis,CCA)显示,浮游动物群落结构在北部、东部和南部潮沟之间以及两个采样季节之间存在显著差异。盐度解释了绝大多数浮游动物的空间变化,然而水温、叶绿素 a 浓度和 pH 是浮游动物时间变化的主要原因。桡足类是丰度最高的浮游动物组。研究发现桡足类共有 24 种,属于 15 科、22 属。浮游桡足类偏好北部和东部潮沟,且在 7 月的密度比 4 月要高,底栖桡足类仅在 4 月的北部潮沟占主导地位。底栖和浮游桡足类的作用可能在潮间带潮沟的营养物质转运上存在差异,这说明两者之间的分布差异可能会在空间和时间上均影响到浮游动物在河口物质通量上的生态功能。

三、节肢动物新记录

　　Ren 和 Liu(2014)于 2013 年在崇明东滩湿地发现了世界首个以湿地命名的生物学新种——以崇明东滩湿地命名的东滩华蜾蠃蜚(*Sinocorophium dongtanense*)(图 6-2),此种为河口特有种,也是河口鱼类和迁徙鸟类的自然饵料。该底栖动物对环境要求高,特别是对水质条件较为敏感。该种的发现丰富了国际河口湿地生物多样性研究,同时也说明崇明东滩湿地生态环境逐渐优化。

图 6-2　东滩华蜾蠃蜚(Ren and Liu,2014)

第二节　多样性与生产力变化

一、多样性与分布特征

　　崇明东滩湿地大型底栖动物优势生活型和生活类群随潮沟生境的差异而变化(袁兴中

和陆健健,2001b)。潮沟各类生境间辛普森优势度指数(D)、香农-维纳多样性指数(H')、Pielou 均匀度指数(J)具有明显的差异,D、H' 和 J 值均为草滩>潮沟边滩>潮沟底,这可能是潮沟系统生境结构分化的结果(图 6-3)。潮沟底和潮沟边滩等特殊生境的存在,提高了淤泥质河口潮滩的生境异质性,说明了潮沟系统在维持河口生态系统底栖动物物种多样性中的重要作用。而且,崇明东滩湿地各盐沼带底栖动物群落具有明显的差异和明显的梯度格局。在植物群落诸特征值中,植株高度和地下部分生物量与底栖动物密度、香农-维纳多样性指数和物种丰度的相关性最显著。从低位盐沼到高位盐沼,随着海三棱藨草植株高度及地下部分生物量增大,底栖动物密度、香农-维纳多样性指数及物种丰度相应增大。

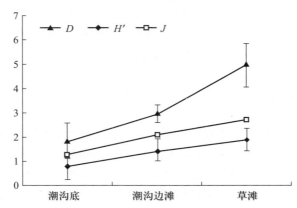

图 6-3 崇明东滩湿地不同生境大型底栖动物群落的多样性指数(平均值±标准误,$n=14$)(袁兴中和陆健健,2001b)

　　河口湿地包括各种不同的地形变化和微地貌元素,它们对底栖动物的丰度格局和多样性有着重要的影响(袁兴中等,2002)。研究表明,崇明东滩湿地不同区域的海三棱藨草群落差异,提供了盐沼表层地貌的变化。这种变化及植物结构的复杂化,在为一些动物提供拓殖地的同时,也为一些种类躲避捕食提供了良好环境。这些因素也导致了不同的盐沼植被带底栖动物群落结构的差异。在崇明东滩湿地盐沼植被带,有很多以底栖动物为食的捕食者,如几种弹涂鱼等。

　　不同类群的底栖动物在潮间带的空间分布上有显著差异(朱晶等,2007)。腹足类主要分布在海三棱藨草带,双壳类在海三棱藨草外带至光滩区域分布较多。从空间分布来看,腹足类在崇明东滩湿地的北部区域分布较多,在南部区域则明显减少。海三棱藨草的地下根茎为取食植物根及其碎屑物的底栖动物提供了丰富的食物来源。因此,海三棱藨草地下部分生物量与底栖动物密度、多样性和物种丰度关系密切,并呈现出盐沼带的分化。从沉积物分析可知,盐沼植被可以改变河口潮滩生境中的沉积环境,使沉积物性质如粒径、盐度、有机质含量等发生变化。从低位盐沼到高位盐沼,沉积物颗粒逐渐变细。此外,海三棱藨草通过缓冲水流、波浪及调节有机质的输入动态和沉积作用进而影响底栖动物的组成,海三棱藨草的存在,对减弱物理、生物扰动和稳定盐沼沉积物及潮滩湿地生境都有着重要的作用,稳定的生境是底栖动物生存的必不可少的条件。

　　崇明东滩湿地大型底栖动物低盐种、半咸水种和淡水种共存,反映了咸、淡水过渡环境的特点(袁兴中和陆健健,2002)。沿着河口梯度,随着盐度的升高,底栖动物物种数增多。沿潮滩高程梯度,从低位盐沼到高位盐沼,随着海三棱藨草密度和生物量的增加,以及沉积物特性的变化,底栖动物物种丰度和多样性呈上升趋势。从潮沟底、潮沟边滩到草滩,潮沟系统小尺度生境变化导致底栖动物种类组成的变化。就长江口潮滩湿地来讲,不同尺度的空间异质性特点各异、主导因素亦有差别,河口盐度梯度、高程梯度、盐沼植被和潮沟系统对淤泥质河口潮滩湿地不同等级尺度的空间异质性起着主要的决定作用。正是这种不同尺度的异质性,维持着淤泥质河口潮滩湿地底栖动物群落结构的多样性和稳定性,使其表现出特大型河口淤泥质潮滩湿地底栖动物群落的独特性。尤其是沿高程分布的盐沼植被、潮沟系统和微地貌结构对潮滩湿地的底栖动物群落起着主要的调控作用。

根据徐晓军等(2008)的调查结果,崇明东滩湿地高潮滩总计发现底栖动物 12 种,以软体动物和甲壳动物占优势,但中潮滩发现的底栖动物最多,以软体动物占优势(图 6-4)。甲壳动物所占比例从低潮滩到高潮滩是逐渐增高的,而环节动物从低潮滩到高潮滩是逐渐降低的。软体动物所占比例在中潮滩最高,约为 50%。这种比例变化和不同的潮滩所提供的生境差异有关。各潮滩底栖动物种类数排序为中潮滩>高潮滩>低潮滩。低潮滩以软体动物中的麂眼螺和泥螺等占优势;中潮滩以软体动物中的麂眼螺、霍甫水丝蚓、彩虹明樱蛤及双翅目幼虫为优势;高潮滩的优势种为绯拟沼螺、双翅目幼虫以及一些大型蟹类如无齿相手蟹和天津厚蟹等。

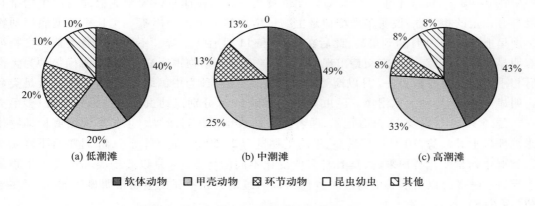

(a) 低潮滩　　(b) 中潮滩　　(c) 高潮滩

■ 软体动物　□ 甲壳动物　⊠ 环节动物　□ 昆虫幼虫　⊠ 其他

图 6-4　崇明东滩湿地不同潮滩底栖动物群落种类组成(徐晓军等,2008)

在多样性方面,也以中潮滩最高,其次是高潮滩和低潮滩。底栖动物的这种分带情况与潮滩特有生境密切相关,沿高程梯度,底栖动物群落呈现出明显的空间生态系列格局。低潮滩代表了潮滩湿地演替的初级阶段。中潮滩底栖动物种类数和多样性都较高,此带代表了潮滩湿地演替的较高阶段。高潮滩显示了向陆生群落演变的趋势。总体来看,冬季和秋季多样性指数偏低,春、夏季较高。最高值发生在中潮滩的夏季,其次是春季,低潮滩的冬、夏季最低。从全年平均来看,中潮滩的多样性最高,其次是高潮滩,最低的是低潮滩。

二、次级生产力与季节变化

从崇明东滩湿地不同潮滩的季节变化来看,同一潮滩不同季节的底栖动物种类也不同(徐晓军等,2008)。中潮滩的夏季底栖动物种类最多,其季节的变化规律为夏季>春季>冬季>

秋季。高潮滩种类最多的也是夏季,有底栖动物 7 种,其他的冬、春、秋 3 季各有 6 种。

在密度方面,3 个潮滩的底栖动物密度随着季节的变化而不同。高潮滩在夏季底栖动物密度最高,其中绯拟沼螺密度最高;其次是冬季,仍然以绯拟沼螺密度最高;春季和秋季底栖动物密度较低。中潮滩整体上密度都比较高,最高值在春季,其次是夏季和秋季,冬季底栖动物密度最低。低潮滩底栖动物密度最高值在冬季,其优势种为麂眼螺;春季和秋季比较低,优势种为麂眼螺和彩虹明樱蛤。

在次级生产力(生物量)方面,3 个高度潮滩的底栖动物生物量存在着差异。崇明东滩湿地中潮滩的底栖动物生物量最高,其次为高潮滩,生物量最低的为低潮滩。不同季节生物量占优势的底栖动物种类并不一致。在高潮滩,底栖动物生物量夏季最高,其次是冬季,春季和秋季生物量较低,其中拟蟹守螺和中华拟蟹守螺所占比重较高。中潮滩底栖动物生物量夏季总体较高,其次是春季和秋季,最低的是冬季。低潮滩生物量偏低,最低在春季和冬季,最高值出现在夏季,其中泥螺占绝对优势;秋季其次,其中彩虹明樱蛤和弹涂鱼所占比重较大。

崇明东滩湿地的海三棱藨草群落是大型底栖动物的主要生境。海三棱藨草带大型底栖动物多度量值主要集中在 0~2000 个·m^{-2},但变动幅度较大(童春富等,2007)。生物量量值主要集中在 0~30 g·m^{-2}(干重),但变动幅度也较大。海三棱藨草带大型底栖动物的生物量和多度具有一定的相关性,说明多度增加是生物量增加的一个重要因素。生长季大型底栖动物的多度呈上升趋势,9 月达到最高,此后在 10 月和 11 月有所下降。不同月份各类群多度特征具有明显差异,而且存在一定交替出现的特征。4 月甲壳动物占明显优势,主要优势种为无齿螳臂相手蟹和天津厚蟹;5—7 月以瓣鳃类数量居多,优势种为中国绿螂;而 8—11 月腹足类数量占明显优势,优势种为拟沼螺。昆虫只在 5 月和 11 月分别以幼虫和蛹的形式出现;多毛类只在 4 月、5 月、9 月以及 11 月有记录,两者出现的数量都相对较少。生长季大型底栖动物生物量总体呈上升趋势,10 月达到最高,平均生物量为 21.60 g·m^{-2}(干重),11 月略有下降。从不同类群生物量变化特征来看,具有与多度变化不同的特点。4 月以瓣鳃类和甲壳类生物量为主导,但 5—8 月以瓣鳃类生物量居多;9 月以后腹足类和甲壳类生物量明显增加,居于主导地位(图 6-5)。

海三棱藨草带大型底栖动物群落的月间变化特征,在很大程度上是水文(包括水动力条件)以及植被等因素综合作用的结果,但在不同时期主导因子或者不同因子协同作用不同。它们的直接影响是导致底栖动物种类组成和多度变化,进而改变整体生物量和多样性特征。

蟹类通常是盐沼植被区生境中的优势大型底栖动物类群。Chu 等(2013)对崇明东滩湿地盐沼植被带的蟹类摄食生物量开展了研究,并结合摄食量分析估算了其对生态系统初级生产力的利用率。调查发现,数量上的优势物种为无齿螳臂相手蟹和天津厚蟹,两种的空间分布存在差异,无齿螳臂相手蟹主要集中在南部区域,天津厚蟹则分布在中部和北部区域。无齿螳臂相手蟹摄食的生物量在海三棱藨草生境最高,其次是芦苇和互花米草生境。天津厚蟹摄食生物量在不同植被中从高到低依次为互花米草、芦苇和海三棱藨草群落。使用体长频率法估算得到无齿螳臂相手蟹摄食的周年生物量为 43.981 g·m^{-2}·a^{-1}(去灰分干重,ash-free dry matter,AFDM),天津厚蟹摄食的周年生物量为 4.247 g·m^{-2}·a^{-1}(AFDM),无齿

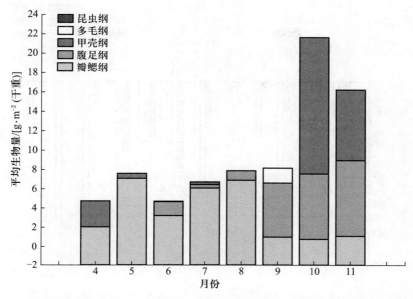

图 6-5 崇明东滩湿地海三棱藨草带不同类群大型底栖动物生物量变化（童春富等,2007）

螳臂相手蟹与天津厚蟹对维管束植物的消耗量分别为 480.831g·m⁻²·a⁻¹（AFDM）和 42.640 g·m⁻²·a⁻¹（AFDM），共摄食了崇明东滩湿地约 20% 的高等植物初级生产力。在不同植被群落中无齿螳臂相手蟹摄食的生物量都远高于天津厚蟹，而且也高于其他滨海湿地中报道的蟹类摄食生物量。

第三节 群落与环境相互作用

一、沉积物和底栖动物的相互影响

相关研究发现,丰富的底栖动物会对长江口滨岸潮滩沉积物中营养盐的早期成岩作用产生影响,这在潮滩湿地生态系统内营养盐的循环过程中起着非常重要的作用（刘敏等,2003）。底栖蟹类动物通过掘穴,增加了沉积物中氧气的含量,对沉积环境影响显著,使沉积环境趋于氧化环境。蟹类动物的掘穴作用还加剧了沉积物中氮的氨化作用与硝化作用之间的耦合关系,促进了沉积物中的有机氮向氨氮的转化以及氨氮向硝氮的转化。对照样和实验样沉积物中各形态磷含量变化之间的差异显示,蟹类动物的掘穴作用促进了沉积物各形态磷之间的相互转化。Gao 等（2008）测量了崇明东滩湿地底栖生物每月的营养盐通量。除了 NH_4^+,其他含氮营养盐从上覆水到沉积物的通量均较高。与低潮滩相比,覆盖着盐土植物且包含大型底栖动物的高潮滩和中潮滩的沉积物有更强的从上覆水中吸收养分的能力（图 6-6）。

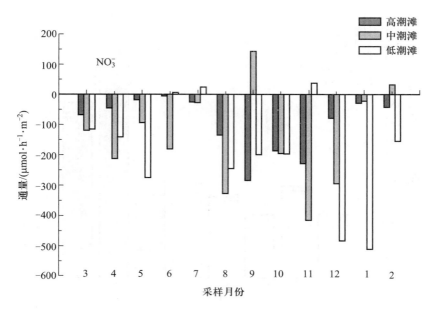

图6-6 崇明东滩湿地高潮滩、中潮滩和低潮滩的底栖生物的NO_3^-通量。负值表示通量流动方向从上覆水到沉积物,正值表示通量流动方向从沉积物到上覆水(据 Gao *et al.*,2008 修改)

  通过对比分析潮滩无机氮长短期通量交换、循环规律及沉积物中无机氮的剖面特征在有/无底栖动物活动背景下的差异,陈振楼等(2005)探讨了崇明东滩湿地双壳类底栖动物——河蚬对长江口潮滩沉积物-水界面无机氮交换的影响及其机制。研究发现:①通过钻穴活动对界面结构的破坏和生理排泄,河蚬能显著影响潮滩无机氮界面交换行为,表现为朝上覆水方向氨氮通量值的引入叠加以及沉积物硝氮输出速率的显著增大;②长期隔离系统中,沉积物中首先出现氨氮的输出,上覆水中氨氮浓度到达峰值后逐渐降低,硝氮的大量释放相对滞后一段时间,基本对应于氨氮的浓度下降阶段,亚硝氮浓度则在上覆水中逐渐降低;③河蚬在沉积物中的长期栖息促进了封闭沉积物水系统中氨氮由沉积物向上覆水的释放,逐渐加强了沉积物氧化层中的硝化活动,最终导致上覆水中硝氮浓度的累积升高;④河蚬的扰动活动加速了沉积物中有机质的矿化分解和两相界面间氨氮的离子交换,进而促进了沉积物无机氮库向上覆水的释放,河蚬活动情况下实测的氨氮释放通量值大大高于理论的扩散通量值。

  谭氏泥蟹和河蚬通过不同的生物机制影响着潮滩沉积物-水界面间氮营养盐的物质交换(刘敏等,2005)。相比较而言,谭氏泥蟹主要通过生物扰动如掘穴活动,增加沉积物-水-气三相界面之间的接触面积,促进沉积物界面附近氮营养盐物质交换过程;而软体动物河蚬则主要通过生理活动如分泌物的排泄等,影响潮滩沉积物中氮营养盐的界面扩散过程。蟹类动物具有较强的生物扰动作用,通过掘穴或活动改变了沉积物物理结构,增加了单位表面积下沉积物与大气之间的接触面积,使沉积物氧含量大为增加,加快了沉积物中有机氮的转化,因此促进了潮滩沉积物中氮的生物地球化学循环过程速率。由于生活习性不同,软体动物河蚬主要栖息于潮滩沉积物表层,它主要通过生理活动(如分泌物排泄等)影响近表层沉积物中氮素的迁移转化。但研究结果表明,河蚬的引灌作用对沉积物中氮素的迁移转化影响也不容忽视。该研究结果深刻揭示了大型底栖动物通过生物扰动和生理活动作用机制,促进了长江口潮滩生态系统内氮素的生物地球化学循环过程速率。

底栖动物对沉积物、悬浮颗粒物中的重金属有一定的富集能力(李丽娜等,2006)。例如,崇明东滩湿地无齿螳臂相手蟹体内积累的 Zn、Pb、Cr、Ni 四种重金属元素的含量存在季节上的差异,无齿螳臂相手蟹在秋、春、夏季对 Zn、Cr、Ni 累积量的总体趋势是夏季>春季>秋季。夏季无齿螳臂相手蟹的重金属富集量相对较高,是因为夏季水温较高,生物的生理反应有利于动物对重金属的吸收。秋季无齿螳臂相手蟹对 Zn、Pb、Cr、Ni 的累积量都很高。无齿螳臂相手蟹体内的重金属含量出现地域上的差异,主要是由沉积物中重金属的含量差异造成的,这也是许多学者采用底栖动物监测环境中重金属含量的一个重要原因。因此,无齿螳臂相手蟹适于做长江口湿地潮滩沉积物重金属含量的指示生物。

潮滩沉积物类型也会对底栖动物种群生长有一定的限制,而且底栖动物对不同类型沉积物也有选择性(方涛等,2006)。崇明东滩湿地底栖动物中双壳类占较大优势,单位面积底质的生物量很高,四季中秋季平均生物量最大。沉积物中值粒径从高潮滩到低潮滩逐渐增大,食悬浮物动物分布与粒径呈正相关,食底泥动物分布与粒径呈负相关。双壳类底栖动物多栖息在沉积物比较粗、含沙量比较多的低潮滩,秋季低潮滩的双壳类所占整个潮滩双壳类数目的比例超过 90%,冬季次之,夏、春季最低。相反,腹足类底栖动物多栖息在沉积物比较细、含泥量比较多的高潮滩,春夏秋冬四季中分别有 70%、65%、70% 和 90% 的腹足动物栖息在高潮滩;甲壳类多栖息在高、中潮滩,但在 9 月,由于正是蟹类的生殖季节,有较多甲壳类动物集中在低潮滩。

二、底栖动物对地貌塑造的作用

崇明东滩湿地潮沟剖面上从底部到平滩,土壤含水量逐渐下降,含水量变化也引起了土壤其他物理和化学性质的变化,并影响了蟹类的栖息生境和蟹洞分布(Wang et al.,2009)。在斜坡上蟹洞密度高但是洞穴较小,在边沿和平滩上洞穴较大而密度较低。这些洞穴分布的差异很可能是由蟹类的分带引起的。潮沟剖面上土壤性质呈现出从水生到陆地生境的过渡,这决定了蟹类在潮沟剖面上的分带。细粒土壤通常含有较多的黏滞性颗粒,所以也更稳定,在坡面洞穴开口总面积与土壤颗粒大小之间呈负相关关系。相对于非潮沟生境,潮沟内小洞穴的密度更高,但大洞穴的密度较低,而且潮沟内环境和生物组分的变异也更大。所以,潮沟剖面的环境异质性能满足不同蟹类的多样需求,并为蟹类提供了重要的生态交错区。

潮滩沉积物的大孔隙土壤结构主要影响盐沼湿地的孔隙水流动和溶质传输,但对蟹洞的影响并不显著。Xin 等(2009)利用三维模型模拟了湿地系统中潮汐驱动的、受到蟹洞影响的孔隙水流动情况。该模型基于理查德方程,充分考虑到双层土壤结构的崇明东滩湿地的饱和渗流。模型模拟的结果显示,蟹洞分布于上部低渗透土壤层,它往往能成为水流的优先路径,特别在当下层高渗透土壤和上层低渗透土壤之间的导水率差异较大时,蟹洞会影响湿地孔隙水的流动。模型模拟结果也说明,蟹洞能改善土壤通气条件,并能增加潮汐驱动的湿地土壤和潮沟之间水交换。蟹洞效应可能会导致崇明东滩湿地生态系统生产力的提高及其与近岸水域的物质交换通量。

三、食性与营养级

盐沼湿地中的大型底栖动物在食物链上占据重要地位。崇明东滩湿地大型底栖动物的 $\delta^{13}C$ 值为 $-14.7‰ \sim -23.6‰$，表现出显著的食物来源差异（余婕等，2008）。总体上说，崇明东滩湿地的优势植物活体不是大型底栖动物的主要食物来源，沉积有机质则是大部分底栖消费者的食物基础，另有一些未能探明的有机质来源，如底栖硅藻、细菌等，可能对底栖动物的食物有一定贡献。底栖动物的氮同位素能较好地反映其食性和营养级，计算出崇明东滩湿地的大型底栖动物营养级在 $2.0 \sim 3.7$，为一级消费者和二级消费者。

四、人类活动的影响

河口湿地的底栖动物群落与盐沼植被有着密切的关系，同时是迁徙鸟类的重要饵料，也维持着河口湿地生态系统的许多重要生态过程。但是，目前长江口湿地受到了人类活动的极大干扰，尤其是围垦滩涂、放牧等，使河口湿地生境退化，不但影响了底栖动物的生存，也使迁徙鸟类的栖息地和饵料受到破坏。根据历史资料，余骥等（2013）分析了崇明东滩湿地底栖动物群落结构长期演变的过程和规律。结果显示，崇明东滩湿地大型底栖动物群落的物种数、丰度和生物量均减少（表6-3）；平均分类差异指数呈减小趋势，而分类差异变异指数呈增加趋势，反映了组成群落的物种之间亲缘关系越来越近。环境变化和人为干扰是导致群落结构趋于简单化的主要原因。

表 6-3　长江口湿地总体与崇明东滩湿地物种组成的年际变化（据余骥等，2013 修改）

地点	门	纲	目	科	属	种	Δ	Λ
长江口湿地	8	13	35	89	124	161	80.33	827.51
东滩 2000 年	6	9	19	38	52	63	79.89	883.45
东滩 2006 年	5	8	16	33	44	54	79.56	888.93
东滩 2012 年	5	6	14	29	45	40	77.53	969.69

注：Δ，平均分类差异指数；Λ，分类差异变异指数。

赵云龙等（2007）调查了放牧对崇明东滩湿地大型底栖动物的影响。水牛摄食区植被已基本被水牛摄食殆尽，泥滩裸露；非摄食区植被也略被水牛摄食过，残留植物生长完好但高矮不一。三个样区在崇明东滩湿地处于同一水平面上，根据以往的调查结果，其生境及动植物种类和数量无明显差异。三个样区共计90个样方，采集到底栖动物13种，其中节肢动物 7 种，软体动物 4 种，环节动物 2 种。水牛摄食区和非摄食区春季分别有6、8 和 10 种，秋季分别有 6、8 和 12 种。各样区秋季底栖动物的平均密度均高于春季，春、秋季各样区的平均密度又均以非摄食区最高。生物量与密度变化大体相似，以非摄食区最高。与水牛摄食区相比，非摄食区的多样性指数、均匀度和丰富度均最高，说明放牧改变了底栖动物种类分布的格局，使底栖动物的密度和生物量均有不同程度的改变，且放牧对崇明东滩湿地的底栖动物生物多样性产生了一定的负面影响。生境改变可导致某些种类的消失,例如,无齿螳臂相手蟹为崇明东滩湿地潮间带的常见种类,而春季调查时在水牛摄食区内却极少发现,数量也明显少于非摄食区。

参 考 文 献

陈振楼,刘杰,许世远,王东启,郑祥民. 2005. 大型底栖动物对长江口潮滩沉积物-水界面无机氮交换的影响. 环境科学, 26(6):43-50.

方涛,李道季,李茂田,邓爽. 2006. 长江口崇明东滩底栖动物在不同类型沉积物的分布及季节性变化. 海洋环境科学, 25(1):24-26,48.

李丽娜,陈振楼,许世远,毕春娟. 2006. 长江口滨岸潮滩无齿相手蟹体内重金属元素的时空分布及其在环境监测中的指示作用. 海洋环境科学, 25(1):10-13.

刘敏,侯立军,许世远. 2003. 底栖穴居动物对潮滩沉积物中营养盐早期成岩作用的影响. 上海环境科学, 3:180-184.

刘敏,侯立军,许世远,余婕,欧冬妮,刘巧梅. 2005. 长江口潮滩生态系统氮微循环过程中大型底栖动物效应实验模拟. 生态学报, 25(5):1132-1137.

全为民,赵云龙,朱江兴,施利燕,陈亚瞿. 2008. 上海市潮滩湿地大型底栖动物的空间分布格局. 生态学报, 28(10):5179-5187.

童春富,章飞军,陆健健. 2007. 长江口海三棱藨草带生长季大型底栖动物群落变化特征. 动物学研究, 28(6):640-646.

解晶,王卿,贾昕,吴千红. 2008. 崇明东滩芦苇(*Phragmites australis*)群落中昆虫群落季节动态的初步研究. 复旦学报(自然科学版), 47(5):633-638.

徐晓军,由文辉,张锦平,李备军. 2008. 崇明东滩底栖动物群落与潮滩高程的关系. 江苏环境科技, 21(3):30-32,35.

余骥,马长安,吕巍巍,田伟,张铭清,赵云龙. 2013. 崇明东滩潮间带大型底栖动物的空间分布与历史演变. 海洋与湖沼, 44(4):1078-1085.

余婕,刘敏,侯立军,许世远,欧冬妮,程书波. 2008. 崇明东滩大型底栖动物食源的稳定同位素示踪. 自然资源学报, 23(2):319-326.

袁兴中,陆健健. 2001a. 长江口岛屿湿地的底栖动物资源研究. 自然资源学报, 16(1):37-41.

袁兴中,陆健健. 2001b. 长江口潮沟大型底栖动物群落的初步研究. 动物学研究, 22(3):211-215.

袁兴中,陆健健. 2002. 长江口潮滩湿地大型底栖动物群落的生态学特征. 长江流域资源与环境, 11(5):414-420.

袁兴中,陆健健,刘红. 2002. 河口盐沼植物对大型底栖动物群落的影响. 生态学报, 22(3):326-333.

赵云龙,安传光,林凌,段晓伟,曾错,崔丽丽. 2007. 放牧对滩涂底栖动物的影响. 应用生态学报, 18(5):1086-1090.

朱晶,敬凯,干晓静,马志军. 2007. 迁徙停歇期鸻鹬类在崇明东滩潮间带的食物分布. 生态学报，27（6）：2149-2159.

Chu T J, Sheng Q, Wang S K, Hung M Y, Wu J H. 2013. Population dynamics and secondary production of crabs in a Chinese salt marsh. *Crustaceana*, 86(3)：278-300.

Gao L, Li D J, Wang Y M, Yu L H, Kong D J, Li M, Li Y, Fang T. 2008. Benthic nutrient fluxes in the intertidal flat within the Changjiang (Yangtze River) Estuary. *Chinese Journal of Geochemistry*, 27(1)：58-71.

Ren X Q, Liu W L. 2014. A new species of *Sinocorophium* from the Yangtze Estuary (Crustacea：Amphipoda：Corophiidae：Corophiinae：Corophiini), China. *Zootaxa*, 3887(1)：95-100.

Wang J Q, Tang L, Zhang X D, Wang C H, Gao Y, Jiang L F, Chen J K, Li B. 2009. Fine-scale environmental heterogeneities of tidal creeks affect distribution of crab burrows in a Chinese salt marsh. *Ecological Engineering*, 35(12)：1685-1692.

Wang J Q, Zhang X D, Jiang L F, Bertness M D, Fang C M, Chen J K, Hara T, Li B. 2010. Bioturbation of burrowing crabs promotes sediment turnover and carbon and nitrogen movements in an estuarine salt marsh. *Ecosystems*, 13(4)：586-599.

Xin P, Jin G Q, Li L, Barry D A. 2009. Effects of crab burrows on pore water flows in salt marshes. *Advances in Water Resources*, 32(3)：439-449.

Zhou S C, Jin B S, Guo L, Qin H M, Chu T J, Wu J H. 2009. Spatial distribution of zooplankton in the intertidal marsh creeks of the Yangtze River Estuary, China. *Estuarine Coastal and Shelf Science*, 85(3)：399-406.

Zhu J, Jing K, Gan X J, Ma Z J. 2007. Food supply in intertidal area for shorebirds during stopover at Chongming Dongtan, China. *Acta Ecologica Sinica*, 27(6)：2149-2159.

第七章

鱼类多样性

第一节 群落结构与多样性

一、鱼类群落结构

崇明东滩湿地位于长江入海口,地理位置独特,该水域饵料资源丰富,初级生产力高,栖息着许多重要的名贵珍稀鱼类,也是许多溯河和降海鱼类洄游的必经之路。经调查,崇明东滩湿地水域共有鱼类 39 种,隶属于 14 目 22 科 37 属(张涛等,2009),其中以鲈形目(Perciformes)最多,含 7 科 11 属 12 种,占总数的 30.8%;其次为鲤形目(Cypriniformes),含 6 亚科 10 属 10 种,占总数的 25.6%;其余 12 目鱼类种数较少,每个目仅有 1~3 种。2004 年调查共有 12 目 18 科 30 属 31 种,2005 年 10 目 14 科 22 属 23 种,2006 年 11 目 16 科 28 属 28 种(表 7-1)。

崇明东滩湿地团结沙水域的鱼类可分为河口鱼类、淡水鱼类、近海鱼类和降海洄游型鱼类 4 个主要生态类型(表 7-2)(冯广朋等,2007)。河口鱼类有 4 种,包括鲻、鲛、斑尾刺虾虎鱼和窄体舌鳎。这些鱼类可以在长江口的咸淡水区域内完成索饵、繁殖和肥育等生活史,对河口水体的盐度变化有较强的适应能力。淡水鱼类有 8 种,包括翘嘴鲌、似鳊、长蛇鮈、鲫、鲤、鲢、鳙和长吻鮠,其中鲤形目有 7 种。这些鱼类平时主要生活在长江中下游的淡水中,有时亦沿长江顺流而下到达长江口。近海鱼类有 3 种,包括中华海鲇、四指马鲅和中国花鲈,平时多在离岸较远的海区生活,在一定季节亦进入长江口外咸淡水区。降海洄游型鱼类有 4 种,包括溯河产卵洄游的暗纹东方鲀、刀鲚和中华鲟,以及降海产卵洄游的日本鳗鲡。这些鱼类具有较强的渗透压调节能力,在形态结构上也具有高度的适应性。

表 7-1 崇明东滩湿地鱼类群落结构(张涛等,2009)

种类	生态类型	数量/%	生物量/%	2004	2005	2006
一、鲟形目(Acipenseriformes)						
1. 中华鲟(*Acipenser sinensis*)	洄游	4.3187	5.1675	+	+	+
二、鳗鲡目(Anguilliformes)						
2. 日本鳗鲡(*Anguilla japonica*)	洄游	0.9123	1.7190	+	+	+
三、鲱形目(Clupeiformes)						
3. 刀鲚(*Coilia ectenes*)	洄游	12.7329	9.4890	+	+	+
四、鲤形目(Cypriniformes)						
4. 青鱼(*Mylopharyngodon piceus*)	淡水	0.2329	0.5977	+	+	+
5. 鳊(*Parabramis pekinensis*)	淡水	0.3300	0.4466	+	+	+
6. 翘嘴鲌(*Culter alburnus*)	淡水	0.0291	0.0557	+		+
7. 似鳊(*Pseudobrama simoni*)	淡水	0.0291	0.0082	+		+
8. 鳙(*Aristichthys nobilis*)	淡水	0.0485	1.0720		+	+
9. 鲢(*Hypophthalmichthys molitrix*)	淡水	0.0679	1.1338	+	+	+
10. 铜鱼(*Coreius heterokon*)	淡水	0.0485	0.0588	+		
11. 长蛇鉤(*Saurogobio dumerili*)	淡水	39.3731	14.8274	+	+	+
12. 鲤(*Linnaeus carpio*)	淡水	0.0097	0.1219	+		
13. 鲫(*Carassius auratus*)	淡水	1.6498	1.3149	+	+	+
五、鲇形目(Siluriformes)						
14. 光泽黄颡鱼(*Pelteobagrus fulvidraco*)	淡水	1.5625	0.3197	+	+	+
15. 长吻鮠(*Leiocassis longirostris*)	淡水	0.4367	1.6109	+	+	+
16. 中华海鲇(*Arius sinensis*)	近海	0.1456	0.0371	+		+
六、仙女鱼目(Aulopiformes)						
17. 龙头鱼(*Harpadon nehereus*)	近海	0.0194	0.0060	+		
七、鮟鱇目(Lophiiformes)						
18. 黄鮟鱇(*Lophius litulon*)	近海	0.0097	0.0076	+		
八、鲻形目(Mugiliformes)						
19. 鮻(*Liza haematocheila*)	河口	4.6972	11.3453	+	+	+
20. 鲻(*Mugil cephalus*)	河口	3.2123	12.7935	+	+	+
九、颌针鱼目(Beloniformes)						
21. 尖嘴扁颌针鱼(*Ablennes anastomella*)	近海	0.0194	0.0611			+
22. 沙氏下鱵(*Hyporhamphus sajori*)	近海	0.0097	0.0173		+	
十、合鳃目(Symbranchiformes)						
23. 黄鳝(*Monopterus albus*)	淡水	0.0194	0.0470			+
十一、鲉形目(Scorpaeniformes)						
24. 鲬(*Platycephalus indicus*)	近海	0.0097	0.0059	+		

续表

种类	生态类型	数量/%	生物量/%	2004	2005	2006
十二、鲈形目（Perciformes）						
25. 中国花鲈（*Lateolabrax maculatus*）	近海	6.2306	25.9322	+	+	+
26. 竹荚鱼（*Trachurus japouicus*）	近海	0.0097	0.0007		+	
27. 六带鲹（*Caranx sexfasciatus*）	近海	0.0097	0.0029			+
28. 横带髭鲷（*Hapaloyenys mucronatus*）	近海	0.0097	0.0291	+		
29. 四指马鲅（*Eleutheronema tetradactylum*）	近海	1.5334	0.7220	+		+
30. 鮸鱼（*Miichthys miiuy*）	近海	0.0679	0.3332		+	+
31. 小黄鱼（*Larimichthys polyactis*）	近海	0.0776	0.0639			+
32. 棘头梅童鱼（*Collichthys lucidus*）	近海	0.1359	0.0524	+	+	+
33. 棕刺虾虎鱼（*Acanthogobius luridus*）	河口	0.0194	0.0107	+		+
34. 斑尾刺虾虎鱼（*A. ommaturus*）	河口	3.6782	0.0099	+	+	
35. 拉氏狼牙虾虎鱼（*Odontamblyopus lacepedii*）	河口	0.0388	0.0796			+
36. 蓝点马鲛（*Scomberomorus niphonius*）	近海	0.0194	0.0796		+	
十三、鲽形目（Pleuronectiformes）						
37. 窄体舌鳎（*Cynoglossus gracilis*）	河口	18.0124	9.1789	+	+	+
十四、鲀形目（Tetraodontiformes）						
38. 暗纹东方鲀（*Takifugu fasciatus*）	洄游	0.2232	0.2262	+		+
39. 黄鳍东方鲀（*T. xanthopterus*）	近海	0.0097	0.0245		+	

表 7-2　崇明东滩湿地团结沙的鱼类群落结构及生态类型（冯广朋等，2007）

鱼类	生态类型
一、鲟形目（Acipenseriformes）	
1. 中华鲟（*Acipenser sinensis*）	溯河产卵洄游
二、鲱形目（Clupeiformes）	
2. 刀鲚（*Coilia ectenes*）	溯河产卵洄游
三、鳗鲡目（Anguilliformes）	
3. 日本鳗鲡（*Anguilla japonica*）	降海产卵洄游
四、鲤形目（Cypriniformes）	
4. 翘嘴鲌（*Culter alburnus*）	淡水
5. 似鳊（*Pseudobrama simoni*）	淡水
6. 长蛇鮈（*Saurogobio dumerili*）	淡水
7. 鲫（*Carassius auratus*）	淡水
8. 鲤（*Linnaeus carpio*）	淡水

续表

鱼类	生态类型
9. 鲢(*Hypophthalmichthys molitrix*)	淡水
10. 鳙(*Aristichthys nobilis*)	淡水
五、鲇形目(Siluriformes)	
11. 中华海鲇(*Arius sinensis*)	近海
12. 长吻鮠(*Leiocassis longirostris*)	淡水
六、鲻形目(Mugiliformes)	
13. 鲻(*Mugil cephalus*)	河口
14. 鮻(*Liza haematocheila*)	河口
七、鲈形目(Perciformes)	
15. 四指马鲅(*Eleutheronema tetradactylum*)	近海
16. 中国花鲈(*Lateolabrax maculatus*)	近海
17. 斑尾刺虾虎鱼(*Acanthogobius ommaturus*)	河口
八、鲽形目(Pleuronectiformes)	
18. 窄体舌鳎(*Cynoglossus gracilis*)	河口
九、鲀形目(Tetraodontiformes)	
19. 暗纹东方鲀(*Takifugu fasciatus*)	溯河产卵洄游

二、鱼类多样性

总体来说,崇明东滩湿地水域的鱼类群落多样性较低,以个体数为计算单位的香农-维纳多样性指数为 2.790,辛普森优势度指数为 0.198,Pielou 均匀度指数为 0.657(冯广朋等,2007)。以生物量为计算单位的香农-维纳多样性指数和 Pielou 均匀度指数比以个体数为计算单位的高,而辛普森优势度指数比以个体数为计算单位的低。主要优势鱼类为窄体舌鳎、刀鲚、长蛇鮈、鲻、鲫、中国花鲈和中华鲟等 7 种,个体都较小,窄体舌鳎、刀鲚、长蛇鮈和鲫等 4 种小型鱼类平均体重小于 60 g,中国花鲈、鲻和中华鲟个体稍大,平均体重分别为 372 g、229 g 和 125 g。这 7 种鱼中,窄体舌鳎、刀鲚、长蛇鮈、鲻、鲫和中华鲟呈等速生长,而中国花鲈为异速生长,肥满度最大的是鲫,最小的是刀鲚。5—8 月,每个月渔获物的种类与数量组成有一定差异。

崇明东滩湿地鱼类群落中体重 50 g 的小型鱼类占绝对优势(张涛等,2009),经济鱼类趋于小型化,生物多样性呈下降趋势(图 7-1)。为了保护崇明东滩湿地的鱼类资源,应加大重要种群生境保护和恢复的力度。

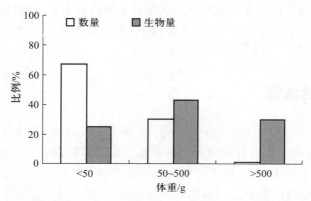

图7-1 崇明东滩湿地鱼类群落数量和生物量分布示意图(张涛等,2009)

三、鱼类空间分布与潮沟地貌

为了了解崇明东滩湿地潮沟地貌特征对鱼类空间分布的影响,Jin等(2014)在大小潮之间使用拦网对东滩一条较大潮沟的主干两侧7条小潮沟进行了地貌变量测量和鱼类调查。研究期间捕获鱼类10432尾,共46 kg,隶属于8科23属25种。优势种包括前鳞鲛、鲛、鲫、斑尾刺虾虎鱼、棕刺虾虎鱼和中国花鲈。典范相关分析(canonical correspondence analysis, CCA)揭示,鱼类的物种数、密度、生物量与潮沟地貌变量显著相关。具有较小深度和倾斜度的小潮沟能够容纳更多的鱼类个体。具有较大水深、截面面积、容积以及倾斜度的潮沟中有更多的鱼类物种数。前鳞鲛和鲛的密度在高程较高的小潮沟中较多,而中国花鲈偏好具有较大水深、截面面积和坡度的潮沟。因此,潮沟地貌在鱼类选择潮滩微生境中扮演重要角色。

第二节 中华鲟研究

中华鲟是国家一级重点保护野生动物,也是活化石,有"水中大熊猫"之称,具有很高的科研、药用和观赏价值,分布于中国、日本、韩国、老挝人民民主共和国和朝鲜。中华鲟是一种大型降海洄游性鱼类,在我国主要分布于长江、东海和黄海等水域,是我国长江特有的三种鲟之一。长江口是中华鲟生活史中幼鱼降河洄游的重要通道,崇明东滩湿地的浅滩及其临近水域是中华鲟幼鱼入海前摄食肥育的主要索饵场。但是近30年来,因环境污染和沿江修建水利工程阻断其洄游通道,使其栖息的生态环境遭到严重的破坏,种群数量急剧减少。

一、食性和食物竞争状况研究

庄平等(2010)根据崇明东滩湿地水域插网所获取的鱼类样本,对崇明东滩湿地水域中华鲟幼鱼和其他6种主要经济鱼类的食性和食物竞争状况进行了研究。结果表明,中华鲟为底栖生物食性。崇明东滩湿地的中华鲟与其他六种经济鱼类的饵料重叠系数显示,中华鲟与窄体舌鳎的饵料重叠系数达到了 0.4,而与其余 5 种鱼类的饵料重叠系数均小于 0.12。这表明窄体舌鳎对中华鲟幼鱼的食物有一定的竞争力,其余 5 种鱼类对中华鲟幼鱼的食物竞争强度较低。

二、幼鱼生境选择

中华鲟幼鱼对沙(直径 0.2 cm)、小砾石(直径 1~2 cm)、中砾石(直径 4~5 cm)和大砾石(直径 13~15 cm)4 种底质生境有不同的选择策略(顾孝连等,2008)。观测单尾鱼时,中华鲟幼鱼在 4 种底质生境中的时间百分比分别大致为沙 50%、小砾石 20%、中砾石 20%、大砾石 10%。幼鱼在沙底质中时间明显长于其他 3 种底质,且差异极显著。观测多尾鱼时,中华鲟幼鱼在 4 种底质生境中的数量百分比分别为沙 45%、小砾石 20%、中砾石 20%、大砾石 15%,幼鱼在沙底质中的数量明显高于其他 3 种底质,且差异极显著。活动鱼(在水层中游动,不贴底)在 4 种底质生境中的数量无显著差异,非活动鱼(贴底游动或静止)在沙底质中的数量显著高于其他 3 种底质。对单尾鱼(从时间角度)和多尾鱼(从数量角度)的观察表明,中华鲟幼鱼明显选择沙底质。

参 考 文 献

冯广朋,庄平,刘健,张涛,李长松,章龙珍,赵峰,黄晓荣. 2007. 崇明东滩团结沙鱼类群落多样性与生长特性. 海洋渔业,29(1):38-43.

顾孝连,庄平,章龙珍,张涛,石小涛,赵峰,刘健. 2008. 长江口中华鲟幼鱼对底质的选择. 生物学杂志,27(2):213-217.

张涛,庄平,刘健,章龙珍,冯广朋,侯俊利,赵峰,刘鉴毅. 2009. 长江口崇明东滩鱼类群落组成和生物多样性. 生态学杂志,28(10):2056-2062.

庄平,罗刚,张涛,章龙珍,刘健,冯广朋,侯俊利. 2010. 长江口水域中华鲟幼鱼与 6 种主要经济鱼类的食性及食物竞争. 生态学报,30(20):5544-5554.

Jin B S, Fu C Z, Zhong J S, Li B, Chen J K, Wu J H. 2014. The impact of geomorphology of marsh creeks on fish assemblage in Changjiang River Estuary. *Chinese Journal of Oceanology and Limnology*,32(2):469-479.

第八章

微生物多样性

第一节 微生物群落

一、群系多样性

崇明东滩湿地由于保护区的成立后人为活动相对较少,生态保护较完整,加之长江径流源源不断向该区域输送泥沙和营养盐,而且海水的周期性浸没使得崇明东滩沉积环境复杂,微生物在物种、基因组成和生态功能上具有多样性。利用分子生态学研究技术,通过克隆、测序,构建相应基因文库,并进行系统发育分析。结果表明,崇明东滩湿地潮滩表层沉积物共包含 12 个主要门类的细菌(郑艳玲等,2012a):变形菌门(Proteobacteria)(α-、β-、γ-、δ-和 ε-亚群)、拟杆菌门(Bacteroidetes)、放线菌门(Actinobacteria)、酸杆菌门(Acidobacteria)、绿弯菌门(Chloroflexi)、厚壁菌门(Firmicutes)、螺旋体门(Spirochaetes)、疣微菌门(Verrucomicrobia)、浮霉菌门(Planctomycetes)、绿菌门(Chlorobi)、网团菌门(Dictyoglomi)和硝化螺旋菌门(Nitrospirae)。此外还存在大量未被识别的序列,例如,Zeleke 等(2013)调查了崇明东滩湿地潮间带的产甲烷菌种群。

崇明东滩湿地的 78 个镰刀菌(*Fusarium* spp.)分离菌株具有 12 种形态特征变型和 78 个同工酶谱带(Luo *et al.*,2007)。同工酶谱的聚类分析显示,5 种镰刀菌之间有更高程度的关系,其中雪腐镰刀菌(*F. nivale*)、半裸镰刀菌(*F. semitectum*)和尖孢镰刀菌(*F. oxysporum*)归类为一组,禾谷镰刀菌(*F. graminearum*)和串珠镰刀菌(*F. moniliforme*)归为一组且与第一组有显著区别。菌株组的主成分分析结果与聚类分析的结果保持一致。相比于形态特征,两个不同的数据集的比较结果显示,不同物种间和不同菌株间的同工酶谱有更多的变化。菌株形态特征的简约分析(存在与不存在特征)产生了尚未解决的进化树,结果显示其只是在亚群的物种相对位置不同。

二、群落分布特征

崇明东滩湿地中潮滩和低潮滩的优势菌为变形菌,高潮滩的优势菌为拟杆菌,而且不同潮滩位置和不同季节的细菌多样性均有差异(郑艳玲等,2012a)。细菌群落相似性分析结果表明,中潮滩细菌多样性最高,低潮滩次之,高潮滩细菌多样性最低;夏季细菌多样性高于冬季(表8-1)。夏、冬两季细菌群落差异在高潮滩最大,低潮滩次之,中潮滩最小。

崇明东滩湿地的高、中、低潮滩表层沉积物中均存在厌氧氨氧化菌,但所属菌属不同,低潮滩以暂定种(*Candidatus*)"*Scalindua*"为主,中、高潮滩以暂定种"*Kuenenia*"为主(郑艳玲等,2012b)。相比之下,中潮滩厌氧氨氧化菌群落结构较为复杂。部分克隆序列与已发现厌氧氨氧化菌存在较大进化距离,表明崇明东滩湿地可能还存在其他具有潜在厌氧氨氧化功能的细菌。

表 8-1 崇明东滩湿地沉积物样品中细菌系统发育分析结果(郑艳玲等,2012a)

单位:%

门	高潮滩			中潮滩			低潮滩		
	夏季	冬季	总计	夏季	冬季	总计	夏季	冬季	总计
变形菌门	9.3	34.7	22.4	31.7	37.3	34.6	24.0	35.5	29.8
γ-变形菌门	7.0	15.2	11.2	4.9	23.3	14.3	19.6	25.0	22.3
β-变形菌门	—	4.3	2.2	4.9	—	2.4	2.2	4.2	3.2
α-变形菌门	2.3	—	1.1	7.3	4.7	6.0	—	2.1	1.1
δ-变形菌门	—	15.2	7.9	12.2	9.3	10.7	2.2	4.2	3.2
ε-变形菌门	—	—	—	2.4	—	1.2	—	—	—
拟杆菌门	72.1	13.0	41.6	7.3	14.0	10.7	34.8	14.6	24.5
放线菌门	2.3	—	1.1	—	—	—	—	4.2	2.1
酸杆菌门	—	—	—	—	—	—	4.3	6.3	5.3
绿弯菌门	2.3	10.9	6.7	4.9	4.7	4.8	2.2	6.3	4.3
厚壁菌门	—	2.2	1.1	2.4	—	1.2	2.2	—	1.1
螺旋体门	—	—	—	—	—	—	—	2.1	1.1
疣微菌门	—	2.2	1.1	2.4	—	1.2	—	2.1	1.1
浮霉菌门	—	—	—	—	4.7	2.4	2.2	—	1.1
绿菌门	—	—	—	2.4	—	1.2	—	—	—
网团菌门	—	—	—	2.4	—	1.2	—	—	—
硝化螺旋菌门	4.7	—	2.2	—	—	—	—	—	—
未识别序列	9.3	37.0	23.8	46.5	39.3	42.7	30.3	28.9	29.6
合计	100.0	100.0	100.0	100.0	100.0	100.0	100.0	100.0	100.0

注:"—"表示未检测到。

　　相关研究表明,崇明东滩湿地的光滩区域细菌多样性指数和均匀度最高,芦苇带中的细菌多样性指数和均匀度最低,这说明光滩样品的微生物资源最丰富(孟晗等,2010)。由系统发育树研究可知,光滩土壤中分离到的细菌种类最多,并在各个门中的分布比较分散,最多的是α-变形菌门;其次为海三棱藨草生境,其细菌种类主要分布在放线菌门和γ-变形菌门中;芦苇带土壤中分离到的细菌相对集中地分布在拟杆菌门和γ-变形菌门中,在各属中的菌株数比较平均(表8-2)。

表 8-2　崇明东滩湿地不同生境土壤中分离到的细菌种类分布(据孟晗等,2010 修改)

门	属	光滩样品		海三棱藨草		芦苇样品	
		10^{-4}	10^{-3}	10^{-4}	10^{-3}	10^{-4}	10^{-3}
γ-变形菌门	丙酸杆菌属(*Methyloversatilis*)			+			
	河氏菌属(*Hahella*)					+	
	Haliea					+	
	发光杆菌属(*Photobacterium*)					+	
	假单胞菌属(*Pseudomonas*)	+		+			
	热着色菌属(*Rheinheimera*)	+					
	希瓦氏菌属(*Shewanella*)	+		+			
	弧菌属(*Vibrio*)					+	
拟杆菌门	噬冷菌属(*Algoriphagust*)	+		+		+	
	噬纤维菌属(*Dyadobacter*)						
	黄杆菌属(*Flavobacterium indicum*)					+	
	泥滩杆菌属(*Gaetbulibacter*)					+	
厚壁菌门	芽孢杆菌属(*Bacillus*)	+		+		+	
	微小杆菌属(*Exiguobacterium*)			+			
	多粘芽孢杆菌属(*Paenibacillus*)	+					
α-变形菌门	*Altererythrobacter*	+		+			
	赤细菌属(*Erythrobacter*)	+		+			
	Labrenzia	+				+	
	副球菌属(*Pannonibacter*)						
	紫杆菌属(*Porphyrobacter*)	+					
	红细菌属(*Rhodobacter*)			+			
	小红卵菌属(*Rhodovulum*)			+			
	鞘氨醇单胞菌属(*Sphingomonas*)	+					

续表

门	属	光滩样品		海三棱藨草		芦苇样品	
		10^{-4}	10^{-3}	10^{-4}	10^{-3}	10^{-4}	10^{-3}
放线菌门	壤霉菌属（*Agromyces*）					+	
	节杆菌属（*Arthrobacter*）			+			
	Demequina			+			
	微杆菌属（*Microbacterium*）			+			
	橙黄微球菌属（*Micrococcus*）	+					
	类诺卡氏菌属（*Nocardioides*）	+					
	链霉菌属（*Streptomyces*）	+			+		

注："10^{-4}"表示涂布稀释 10^4 倍的样品，"10^{-3}"表示涂布稀释 10^3 倍的样品。

崇明东滩湿地不同高程潮滩同一深度的硫酸盐还原菌数量，按大小排序为中潮滩>高潮滩>光滩（袁琦等，2010）。同一潮滩不同深度的硫酸盐还原菌含量均显示为 51~52 cm 深度>21~22 cm 深度>81~82 cm 深度，说明东滩湿地 51~52 cm 的土壤深度是硫酸盐还原菌生长的主要层位，这与存在较好的适于硫酸盐还原菌生长的条件有关。不同深度土壤中的有机质含量，呈现高潮滩>中潮滩>光滩的趋势。从 21~51 cm 处，随着深度的增加，有机质含量减少但硫酸盐还原菌的数量却大幅增加，说明硫酸盐还原菌利用土壤中的有机质进行了还原反应。芦苇根际中硫酸盐还原菌含量最高，说明崇明东滩湿地芦苇带的根际环境对硫酸盐还原菌的生长具有促进作用，而藨草根际的硫酸盐还原菌数量相对非根际环境较低，说明不同的根际环境对于硫酸盐还原菌的生长有不同的影响。

此外，入侵种加拿大一枝黄花是崇明东滩湿地常见的植被类型。该植物与菌根真菌的共生关系与入侵时间存在显著的相关性（Jin *et al.*，2004）。在干旱生境条件下，加拿大一枝黄花入侵时间的长短决定了其菌根侵染率的高低和根际土壤中菌根真菌孢子类群的多样性，且地表植物的多样性也对菌根真菌孢子类群的多样性产生显著影响。加拿大一枝黄花根际土壤中均以缩球囊霉（*Glomus constrictum*）和摩西球囊霉（*G. mosseae*）为优势菌根真菌孢子类群，其中缩球囊霉的多度随着入侵时间的延长而降低，而摩西球囊霉则随着入侵时间的延长而增加。此外，加拿大一枝黄花所处生境的类型也决定了菌根真菌与寄主植物之间共生关系的紧密性。

第二节　微生物呼吸代谢

一、土壤微生物呼吸

以微生物活动为主导的土壤呼吸是全球碳循环中的关键组成部分，土壤呼吸强度的微小变化都会影响到大气中 CO_2 的浓度和全球的碳循环过程。湿地是全球土壤有机碳库的重要组成部分，湿地生态系统微生物在土壤和大气之间碳交换中发挥着举足轻重的作用。

在崇明东滩湿地测得的平均土壤呼吸显著低于内陆河滨区域,这和河口滨海湿地土壤中较低的微生物脱氢酶活性有关,同时也和微生物群落结构差异有关(Hu et al.,2014)。河滨湿地中土壤微生物呼吸更高导致土壤有机碳保留能力较弱。河滨湿地中土壤微生物生物量较高,β-变形菌门细菌数量较多,其在低盐度土壤具有较强的代谢活性,且有需氧异养菌[如杆菌属(Bacilli)和不可培养乳球菌属(Lactococcus)]的存在,这些是河滨湿地相比于滨海湿地有更高土壤微生物呼吸值的重要原因。滨海湿地和河滨湿地之间还存在土壤理化特征上的不同。在诸多理化因子中,土壤盐度对大部分β-变形菌门细菌和微生物生物量有负面影响。因此,位于较高盐度的河口滨海湿地的土壤中,土壤微生物强度降低且碳含量更高(Hu et al.,2012)。

二、生境间的差异

崇明东滩湿地不同演替阶段的土壤有机碳含量和微生物呼吸强度有显著差异(张艳楠等,2012),中、高潮滩处的土壤有机碳含量最高,这是由于其具有较高的有机碳输入(如植物枯落物)。不同演替阶段土壤的微生物群落结构存在差异,一些特异性优势菌的存在可能是影响土壤微生物呼吸强度,并最终影响土壤有机碳汇聚能力的重要原因。出现在高潮滩的噬纤维菌属和假单胞菌属具有较强降解纤维素等有机质的能力,它们的存在可能强化了高潮滩的土壤呼吸作用,从而降低了高潮滩土壤的有机碳汇聚能力。

崇明东滩湿地潮滩土壤有机碳储量在不同演替阶段产生差异,细菌群落结构在不同演替阶段发生了改变(Zhang et al.,2013)。一些在潮滩占优势地位且有分布专一性的细菌决定了土壤微生物呼吸和土壤碳储存能力。噬纤维菌属(Cytophagales)和假单胞菌属(Pseudomonas)中的不可培养菌种,其中包含了复杂有机质的高效降解菌,它们主要分布在土壤微生物呼吸最强且土壤有机碳储量相对较弱的高潮滩。粒径、盐度和总氮等土壤环境也可能会影响微生物(尤其是优势菌株)群落结构以及土壤微生物呼吸。高潮滩中相对较小的粒径、较低的盐度和高总氮含量为化能有机营养菌种(如噬纤维菌和假单胞菌)提供适当的环境,这些菌种能有效降解有机质。

土壤土质的差异会显著影响微生物群落与其活性。崇明东滩湿地砂壤土区芦苇湿地土壤有机质含量最低,但微生物量和过氧化氢酶、转化酶等与碳代谢有关的酶活性最高(张士萍等,2009;Tang et al.,2011;Zhang et al.,2011)。这表明,砂壤土区芦苇湿地土粒间孔隙较大、土壤通气透水性较好、含水率与含盐量较低,有利于微生物的呼吸、代谢与繁殖,促进了土壤有机碳的分解,具有较高的有机污染物净化能力。而黏土型芦苇和互花米草混合湿地土壤的有机质含量和氮、磷转化有关的酶活性较高,但是湿地土壤微生物量和碳代谢有关酶活性较低。这表明黏土型芦苇和互花米草区的土壤含水量和含盐量高、微生物活性弱,有机碳氧化分解能力较低,具有较高的有机碳汇聚能力(李艳丽等,2009)。

以上两种生境的优势微生物为α-、β-、γ-变形菌门细菌(Li et al.,2011)。芦苇型砂壤土区、芦苇黏土区和互花米草黏土区的α-和γ-变形菌门细菌丰富度没有显著差异,但芦苇型砂壤土区β-变形菌门细菌比芦苇黏土区和互花米草黏土区高约3倍。而且芦苇型砂壤土区还有较多纤维素降解菌和不可培养细菌群,γ-和β-变形菌门细菌显著影响土壤呼吸强度,但土壤水分和盐度限制了 β-变形菌门细菌的繁殖。因此,芦苇型砂壤土区具有较多的 β-变形菌门细菌和不可培养细菌群可能是导致低土壤呼吸的主要原因。

参 考 文 献

李艳丽,肖春玲,王磊,张文佺,张士萍,王红丽,付小花,乐毅全. 2009. 上海崇明东滩两种典型湿地土壤有机碳汇聚能力差异及成因. 应用生态学报, 20(6): 1310-1316.

孟晗,惠威,肖义平,田官荣,全哲学. 2010. 崇明岛东滩不同植物覆盖的土壤可培养细菌多样性比较. 复旦学报(自然科学版), (1): 43-50.

袁琦,崔玉雪,陈庆强,吕宝一,谢冰. 2010. 崇明东滩潮间带硫酸盐还原菌及有机质含量的初步研究. 环境科学, 31(9): 2155-2159.

张士萍,张文佺,李艳丽,乐毅全,王少平,王磊. 2009. 崇明东滩湿地土壤生物活性差异性及环境效应分析. 农业环境科学学报, 28(1): 112-118.

张艳楠,李艳丽,王磊,陈金海,胡煜,付小花,乐毅全. 2012. 崇明东滩不同演替阶段湿地土壤有机碳汇聚能力的差异性及其微生物机制. 农业环境科学学报, 31(3): 631-637.

郑艳玲,侯立军,陆敏,刘敏,谢冰,李勇,赵慧. 2012a. 崇明东滩夏冬季表层沉积物细菌多样性研究. 中国环境科学, 32(2): 300-310.

郑艳玲,侯立军,陆敏,谢冰,刘敏,李勇,赵慧. 2012b. 崇明东滩夏季沉积物厌氧氨氧化菌群落结构与空间分布特征. 环境科学, 33(3): 992-999.

Hu Y, Li Y L, Wang L, Tang Y S, Chen J H, Fu X H, Le Y Q, Wu J H. 2012. Variability of soil organic carbon reservation capability between coastal salt marsh and riverside freshwater wetland in Chongming Dongtan and its microbial mechanism. *Journal of Environmental Sciences*, 24(6): 1053-1063.

Hu Y, Wang L, Tang Y S, Li Y L, Chen J H, Xi X F, Zhang Y N, Fu X H, Wu J H, Sun Y. 2014. Variability in soil microbial community and activity between coastal and riparian wetlands in the Yangtze River Estuary—Potential impacts on carbon sequestration. *Soil Biology and Biochemistry*, 70: 221-228.

Jin L, Gu Y, Xiao M, Chen J, Li B. 2004. The history of *Solidago canadensis* invasion and the development of its mycorrhizal associations in newly-reclaimed land. *Functional Plant Biology*, 31(10): 979-986.

Li Y, Wang L, Zhang W, Wang H, Fu X, Le Y. 2011. The variability of soil microbial community composition of different types of tidal wetland in Chongming Dongtan and its effect on soil microbial respiration. *Ecological Engineering*, 37: 1276-1282.

Luo J L, Bao K, Nie M, Zhang W Q, Xiao M, Li B. 2007. Cladistic and phenetic analyses of relationships among *Fusarium* spp. in Dongtan wetland by morphology and isozymes. *Biochemical Systematics and Ecology*, 35(7): 410-420.

Tang Y, Wang L, Jia J, Li Y, Zhang W, Wang H, Sun Y. 2011. Response of soil microbial respiration of tidal wetlands in the Yangtze River Estuary to different artificial disturbances. *Ecological Engineering*, 37: 1638−1646.

Zeleke J, Lu S L, Wang J G, Huang J X, Li B, Ogram A V, Quan Z X. 2013. Methyl Coenzyme M Reductase A (*mcrA*) gene-based investigation of methanogens in the mudflat sediments of Yangtze River Estuary, China. *Microbial Ecology*, 66(2): 257−267.

Zhang S P, Wang L, Hu J J, Zhang W Q, Fu X H, Le Y Q, Jin F M. 2011. Organic carbon accumulation capability of two typical tidal wetland soils in Chongming Dongtan, China. *Journal of Environmental Sciences*, 23(1): 87−94.

Zhang Y N, Li Y, Wang L, Tang Y S, Chen J H, Hu Y, Fu X H, Le Y Q. 2013. Soil microbiological variability under different successional stages of the Chongming Dongtan wetland and its effect on soil organic carbon storage. *Ecological Engineering*, 52(2): 308−315.

第九章

湿地生态服务价值

第一节　生态系统服务价值评估及人类活动影响

一、生态系统服务价值评估

　　湿地是众多植物、动物特别是水禽生长的乐园，同时又向人类提供食物（水产品、禽畜产品、谷物）和原材料（芦苇、木材、药用植物），是人类赖以生存和持续发展的重要基础。湿地能滞留沉积物、有毒物、营养物质，保护海岸不受风浪侵蚀，从而改善环境污染。湿地还能以有机质的形式储存碳元素，减少温室效应，因此被称为"地球之肾"。

　　崇明岛是世界上最大的河口冲积岛，其所在的长江口湿地和潮滩能提供包括缓冲潮汐冲击和候鸟栖息地等许多重要的生态服务功能。由于其独特的资源、优美的风景和毗邻上海的优势，崇明岛也是引人注目的旅游胜地，并能维持重要的农渔业经济。因此，崇明东滩湿地的生态服务功能是多方面的，具体包括以下几点：

　　（1）野生动物的栖息地：崇明东滩湿地是我国生物多样性的关键地区之一，还是《拉姆萨尔公约》中的国际重要湿地。这里不仅是迁徙鸟类在东亚-澳大拉西亚迁徙路线上重要的停歇点，每年过境的数量超过 100 万只，而且是众多鱼类和两栖动物的繁殖、栖息、越冬的场所，其中有许多是珍稀濒危物种。

　　（2）物质生产：崇明东滩湿地具有强大的物质生产功能，包括药材、鱼虾、牧草、芦苇等。

　　（3）保留营养物质：流水流经湿地时，其中所含的营养成分被湿地植被吸收，或者积累在湿地泥层之中，净化了下游水源。

　　（4）碳汇：湿地生态系统中的盐沼植被能够固定大量 CO_2 等温室气体，能够捕获和储存大部分埋在海洋沉积物里的碳，也称为"蓝碳"功能。

　　（5）清除和转化毒物和杂质：湿地有助于减缓水流的速度，当含有毒物和杂质（农药、生活污水和工业排放物）的流水经过湿地时，流速减慢，有利于毒物和杂质的沉淀和排除。例如,崇明东滩湿地的芦苇能有效地吸收有毒物质。

（6）保护堤岸、防风:湿地植被可以抵御海浪、台风和风暴的冲击,防止对海岸的侵蚀,同时它们的根系可以固定、稳定堤岸和海岸,保护沿海工农业生产。

（7）保持小气候:湿地可以影响小气候。湿地水分通过蒸发成为水蒸气,然后又以降水的形式降到周围地区,保持当地的湿度和降雨量,影响当地人民的生活和工农业生产。

（8）防止盐水入侵:湿地向外流出的淡水限制了海水的回灌。

（9）旅游休闲:湿地具有自然观光、旅游、娱乐等美学方面的功能,蕴含着丰富秀丽的自然风光,可供游客观光旅游。

（10）教育和科研价值:复杂的湿地生态系统、丰富的动植物群落和珍贵的濒危物种等,在自然科学教育和研究中都具有十分重要的作用。

参考 Costanza 等提出的 17 项生态系统服务功能,吴玲玲等(2003)利用市场价值法、造林成本法、影子工程法、费用替代法以及专家评估法等方法,对长江口湿地(重点包括崇明东滩湿地)生态价值进行了评估。结果表明,长江口湿地生态系统服务价值约为 40.00 亿元·a^{-1}。其中,成陆造地价值为 9.0 亿元·a^{-1},物质生产价值 8.86 亿元·a^{-1},大气组分调节价值为 1.15 亿元·a^{-1},水分调节价值为 1.54 亿元·a^{-1},净化水体价值为 3.41 亿元·a^{-1},提供栖息地价值为 2.86 亿元·a^{-1},文化科研价值为 8.38 亿元·a^{-1},美学价值为 4.81 亿元·a^{-1}。并提出对生态系统服务价值的利用应本着可持续发展的原则。

二、人类活动对生态系统服务价值的影响

然而近年来,作为上海城市生态屏障的崇明东滩湿地遭受过度围垦、酷渔滥捕、芦苇收割和过度放牧等人类活动的强烈干扰,导致湿地生态系统严重退化,生态功能丧失,直接威胁到上海市的生态安全(图 9-1)。大规模土地围垦活动也严重影响着崇明东滩湿地的生态服务功能(Zhao et al.,2004)。根据土地类型的生态系统功能对整个生态系统服务价值的贡献率进行分析,从 1990 年到 2000 年,崇明东滩湿地生态系统服务总价值由每年 3.1677 亿美元下降为每年 1.2040 亿美元,跌幅达到 62%,逾 10 年总价值之和达到 8.55 亿~9.82 亿美元。崇明东滩湿地生态系统服务总价值的大幅降低主要归因于潮滩湿地 71% 的损失。研究发现,在 10 年的时间里,调水、供水、废物处理和原材料的贡献作用增多,但营养物质循环、食物生产、干扰调控、休闲娱乐、生物栖息地/避难所和生物防治的贡献作用降低。研究认为,未来的土地利用政策规划必须优先考虑保护无序围垦开发区的生态系统,未来进一步的土地围垦必须基于严格的环境影响分析。

因此,加强对退化湿地生态系统的修复与保护极为重要(杨永兴,2004)。湿地的开发利用应坚持可持续发展的原则,应该模拟自然湿地生态系统建设人工湿地生态系统,走湿地生态开发之路,使开发后的人工湿地生态系统既有自然湿地的服务功能,又可以产生良好的生态、经济与社会效益。

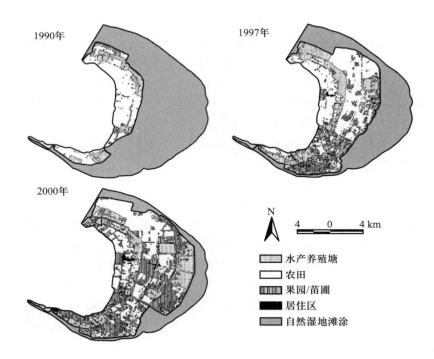

图 9-1 1990 年、1997 年和 2000 年崇明东滩湿地与周边区域土地利用变化（据 Zhao *et al.*, 2004 修改）

第二节　消浪护滩功能

一、促淤消浪

　　考虑到海岸带经济区的生态安全,国内外研究者对河口滩涂湿地盐沼植被促淤消浪功能及其对海岸沉积动力过程的影响给予了高度重视。崇明东滩湿地的盐沼植被具有粗糙下垫面,可增大水流摩擦阻力,减缓水流,影响泥沙运输,达到促淤消浪的作用(Yang *et al.*, 2012; Ysebaert *et al.*, 2011)。湿地植被促进泥沙淤积有利于滩涂湿地的维持,植被消浪缓流作用保证了海堤安全。特别是在海平面不断上升的背景下,对于滩涂水沙动力环境,冲淤演变以及滩涂发育有多重意义。

　　然而,近 30 年来在海平面上升、人类围垦、自然保护、外来种入侵等自然与人为作用的共同影响下,崇明东滩湿地的盐沼植被群落结构发生了巨大变化(任璘婧等,2014)。量化盐沼植被促淤消浪功能潜力及其变化的研究表明,湿地促淤和消浪能力在 1980—2010 年均呈下降趋势。1980—1990 年,随着滩涂淤涨,植被黏附悬浮颗粒物总量、沉积量以及植被消浪功能均迅速提高;1990—2000 年,伴随着大规模围垦工程,堤外滩涂植被大面积减少,促淤消浪功能也快速降低;2000—2010 年,随着滩涂不断淤积以及互花米草快速扩张,盐沼植被促淤消浪功能有所增加。因此,在围垦大堤之外保持一定面积和宽度的盐沼植被,不但有利于各项生态功能的发挥,更有利于保障堤内的安全,特别是对抵御风暴潮等恶劣气候灾害的影响具有重要意义。

二、土地储备

湿地滩涂是上海重要的后备土地资源,随着岸带经济圈的崛起和发展,沿江沿海的区位优势逐步显现,海岸工程因之迅速发展。上海在长江流域的经济龙头地位,以及在未来建成国际经济、金融、贸易和航运中心的城市功能定位,使得土地资源的供需矛盾日渐突出,而长江口入海泥沙的淤积是上海后备土地资源的重要来源。

崇明东滩湿地是近百年来长江口向海淤涨最迅速的滩地,也是上海历次围垦的重点(龚士良和杨世伦,2007)。然而,长江河口的冲淤演变对上海后备土地资源的动态变化起着制约影响,而新近沉积土的固结压缩也容易引发地面沉降问题,给沿岸工程的安全与正常运行带来潜在威胁。因而分析长江口岸带冲淤及其后备土地资源的沉降效应非常必要。

第三节 生态净化和碳、氮汇功能

一、生态净化功能

湿地高等植物能显著影响潮滩沉积物营养物质的分布及迁移转化过程。崇明东滩湿地海三棱藨草通过根系对磷的吸收和自身有机质降解,在沉积物里形成了水平的和垂直的浓度梯度,干扰了磷的正常累积和迁移(汪青等,2005)。海三棱藨草通过对沉积物中磷的吸收,其净化速率为 $16.7 \sim 46.1 \ mg \cdot cm^{-2} \cdot d^{-1}$。海三棱藨草的存在影响到磷在沉积物垂直方向上的浓度分布,有别于一般的早期成岩模式,特别是根际和近根沉积物,分布规律不很明显,可能还存在其他因素的影响。

海三棱藨草对潮间带湿地系统中的磷吸附和磷化物形态有显著的影响。其根系对磷的吸附能力要显著高于裸地沉积物,根际沉积物中的半饱和浓度常量也较低(Hou et al.,2008)。无植被和有植被生境有相似的磷吸附动力学模式,即最初有快速磷吸附反应,后续为缓慢的吸附过程。但是,与无植被沉积物相比,根系对磷在快速吸附阶段有相对较高的吸附率。同时,无植被生境的可溶性无机磷流入到上覆水。相比之下,在海三棱藨草生长阶段,可溶性无机磷从上覆水转移到有植被沉积物中。无植被生境和有植被生境中的磷化物形态的比较分析显示,海三棱藨草能促进植被根际沉积物中铁结合态磷、自生磷和有机磷的积累。海三棱藨草在磷去除和磷储存上的重要作用对长江口湿地的保护和管理具有重大影响。

周俊丽等(2006)研究了崇明东滩湿地藨草不同部位组织在腐烂分解过程中的质量及其碳、氮含量的变化,分析了影响植物分解的主要因素。藨草茎分解速率大于根分解速率,高潮滩的分解速率大于堤内的分解速率;植物体中碳、氮元素在分解过程中表现为,藨草茎和根残体中碳含量呈持续降低趋势,而氮含量则显著升高。植物体中初始营养盐水平和 C/N 值的高低可能是导致蘸草根、茎残体的分解速率存在差异的最主要因素。环境因素(如温度、湿度等)对蘸草残体的腐烂分解有着十分重要的影响,温度升高、湿度增大,则加速微生物对植物碎屑的分解。由于受潮汐作用影响,高潮滩的植物埋藏环境比堤内的更潮湿,从而使得蘸草在高潮滩的分解速率以及碳、氮含量的变化速率都明显高于堤内。

崇明东滩湿地沙质型芦苇生境的土壤有机质、全氮和全磷的平均值分别为 1.36%、0.1% 和 0.03%,而黏质型芦苇/互花米草混合生境的土壤有机质、全氮和全磷的平均值分别为 2.41%、0.27% 和 0.07%。随着高程的增加(从光滩向高潮滩过渡),沙质型芦苇生境与黏质型芦苇/互花米草混合生境的土壤中有机质和全氮含量平稳上升,但全磷变化并不显著(王红丽等,2010)。这表明黏质型芦苇互花/米草混合生境的土壤对造成沿海水域富营养化的氮、磷营养盐以及引起全球气候变化的碳排放具有更好的汇聚效应,同时高潮滩的汇聚功能总体较光滩为高。

二、碳汇功能

崇明东滩湿地低潮滩的海三棱蘸草群落表现为碳的吸收汇(杨红霞等,2006a,2006b),但季节变化特征明显,8 月为碳吸收的高峰期,2 月碳的通量值最低。低潮滩和中潮滩是 CH_4 持续排放源,但在碳通量中所占比例很小,在 7 月达到排放高峰。中潮滩湿地-大气界面碳的年平均交换通量显著高于低潮滩,植被和有机质含量的不同是导致两者差异的主要原因。温度和光照是影响碳通量及其季节变化的重要因素。

海三棱蘸草植株和中、低潮滩藻类的光合作用均显著促进了潮滩对大气碳的吸收。夏季低潮滩是大气 CO_2 和 N_2O 的吸收汇、CH_4 的排放源(王东启等,2007)。温度(气温和不同深度地温)、沉积物有机碳含量以及潮滩植被海三棱蘸草和沉积物表层藻类的光合和呼吸作用是决定 CH_4、CO_2 和 N_2O 产生、排放和吸收的主要因素。相关分析表明,中潮滩气体排放通量与温度(气温和不同深度地温)呈显著正相关关系,但低潮滩气体通量与温度的相关关系不明显。海三棱蘸草和温度是控制低潮滩 CH_4 排放的主要因素(Wang et al.,2009)。CH_4 分子扩散是 8—10 月植被中的主要传输机制,叶片导度是调控 CH_4 分子扩散的因素之一。CH_4 通量和温度有显著相关性。尽管沉积物有机碳含量不会决定 CH_4 通量,但净生态系统生产力与 CH_4 通量紧密相关,这说明海三棱蘸草的光合产物能为产甲烷细菌提供有效的基质。

2004 年 7 月,复旦大学在崇明东滩湿地建立了"全球碳通量东滩野外观测站",这个野外观测站主要包括三座涡度通量塔和两条长期监测样带,并通过借助涡度协方差技术精确地测定生态系统能量、CO_2 和水汽通量,同时结合遥感、水文地质学和地面生物物理学调查,研究河口/滨海湿地生态系统结构、生物物理学过程及其他因子对 CO_2 通量的影响(郭海强等,2007)。受潮汐作用的影响,河口湿地生态系统有着独特的碳循环过程,即横向碳交换以及湿地土壤在厌氧条件下 CH_4 的释放。Yan 等(2008)的研究结果表明,光能利用率(light use efficiency,LUE)模型估算的总初级生产力(gross promary production,GPP)和碳通量塔观测的 GPP 之间存在的差异无法完全用观测误差来进行解释,其准确性远低于该模型在森林和草原等生态系统中估算的 GPP。该研究将潮汐作用所可能导致的横向碳交换及湿地土壤在厌氧环境下产生的 CO_2 释放的影响加入到模型中,并选择地表水分指数(LSWI)、蒸发蒸腾量

(evaporation and transpiration,ET)和潮高(height of tide,TH)作为其解释变量,模型的拟合度得到明显改进,改进后的模型估算的 GPP 与碳通量塔观测的 GPP 之间匹配良好。

潮汐作用是滨海与河口湿地生态系统非常独特的水文学特征,它不仅影响滨海和河口湿地的地下水位变化,还影响水的化学性质,并很可能会影响生态系统过程及功能(Guo et al.,2009)。崇明东滩湿地的潮汐作用会影响湿地碳通量,主要表现在两周的时间尺度上,且潮汐作用对低潮滩净碳交换量的影响更大,但是在更小的时间尺度上,气温和太阳辐射是影响湿地碳循环的主要因素。离海较近且高程较低的低滩站对潮汐作用的影响表现得更为敏感,在大小潮间的净碳交换量的差异比高滩站要大。潮汐作用通过水淹直接对土壤呼吸产生抑制来影响净碳交换量,其影响也呈现出季节性变化。白天的净碳交换量是植物光合作用与土壤呼吸作用叠加的结果,因此其对潮汐作用的响应则更为复杂,同时受植被物候与潮高的影响。在夏季(7月),潮汐作用所引起的水淹导致了高滩站固碳能力增加或不变,而低滩站的固碳能力降低,而春季(4月)的观测结果与之相反。考虑到潮汐作用期间潮水会将有机质转移至邻近海域,这显然将影响河口湿地碳源/汇属性的评估,因此,进一步的研究需要考虑横向碳通量。

生态系统净交换(net ecosystem exchange,NEE)是光合作用吸收的碳通量与生态系统呼吸(ecosystem respiration,ER)释放的碳通量之差,代表了一个生态系统与大气之间的 CO_2 净交换。定量估算区域 CO_2 通量有利于了解全球变化背景下生物圈与大气间的反馈机制。Yan 等(2010)结合崇明东滩湿地碳通量塔测量的 NEE 数据和遥感数据,分析了遥感数据估算 NEE 及模拟环境梯度上 NEE 变化特征的可行性。模型用了共 230 对的实测 NEE 和遥感数据来建模。结果显示,模型估算的 NEE 与实测的 NEE 之间匹配良好,模型预测的 NEE 从整体上捕获了研究区的 NEE 时空动态。模拟结果还呈现了由潮汐活动的周期性变化所导致的 NEE 动态,其基本上维持在一个比较稳定的水平,季节性差异很小。高潮带体现了由植被季节性变化而驱动的碳循环过程,而低潮带体现了因潮汐活动等因子驱动的碳循环过程。这说明用遥感数据来估算 NEE 是可行的,而且模型估算的 NEE 值能从整体上反映研究范围内的 NEE 时空变异性以及受不同驱动因子而呈现的 NEE 变化特征。

河口湿地生态系统碳素大多埋藏并储存于滩涂沉积物中。崇明东滩湿地的盐沼植被带沉积物的有机碳含量高于相同月份光滩带(Chen et al.,2005;陈华等,2007)。由于受沉积物表层沉降、地温等因素的影响,潮滩沉积物有机碳含量季节变化和柱样沉积物剖面变化呈现分层,盐沼植被带受海三棱藨草生长的影响,季节变化和剖面变化复杂。崇明东滩湿地各生境带表层沉积物有机碳含量有明显的季节变化。光滩带表层沉积物有机碳主要来自陆源颗粒物的输入,含量变化与来源的输入量以及颗粒物粒径变化关系十分密切(Chen et al.,2007)。盐沼植被带的有机碳含量在夏半年(6—10月)较高,主要是来自陆源颗粒物的沉降。秋冬季节表层沉积物有机碳还来自海三棱藨草枯萎死亡后在沉积物表层的分解;冬季海三棱藨草分解缓慢,同时来沙最少,使得春季表层有机碳含量最低。春季(4—5月)沉积物有机碳含量保持并略有累积,夏季有机碳库呈现"碳亏",从秋季9月海三棱藨草的死亡分解使得沉积物中有机碳含量增加,沉积物有机碳库进入"碳盈"期。光滩带沉积物有机碳库的"盈"、"亏"变化取决于外源输入的情况。由此可以得出,海三棱藨草对沉积物碳库的影响十分重要。此外,由于受到潮汐的作用,上游泥沙会在滨海湿地发生沉积物的堆叠,这部分外源沉积物也会影响到湿地土壤的碳储量的变化(陈庆强等,2012)。

三、氮汇功能

崇明东滩湿地海三棱藨草对 N_2O 通量有显著影响(Yu *et al*.,2012)。在较好的光照条件下,海三棱藨草生境 N_2O 通量与 NEE 和植物生物量呈负相关,但在黑暗条件或海三棱藨草已刈割时,N_2O 通量与温度呈正相关。植物吸收与 N_2O 负通量相对应,这可能是沉积物缺少硝酸盐所导致,耦合的硝化-反硝化作用是 N_2O 产生的主要途径。O_2 在海三棱藨草进行光合作用时转移至其根际并激发反硝化菌,这将消耗 N_2O 并诱导 N_2O 从空气扩散至沉积物。崇明东滩湿地在光照条件较好的时期是大气 N_2O 净汇,但在海三棱藨草活跃生长阶段属于大气 N_2O 净源。

芦苇生物量中的氮含量差异显著高于互花米草,两种植物以及同一植物不同器官的氮含量随生长节律发生明显变化(赵美霞等,2012)。氮含量的器官分配模式对于芦苇和互花米草均是叶>茎>根,两种植物地上部分和地下部分氮含量的时间分配模式为 5 月>9 月>7 月。两种植物地上部分氮含量差异显著。互花米草生境土壤各月份氮含量均高于芦苇生境土壤。芦苇叶片氮含量与生境土壤氮含量相关不显著。互花米草叶片氮含量与生境土壤氮含量极显著正相关。总体而言,氮素是芦苇和互花米草净初级生产力的主要而经常性的限制因子。

崇明东滩湿地的盐沼植被生物量在生长季内随时间呈增长趋势,氮含量则在植被生长初期最大,生长末期最小(闫芊等,2006)。在演替过程中,植被总体生物量变化趋势为:演替中期>演替后期>演替早期。植物单位氮含量的变化是:地下部分氮含量随演替呈降低趋势,地上部分氮含量从演替中期开始随演替呈增长趋势。每公顷湿地植被氮含量平均值变化趋势为:演替晚期>演替中期>演替早期。

参 考 文 献

陈华,王东启,陈振楼,杨红霞,王军,许世远. 2007. 崇明东滩海三棱藨草生长期沉积物有机碳含量变化. 环境科学学报,27(1):135-142.

陈庆强,杨艳,周菊珍,张国森,崔莹. 2012. 长江口盐沼土壤有机质分布与矿化的空间差异. 沉积学报,30(1):128-136。

陈中义. 2005. 长江口海三棱藨草的生态价值及利用与保护. 河南科技大学学报(自然科学版),26(2):64-67.

龚士良,杨世伦. 2007. 长江口岸带冲淤及后备土地资源的沉降效应——以上海崇明东滩为例. 水文,27(5):78-82.

郭海强,顾永剑,李博,陈家宽,陈吉泉,赵斌. 2007. 全球碳通量东滩野外观测站的建立. 湿地科学与管理,3(1):30-33.

任璘婧,李秀珍,杨世伦,闫中正,黄星. 2014. 崇明东滩盐沼植被变化对滩涂湿地促淤消浪功能的影响. 生态学报,34(12):3350-3358.

汪青,刘敏,侯立军,欧冬妮,刘巧梅,余婕. 2005. 海三棱藨草对崇明东滩沉积物磷素分布的影响. 长江流域资源与环境, 14(6): 731-734.

王东启, 陈振楼, 王军, 许世远, 杨红霞, 陈华, 杨龙元. 2007. 夏季长江口潮间带 CH_4、CO_2 和 N_2O 通量特征. 地球化学, 36(1): 78-88.

王红丽, 李艳丽, 张文佺, 王磊, 付小花, 乐毅全. 2010. 崇明东滩湿地土壤养分的分布特征及其环境效应. 环境科学与技术, 33(1): 1-5.

吴玲玲, 陆健健, 童春富, 刘存岐. 2003. 围垦对滩涂湿地生态系统服务功能影响的研究——以崇明东滩湿地为例. 长江流域资源与环境, 12(5): 411-416.

闫芊, 何文珊, 陆健健. 2006. 崇明东滩湿地植被演替过程中生物量与氮含量的时空变化. 生态学杂志, 25(9): 1019-1023.

杨红霞, 王东启, 陈振楼, 陈华, 王军, 许世远, 杨龙元. 2006a. 长江口潮滩湿地-大气界面碳通量特征. 环境科学学报, 26(4): 667-673.

杨红霞, 王东启, 陈振楼, 许世远. 2006b. 长江口崇明东滩潮间带温室气体排放初步研究. 海洋环境科学, 25(4): 20-23.

杨永兴, 吴玲玲, 赵桂瑜, 杨长明. 2004. 上海市崇明东滩湿地生态服务功能、湿地退化与保护对策. 现代城市研究, 19(12): 8-12.

赵美霞, 李德志, 潘宇, 吕媛媛, 高锦瑾, 程立丽. 2012. 崇明东滩湿地芦苇和互花米草 N、P 利用策略的生态化学计量学分析. 广西植物, 32(6): 715-722.

周俊丽, 吴莹, 张经, 孙承兴. 2006. 长江口潮滩先锋植物藨草腐烂分解过程研究. 海洋科学进展, 24(1): 44-50.

Chen H, Wang D Q, Chen Z L, Wang J, Xu S Y. 2005. The variation of sediments organic carbon content in Chongming east tidal flat during *Scirpus mariqueter* growing stage. *Journal of Geographical Sciences*, 15(4): 500-508.

Chen Q Q, Gu H Q, Zhou J Z, Yi M, Hu K. 2007. Trends of soil organic matter turnover in the salt marsh of the Yangtze River Estuary. *Journal of Geographical Sciences*, 17: 101-113.

Guo H Q, Noormets A, Zhao B, Chen J Q, Sun G, Gu Y J, Li B, Chen J K. 2009. Tidal effects on net ecosystem exchange of carbon in an estuarine wetland. *Agricultural and Forest Meteorology*, 149(11): 1820-1828.

Hou L J, Liu M, Ou D N, Yang Y, Xu S Y. 2008. Influences of the macrophyte (*Scirpus mariqueter*) on phosphorous geochemical properties in the intertidal marsh of the Yangtze Estuary. *Journal of Geophysical Research*, 113(G4): 4647-4664.

Pan L, Che H Z, Geng F H, Xia X G, Wang Y Q, Zhu C, Chen M, Gao W, Guo J P. 2010. Aerosol optical properties based on ground measurements over the Chinese Yangtze Delta Region. *Atmospheric Environment*, 44(21-22): 2587-2596.

Wang D Q, Chen Z L, Xu S Y. 2009. Methane emission from Yangtze estuarine wetland, China. *Journal of Geophysical Research: Biogeoscience*, 114(2): 1588-1593.

Yan Y E, Guo H Q, Gao Y, Zhao B, Chen J Q, Li B, Chen J K. 2010. Variations of net ecosystem CO_2 exchange in a tidal inundated wetland—Coupling MODIS and tower-based fluxes. *Journal of Geophysical Research: Atmospheres*, 115(D15): 346-361.

Yan Y, Zhao B, Chen J Q, Guo H Q, Gu Y J, Wu Q H, Li B. 2008. Closing the carbon budget of estuarine wetlands with tower-based measurements and MODIS time series. *Global Change Biology*, 14(7): 1690-1702.

Yang S L, Shi B W, Bouma T J, Ysebaert T, Luo X X. 2012. Wave attenuation at a salt marsh margin: A case study of an exposed coast on the Yangtze Estuary. *Estuaries and Coasts*, 35: 169-182.

Ysebaert T, Yang S L, Zhang L, He Q, Bouma T J, Herman P M J. 2011. Wave attenuation by two contrasting ecosystem engineering salt marsh macrophytes in the intertidal pioneer zone. *Wetlands*, 31: 1043-1054.

Yu Z J, Li Y J, Deng H G, Wang D Q, Chen Z L, Xu S Y. 2012. Effect of *Scirpus mariqueter* on nitrous oxide emissions from a subtropical monsoon estuarine wetland. *Journal of Geophysical Research: Biogeosciences*, 117(G2): 213-223.

Zhao B, Kreuter U, Li B, Ma Z J, Chen J K, Nakagoshi N. 2004. An ecosystem service value assessment of land-use change on Chongming Island, China. *Land Use Policy*, 21(2): 139-148.

第三篇　外来种影响研究

第十章

互花米草对植被群落的影响

第一节　互花米草引入与危害

一、互花米草起源与引入

生物入侵是全球变化的重要特征,外来引入的物种可能对入侵地造成严重的生态和经济影响,所以评价外来种入侵的生态后果是入侵生态学研究的核心问题之一。互花米草(*Spartina alterniflora* Loisel.)是禾本科(Poaceae)米草属(*Spartina*)植物,起源为北美洲与南美洲的大西洋沿岸。原始分布在北美洲大西洋沿岸,从加拿大的魁北克省一直到美国佛罗里达州及墨西哥湾,沿海各州均有分布;在北美洲太平洋沿岸,主要分布于华盛顿州至加利福尼亚州的部分河口地区;在南美洲,零星分布于法属圭亚那至巴西里奥格兰德间的大西洋沿岸;在英国、法国、西班牙和新西兰等地也有分布。

20世纪90年代中期,上海市有关部门为了充分利用长江上游泥沙资源,加快滩涂淤涨成陆,保护沿江一线海塘的安全和人民生命财产免受自然灾害的影响,在崇明东滩等地陆续引进并种植了外来种互花米草。互花米草根系庞大,植株生长稠密,具有"一年成活,两年长沸,三年外扩"的特点,扩散速度是芦苇等土著种的3~5倍。

互花米草为多年生高大草本植物(图10-1),植株健壮而挺拔,平均株高约1.5 m,最高可达3.5 m,茎秆粗壮,直径1 cm以上。茎叶都有叶鞘包裹,叶腋有腋芽,叶长披针形,互生,上部叶较大,下部叶较小,深绿色或淡绿色,背面有蜡质光泽。地下部分包括长而粗的地下茎和短而细的须根,根系发达,密布于30 cm深的土层中。花期为7—10月,圆锥花序长20~40 cm,由10~20个穗形总状花序组成,小穗侧扁,长约1 cm。两性花,雄蕊3,花药纵向开裂,子房平滑,2个白色羽毛状柱头很长。颖果长0.8~1.5 cm。互花米草的繁殖主要有营养繁殖和有性繁殖两种。有性繁殖通常为近距离传播,在互花米草成片生长的地方,种子萌发是互花米草扩展的主要方式;营养繁殖主要通过植株根状茎蔓延扩散,顶端形成次级植株,繁殖速度极快。

图 10-1　互花米草生物学特征(照片来源:上海崇明东滩鸟类国家级自然保护区管理处)。(a)—(c)茎、叶形态特征;(d)叶片表面盐颗粒;(e)花形态特征;(f)成熟种子;(g)崇明东滩湿地互花米草群落

互花米草适宜生长在海滩高潮带下部至中潮带上部广阔滩面,在我国的分布范围遍及暖温带至南亚热带的东南沿海海滩。目前,已广泛分布于福建、浙江、上海、江苏、山东、天津以及辽宁等省(市)的沿海地区,江苏沿海分布尤多。

　　长江口是国际重要生态敏感区,但原生于北美洲的互花米草自 20 世纪通过自然扩散和人类传播等方式被引入到长江口湿地,现已发展成为河口生态系统的优势种,互花米草的入侵行为对河口湿地产生了复杂的影响(Li *et al*.,2009,图 10-2)。互花米草对海三棱藨草和芦苇等土著种有强大的竞争效应,甚至可能会直接将土著种排除。互花米草的存在对土壤线虫和大型底栖无脊椎动物的总密度影响不大,但会显著改变线虫营养功能群结构和大型底栖无脊椎动物群落。光滩向互花米草群落的转变对鸻科和鹬科鸟类有显著影响,这可能要归咎于鸻鹬类栖息地食物资源的减少和自然环境的改变。互花米草入侵提高了生态系统的初级生产力，改变了碳循环和氮循环过程。通过在崇明东滩湿地的众多工作，科研人员探究了互花米草入侵对自然生态系统结构的影响，而互花米草入侵造成河口湿地生态系统结构改变后，生态系统如何运行亟待未来研究。

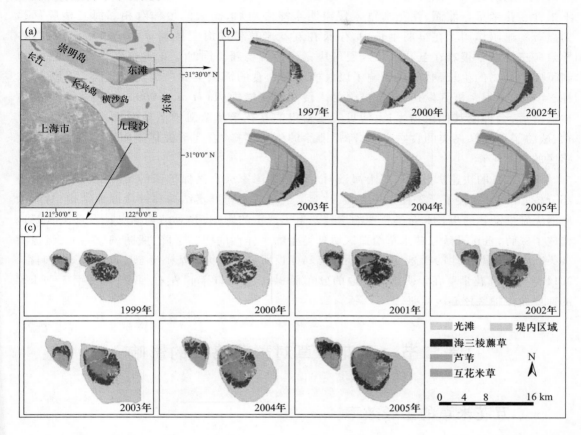

图 10-2　长江口崇明东滩湿地和九段沙湿地的互花米草分布以及扩张进程（Li *et al.*, 2009）

二、互花米草入侵的主要危害

互花米草对沿海及河口滩涂环境具有良好适应能力，是我国海岸带最典型的入侵植物，也是全球海岸盐沼生态系统中最成功的入侵植物之一。互花米草茎秆密集粗壮、地下根系发达，能够对潮水起到显著的消浪及缓流作用，促进泥沙的快速沉降与淤积。因此，互花米草对促淤保滩及堤岸防护具有一定的作用，这正是互花米草被引入我国的重要原因。然而，互花米草对入侵地的自然环境产生了一定的副作用，影响了当地植被群落、生物多样性和物质循环等。

崇明东滩湿地生态系统藻类、浮游动物、底栖动物和鱼类等物种资源极其丰富,这些资源为众多的鸟类提供了充足的食物源。上海崇明东滩鸟类国家级自然保护区地处"东亚-澳大拉西亚"候鸟迁徙路线的中点,是候鸟迁徙中间停留的重要驿站。雁鸭类、小天鹅和白头鹤等多数鸟类均以土著植物——海三棱藨草的球茎和小坚果以及芦苇的根状茎为食,并不采食互花米草。然而,互花米草入侵崇明东滩湿地后,高大的植株对相邻海三棱藨草起到显著的遮阴作用。在早期生长中,生长在互花米草带的海三棱藨草幼苗很难定植成功,导致海三棱藨草很难在互花米草入侵斑块完成种群更新。同时互花米草生长密度极高,抑制了底栖动物的生长,必然也影响了以底栖动物为食的鸻鹬类和白鹭类等鸟类。作为外来种,互花米草根系极其发达,具有极强的入侵和扩张能力(Li et al.,2009),在滩涂上形成纯种群落后,会抑制其他植物生长,使贝类在密集的互花米草草滩中活动困难,甚至会窒息死亡,威胁了鱼类和鸟类的食物来源,降低滩涂的生物多样性,严重破坏崇明东滩湿地生态敏感区的自然平衡。

互花米草的快速扩散侵占了上海崇明东滩鸟类国家级自然保护区的实验区、缓冲区和小部分核心区,并入侵了土著种生长空间,改变了当地的植物群落结构和滩涂湿地结构,对滩涂底栖无脊椎动物的生长和鱼类资源的增殖产生了严重的影响,并对鸟类栖息地及鸟类食源地构成了威胁,直接导致互花米草覆盖区域鸟类生物多样性的明显下降,威胁国家一、二级保护鸟类在崇明东滩湿地的栖息,影响崇明生态岛建设所需要的优质基础生态空间质量。经调查,2011 年年底互花米草在崇明东滩湿地的分布面积已达到 21 km² 左右,并仍以每年 3~4 km² 的速度向保护区核心区扩张。

第二节　互花米草对群落格局的影响

一、互花米草的生长效率

互花米草作为一种竞争力极强的入侵植物,可以通过其较强的拦截吸附沉积物能力和高生产力减少潮汐淹水时间并积累立枯物(Tang et al.,2012)。随着高程的升高,演替早期的代表物种海三棱藨草的重要值逐渐减小,互花米草和芦苇的重要值增大。3 种植物地上部分生物量在生长季节内(3—10 月)均呈单峰变化,一般在夏季(7、8 月)生物量最大(闫芊等,2007)。

与崇明东滩湿地的土著种——芦苇(C_3 植物)相比,互花米草属于 C_4 植物,具有更高的表观量子效率、CO_2 羟化效率和最大净光合速率(赵广琦等,2005;梁霞等,2006)。生长季节初期,互花米草午间时段的光合速率、气孔导度和蒸腾速率均高于芦苇,各指标与光、温的变化基本一致。互花米草的净光合速率曲线呈"单峰"型,测定指标在强光合辐射、高温条件下迅速上升,芦苇则表现出明显的"午休"现象。在生长季节初期(5 月)和活跃期(9 月),互花米草的净光合速率显著高于芦苇,而在生长季节后期(11 月)则低于芦苇。梁霞等(2006)比较了芦苇与外来植物互花米草在不同 CO_2 浓度下的光合特性。随 CO_2 浓度的增加,互花米草与芦苇的净光合速率增加,暗呼吸速率下降。互花米草表现出更高的表观羧化效率和暗呼吸速率,净光合速率、气孔导度及蒸腾速率在常规 CO_2 浓度下也均高于芦苇,在高 CO_2 浓度下则显著下降,表现出对环境因子和高 CO_2 浓度胁迫的光合生理响应。该研究为解释互花米草生长迅速、高生产力和竞争力的生理生态学特性提供了依据。

淹水胁迫对互花米草的生理指标也会产生一定的影响。淹水胁迫下的互花米草叶片中可溶性糖含量和叶绿素含量在初期均显著低于对照,随后逐渐积累并高于非淹水状态(古志钦和张利权,2009)。叶片中丙二醛含量在初期显著高于非淹水状态,随后与对照组的差异逐渐减小,至生长季末与对照水平相当。过氧化物酶活性在淹水后 60 天左右高于非淹水状态,至生长季末则低于非淹水状态。而超氧化物歧化酶活性则始终高于非淹水状态。至生长季末,持续淹水胁迫条件下的互花米草生物量低于非淹水状态,其形态学上表现为植株矮小、根系变短、节长变短、地下部分所占生物量比重降低。由此可见,互花米草可以通过生理和形态学的响应来适应潮滩淹水胁迫。

二、与土著种的竞争

外来种互花米草已对我国特有种海三棱藨草发生了竞争取代。陈中义等(2005a)通过在崇明东滩湿地的实验,比较了互花米草和海三棱藨草的主要生长特征和种间相对竞争能力。结果表明,无论是先锋种群还是成熟种群,互花米草的株高、盖度、地上生物量、地下生物量和平均每花序种子数都显著大于海三棱藨草。两种植物成熟种群的单位面积种子产量和种子的萌发率没有显著差异。种内竞争和种间竞争显著降低了两种植物的平均每株产生的无性小株数、结实株数、地上生物量和地下球茎数(海三棱藨草产生球茎),互花米草的种间竞争能力(相对邻里效应指数)显著大于海三棱藨草(图 10-3)。

外来种普遍具有适应新生境的能力,而遗传多样性对外来种极其重要,但遗传多样性在外来种入侵成功过程中的作用尚不明确。根据 Wang 等(2012)的研究,崇明东滩湿地优势种海三棱藨草的丰度因互花米草基因型多样性而略有下降,说明互花米草入侵能力的增强可能会抑制土著原生植物的生长,不同基因型的绝大多数生长指标间没有显著差异,但有超亲现象存在。在第 1 年互花米草基因型多样性和生长指标间没有显著关系,但自第 2 年夏季开始,基因型多样性增强了多个生长指标。在 2 个生长季后,基因型多样性和最大传播距离、斑块大小、每个斑块的幼苗数、地上生物量之间均有显著的正相关关系。此外,经过蒙特卡罗置换检验(Monte Carlo permutation test)发现,6 种基因型之间的基因型多样性有显著的非加和效应,但 3 种基因型的样地间的基因型多样性没有显著的非加和效应。研究说明,加和效应和非加和效应均能在基因型多样性和外来种入侵成功之间的正相关关系中发挥作用,而非加和效应随着入侵持续时间的增加而增强。互花米草在生长上的优势可能导致其在种间竞争上的优势,从而使互花米草能够在海三棱藨草群落中成功入侵。

沿着崇明东滩湿地潮间带高程的变化,互花米草对海三棱藨草的竞争影响又有不稳定性,一些米草属-藨草属(Spartina-Scirpus)样带的取样地点上的海三棱藨草的多度和盖度显著低于对照(藨草属样带),而在另一些取样地点之间则没有显著差异(Chen et al.,2004)。但随着第 3 年的生长阶段,互花米草克隆面积不断扩大,互花米草的多度和盖度继续增加,

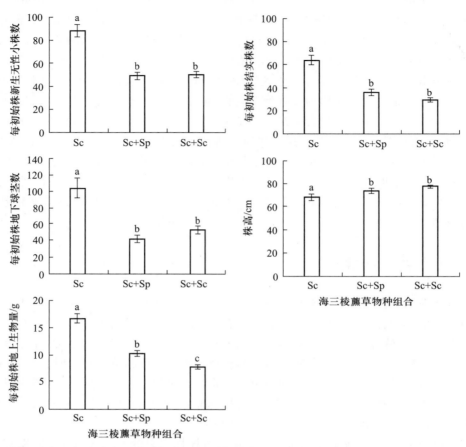

图 10-3   种间竞争和种内竞争对崇明东滩湿地海三棱藨草形态特征和地上生物量的影响($n=16$)。Sp:互花米草;Sc:海三棱藨草(陈中义等,2005a)

从而导致样带上海三棱藨草群落的多度、盖度、地上生物量、种子数和球茎数显著降低,这表明互花米草对海三棱藨草产生了稳定的显著的竞争。当土壤盐度在 $0 \sim 3.2‰$ 范围,互花米草能够正常生长和繁殖;而当土壤盐度达到 $16‰$ 时,海三棱藨草趋于死亡。因此,互花米草在崇明东滩湿地潮间带潜在分布高程的上、下限要大于海三棱藨草,随着潮间带高程的降低,互花米草的生长和繁殖减弱(陈中义等,2005b)。互花米草对不同土壤盐度和潮间带高程的良好适应性可能是其在长江口湿地成功入侵的原因之一。通过快速扩散和竞争排斥,互花米草将取代海三棱藨草,成为崇明东滩湿地的优势植被,从而改变该湿地植物群落的结构。

在互花米草带以及与海三棱藨草的混生带,土壤盐度显著高于海三棱藨草带,并且混生带的地下水埋深高于海三棱藨草带(He et al.,2011)。在中低潮滩,互花米草拓殖直接导致了互花米草带以及附近区土壤盐度的显著增加,高土壤盐度是造成海三棱藨草在近互花米草一侧难以建植的主要环境因子。首先互花米草较好的消浪作用显著增加沉积作用,而斑块内部因水动力较强,相对侵蚀,一定程度上减弱了斑块内上覆水与外界的交换;其次,蒸腾作用将较深土壤中的盐分运输到互花米草叶和茎部并被盐腺泌出体外;另外,在生长季,互花米草带土壤温度较其他带高,导致土壤水分加速蒸发,使得表层土壤盐度增加,抑制了相邻海三棱藨草向互花米草一侧的扩散和生长。而且,崇明东滩湿地潮汐作用较强,在中低潮滩淹水频繁,土壤氧化还原电位较低,较强的潮汐作用以及淹水强度是中低潮滩前沿带抑制互花米草和海三棱藨草向海一侧拓殖的重要环境因子。

环境因子的改变可改变芦苇与互花米草的竞争平衡,从而进一步影响互花米草与芦苇在滩涂上的分布(Wang et al.,2006)。高盐度、沙质土壤与高强度的淹水有利于互花米草发挥其相对于芦苇的竞争优势,而在低盐度和低强度的淹水条件下,芦苇具有竞争优势。环境因子常常是交互作用的,在高盐水平下,提高氮素水平对互花米草有利;而在低盐水平下,提高氮素水平则对芦苇有利。有利于互花米草对芦苇竞争优势的环境因子,是导致互花米草成功入侵芦苇群落的主要因素。该研究也表明,入侵种不一定在任何生境下都具有比土著种更强的竞争力,环境因子是改变入侵种与土著种竞争平衡的重要媒介。换言之,土著种与入侵种的竞争结果取决于生长环境。

但也有研究发现,芦苇与互花米草的种间关系既有竞争的一面,又有促进的一面(Yan et al.,2013)。竞争也有利于植物的繁殖,在两种植物共存的地区,互花米草与芦苇的萌发率均较大。在相对高、中潮位,芦苇与互花米草两者的种间关系为互利的。在相对低潮位,互花米草相对是有利的。随着潮位梯度的升高(由低潮位到高潮位),芦苇对互花米草的竞争力逐渐增强。在不同潮位,互花米草与芦苇对彼此均具有拥挤度效应,且在相对高、中潮位,芦苇对互花米草的拥挤度效应较高;在相对低潮位,互花米草对芦苇旳拥挤度效应较高。因此,芦苇与互花米草的种间关系大多数情况是互利的,而当芦苇与互花米草的种间关系为竞争时,互花米草总的竞争效应高于芦苇。

由于环境梯度明显,物种组成相对简单,因此盐沼是研究群落组织和结构的理想系统。在快速发育的河口湿地中,环境条件是演替进程的决定因子,相比于其他系统,对植物分带起着更为重要的作用。目前崇明东滩湿地的优势种是海三棱藨草、藨草、互花米草和芦苇,其分布区域存在差异,但也有一定程度的重叠(Wang et al.,2009;汪承焕等,2007)。盐度和淹水对东滩优势物种海三棱藨草、藨草、互花米草和芦苇的表现有显著影响。这两个环境因子间存在交互作用,高盐度高淹水处理下,植物的表现大幅降低。不同物种对盐度和淹水的耐受能力存在较大差异。藨草的耐盐能力最低,在高盐度下生长受到显著抑制,而有性繁殖受到的影响更大。它对淹水的适应范围较广,地下部分受淹水的影响较小。海三棱藨草的耐盐能力比藨草稍强,但对淹水的耐受能力相对较差。芦苇对盐度也较为敏感,但在低淹水处理下表现较好。互花米草的耐盐能力最强,且适度淹水对其地上部分的生长有促进作用。

芦苇的生长和繁殖随着盐度的增高而减弱,但入侵种互花米草在 0~20‰的盐度范围内能正常生长,这解释了互花米草为何能在崇明东滩高盐度滩涂内扩增(Tang et al.,2014)。在低盐度下,芦苇有较高的生长速率且比互花米草有更高的竞争优势,因此互花米草无法取代芦苇,芦苇群落能在低盐度地区保持稳定发展。与之相反,随着盐度增高,互花米草的生长速率更高,因此互花米草在高盐度下能占据竞争的优势地位。结果在高盐度地区的土著种群落里拓殖的互花米草生长良好且能在未来取代土著种。所以,自入侵种互花米草拓殖后,崇明东滩湿地的植被格局沿高程梯度缓慢地从"光滩-海三棱藨草-芦苇"转变为"光滩-互花米草"和"光滩-互花米草和芦苇"。但互花米草的生长受到淹水时间减少和立枯物的明显抑制。研究结果显示,因为生境改变造成了一些超出入侵种最优生长范围的生境类型,由入侵种导致的自然生境改变将在一段时间后限制入侵种。该研究突出了入侵效应对入侵种长期动态影响的重要性。

　　植物顶枯病通常能在各种生态系统中发生并造成重大影响。通过监测崇明东滩湿地芦苇-互花米草混生群落物种组成的动态变化并比较单优势种群落、顶枯病混生群落和健康混生群落的生长情况差异,Li 等(2013)探究了芦苇顶枯病对受外来种互花米草入侵的盐沼湿地的影响。结果发现,芦苇在顶枯病混生群落中的生长情况较差,而互花米草在实验阶段能较好地重新萌芽且存活率达到 100%。而且,Li 等(2014)在崇明东滩湿地芦苇顶枯病混生群落中分离到一株植物内生致病性镰刀菌(*Fusarium palustre*),该菌的分布与互花米草关系密切,即仅在东滩盐沼湿地有互花米草分布的区域中出现。经鉴定,该菌与分离自北美顶枯互花米草中的镰刀菌为同一种菌,表明内生致病性镰刀菌很可能随着外来植物互花米草的入侵而被携带到东滩盐沼湿地,并在土著植物群落中传播。在受控条件下,接种镰刀菌后,芦苇植株上出现顶枯病症状,生长受到影响,这表明镰刀菌可能是诱发芦苇顶枯病的因素之一。因此,顶枯病影响土著植物芦苇生长,降低了芦苇的相对优势度和竞争能力,间接提高了共存的外来入侵植物互花米草的相对优势度和竞争能力,改变了群落中优势植物的种间关系,从而促进了外来植物互花米草在顶枯病斑块中的入侵和扩张。

三、对本土生态系统的影响

　　陈中义等(2004)以米草属植物为例,综述了其对入侵地区自然环境、生物种群、群落和生态系统的影响(图 10-4)。主要包括:①竞争取代土著植物。在潮间带,入侵的互花米草竞争能力显著大于盐沼土著植物,这种非对称性竞争导致了土著植物种群分布面积的减少和种群数量明显降低。在我国长江口的崇明岛、启东、南汇和九段沙等地的潮间带,互花米草已经在土著植物海三棱藨草群落中定居和扩散。随着互花米草斑块的扩大,海三棱藨草的密度、盖度和地下球茎数量减少,直至消失,最后形成大片互花米草组成的单一物种群落。这些处于食物网底层的土著植物被互花米草替代后可能会对当地生态系统的物种多样性造成显著的影响。②与土著植物杂交。入侵种通过杂交和基因渗入把基因侵入到土著植物基因库中,造成土著植物基因型的丧失,甚至造成濒危植物的灭绝,或者产生比亲本具有更强入侵性的杂种,从而导致严重的生态和进化后果。③对无脊椎动物群落的影响。互花米草入侵潮间带不同的生境后对底栖无脊椎动物群落有不同的影响,可能造成底栖无脊椎动物群落多样性的增加或降低。④降低涉禽种群的数量。长江口潮间带是涉禽的重要栖息地和觅食地,湿地生态系统中的土著植物不仅为涉禽提供栖息地,而且其果实和地下茎等也是涉禽的食物来源;特别是开阔的光滩具有丰富的底栖动物和鱼类等,是涉禽主要的觅食场所。互花米草入侵后可能竞争取代土著植物,从而使涉禽栖息和觅食的生境丧失,导致涉禽种群数量明显减少。

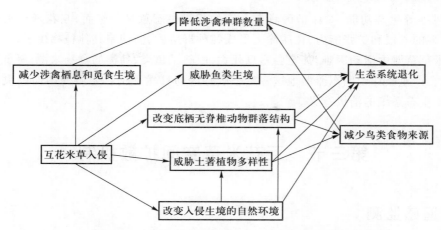

图 10-4　互花米草入侵的生态后果(陈中义等,2004)

目前互花米草主要分布在崇明东滩湿地的东部及北部,决定其入侵动态与分布的主要因素在于:①互花米草对沿海滩涂环境具有良好适应与耐受能力;②人为引种大大加快了互花米草的扩张速度;③崇明东滩湿地的水分盐度条件特征导致互花米草主要分布在崇明东滩湿地的东部与北部(王卿,2011)。根据互花米草的生理学特征和长江口地区的水文特点可以推断:互花米草在崇明东滩湿地东部和北部将继续扩张,但目前尚难入侵南部区域,而人类活动可能加剧互花米草入侵。

而崇明东滩湿地南部滩面高程和土壤盐度在空间上呈明显的梯度变化规律。高程整体西高东低、北高南低,盐度东北高、西南低,两者共同限制着盐沼植物在空间上的分布(丁文慧等,2015)。莎草科类群主要分布于低潮滩,禾本科类群主要集中分布在中、高潮滩。海三棱藨草和互花米草优势种群植被覆盖区表层 30 cm 的平均土壤盐度显著高于其他类群植物分布区的平均土壤盐度。崇明东滩湿地生态系统的关键种兼先锋种——海三棱藨草,分布高程介于中、低潮滩,而互花米草能适应海三棱藨草 80% 的高程区间,两者在高程上存在竞争关系。海三棱藨草和互花米草能较好地适应该空间内的盐度胁迫,两种植物在此交替出现。但是在高程和土壤盐度的综合作用下,互花米草的生长状况更好,因此该区的海三棱藨草很可能会被互花米草逐步取代。

秦卫华等(2004)考察了崇明东滩湿地的互花米草概况,分析了互花米草对自然保护区的影响,包括植物群落、动物种群以及整个生态系统的影响。①互花米草对保护区植物群落的影响。崇明东滩湿地植物群落处于快速演替过程中,首先由低潮位的光滩逐渐演变为以海三棱藨草为优势种、间有藨草和糙叶薹草的群落,中潮位和高潮位则演替为以芦苇或互花米草为主的群落,形成了芦苇和互花米草相互竞争的局面。②互花米草对保护区野生动物种群的影响。雁鸭类、小天鹅和白头鹤等多数鸟类均以海三棱藨草的球茎和小坚果以及芦苇的根状茎为食,并不采食互花米草。同时,互花米草生长密度极高,抑制了底栖动物的生长,必然也影响了以底栖动物为食的鸻鹬类和白鹭类等鸟类。③互花米草对保护区整个生态系统的影响。互花米草具有植株高大、生命力旺盛、繁殖能力强、适应性广以及抗逆性高等自然特性,在海滩高潮带下部至中潮带上部宽广的潮间带可以形成强固的草滩,防止与减少风暴潮对潮滩和堤岸的灾害,减轻波浪冲击力,促进潮流中泥沙的沉积,具有很强的保滩护岸功能。当然,互花米草还具抑制沙滩风沙等生态功能,对保护区具有一定的积极生态意义。然而,互花米草根系极其发达,具有极强的入侵和扩张能力,在滩涂上形成纯种群落后,会抑制其他植物生长,使贝类在密集的互花米草草滩中活动困难,甚至会窒息死亡,威胁了鱼类、鸟类的食物来源,降低滩涂的生物多样性,会严重破坏崇明东滩湿地这一生态敏感区的自然平衡。矛盾的两面性决定了互花米草对整个生态系统的消极意义。

第三节 互花米草空间扩散机制

一、遥感监测

遥感技术是大尺度生态研究的重要工具之一,而地面植物群落特征与其光谱特征之间的关系是解译遥感影像的关键。相关研究通过 ASD(Analytica Spectra Devices 公司)便携式地物光谱仪测定了崇明东滩湿地的芦苇、互花米草、海三棱藨草和糙叶薹草四类主要群落的冠层反射光谱特征,分析了春、夏、秋各季节可见光与近红外波段以及物候特征的"绿峰"和"红边"等波段的差异(高占国和张利权,2006a,2006b,2006c;Gao and Zhang,2006)。在各季节中,盐沼植被群落之间的光谱特征差异不同。同一群落类型在不同季节的光谱反射变化特征各异。崇明东滩湿地盐沼植被各类群落的遥感识别和分类的适宜季相不尽相同,应用多季相影像进行综合分类可取得较好的效果。该研究结果为遥感监测外来种互花米草的空间分布与动态提供了技术支撑,为高光谱遥感的影像判读和解译分类以及盐沼植被制图提供了科学依据。

结合历史资料数据、现场调查和不同时相的 Landsat TM 遥感数据,黄华梅等(2007)和 Li 等(2009)分析了上海崇明东滩鸟类国家级自然保护区自建立以来,盐沼植被的时空演替动态过程。结果显示,随着滩涂的淤涨,东滩盐沼植被的面积从 1998 年的 2478.32 hm^2 增加到 2005 年的 4687.74 hm^2,而互花米草自人为引入至 2005 年,其面积已增加到 1283.4 hm^2,其增加速率显著高于土著种芦苇和海三棱藨草,并且已在崇明东滩湿地相当区域内形成单优势种群落。受 1998 年和 2001 年两次高滩围垦和互花米草入侵影响,崇明东滩湿地的芦苇群落面积大大减少,虽然随着滩涂的淤涨,芦苇群落的面积逐年有所增加,但增加的速度缓慢。互花米草有着更广的生态幅和竞争优势,是滩涂中扩散最快的植被,而淤涨型滩涂为其提供了可扩张的空生态位,如不加以控制和治理,其大范围快速扩散将会对崇明东滩湿地生态系统造成更大的威胁。

通过 GIS 技术与实地调查相结合的方法,可以分析植被群落斑块的分布格局、沿潮位梯度的分布特征及其与部分环境参数的相关性(潘宇等,2012;He et al.,2014)。崇明东滩湿地互花米草种群斑块数量较少但面积和周长均较大,呈集中化分布特征。芦苇种群斑块数量较多但面积和周长均较小,呈现破碎化特征。芦苇种群的斑块密度和边缘密度均大于互花米草种群,但两者的聚集度指数及连通度指数均较高。沿潮位降低,芦苇种群数量减少,互花米草种群数量增多;中、低潮位以互花米草种群为主,中、高潮位以芦苇种群为主。该研究结果还揭示出,崇明东滩湿地植被格局已出现破碎化现象,互花米草种群规模逐年增大,与芦苇种群有明显的竞争,两者呈明显的镶嵌分布格局。中、低潮位的相对高程低而土壤盐度高,这种微生境有利于互花米草生长却能抑制芦苇生长,对两者的扩散和分布格局产生复杂的局部性影响。

二、扩散机制

崇明东滩湿地作为淤涨型河口湿地,长江来沙不断在此淤积促进了潮滩发育和盐沼植被的扩展。潮滩沉积动力条件与各种盐沼植被的生长繁殖特性的相互作用,形成了与其环境条件相适应的扩散格局,导致湿地盐沼植被扩散的时空格局处于动态变化过程中(Ge et al.,2015)。对崇明东滩湿地的互花米草无性扩散能力进行研究表明,互花米草具有十分强大的无性繁殖能力(张东等,2006),经过9个月的生长,单株互花米草可以扩展到86~222株,最大扩散距离达到每年226 cm,互花米草集群的扩散距离平均为每年107 cm,最大扩散距离可以达到263 cm。

互花米草在崇明东滩湿地的入侵前沿主要包括互花米草-光滩前沿和互花米草-海三棱藨草-光滩前沿(Xiao et al.,2010;肖德荣和田昆,2012)。互花米草主要通过种子和实生苗扩散与定居,以及从连续植物群落边缘通过分蘖和根状茎生长向前沿扩散。每年春季,互花米草实生苗随着潮水作用向前沿传播并定居,而连续群落边缘通过无性繁殖向前沿的扩散主要集中在5—8月,但两种扩散方式在不同前沿的作用不同。在互花米草-光滩前沿,互花米草主要通过实生苗的传播在前沿光滩定居,其定居密度随着连续植物群落边缘向海距离的增加而逐渐降低。实生苗在光滩上定居后,其存活率较高(80.6%~86.7%),并通过快速分蘖和根状茎生长形成斑块。经过一个生长季,在实生苗定居密度较高的区域,其分蘖和根状茎生长所形成的斑块不断连接而逐渐形成连续植物群落。在互花米草-海三棱藨草-光滩前沿,由于土著种海三棱藨草的竞争作用,互花米草实生苗在海三棱藨草群落中定居的密度较低,其定居主要集中在海三棱藨草边缘的光滩,并随着向海距离的增加而降低,实生苗定居密度和扩散距离较互花米草-光滩前沿低,定居后的实生苗存活率在80.0%~84.0%。经过一个生长季,互花米草实生苗在互花米草-海三棱藨草-光滩前沿扩散所形成的斑块不能连接形成连续植物群落,互花米草-海三棱藨草-光滩前沿扩散距离显著低于互花米草-光滩前沿(图10-5)。目前,互花米草-光滩前沿是崇明东滩湿地互花米草快速扩散的主要区域,整体呈现为连续锋面状的扩散模式,种子和实生苗的传播与定居是互花米草在前沿实现种群快速入侵的基础。

冲淤动态和水文动力条件是影响植被和前沿实生苗扩散、定居以及形成扩散格局的重要因子,尤其是在4—6月盐沼植物实生苗传播和定居的关键阶段(Ge et al.,2013;曹浩冰等,2014)。在崇明东滩湿地,互花米草-海三棱藨草-光滩前沿的水动力强度要高于互花米草-光滩前沿,尤其是在夏季,这主要是由水流速度的差异所导致(Zhu et al.,2012)。互花米草-光滩前沿表现出秋、冬季冲刷而春、夏季快速淤积的冲淤动态,互花米草-海三棱藨草-光滩前沿则呈现出秋、冬季稳定而春、夏季快速淤积的冲淤动态。同时,互花米草-光滩前沿和互花米草-海三棱藨草-光滩前沿的春夏淤涨动态也存在差异。5月是互花米草实生苗定居的关键时

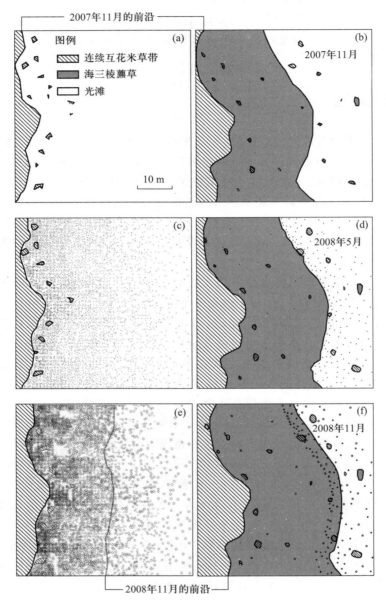

图 10-5　崇明东滩湿地互花米草-光滩前沿(a,c,e)和互花米草-海三棱藨草-光滩前沿(b,d,f)形成过程(据 Xiao *et al*.,2010 修改)

期,互花米草-光滩前沿的互花米草实生苗定居密度显著高于互花米草-海三棱藨草-光滩前沿(图 10-6),在此期间互花米草-光滩前沿和互花米草-海三棱藨草-光滩前沿水动力条件和淤涨动态的差异可能是导致其互花米草实生苗定居密度差异的主要因素。互花米草定植行为和扩散速率以及与水动力和冲淤动态的相互作用是互花米草在入侵前沿形成互花米草-光滩前沿和互花米草-海三棱藨草-光滩扩散格局的重要因素(Schwarz *et al*.,2011)。

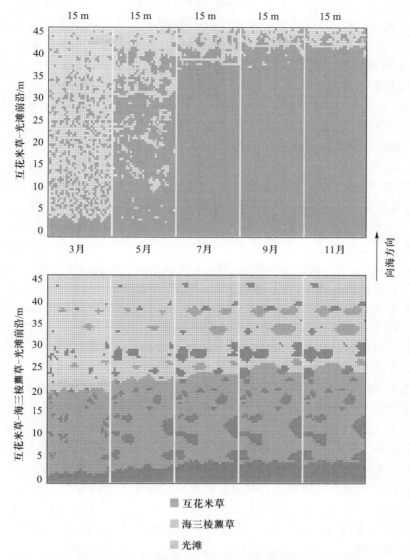

图 10-6 生长季互花米草-光滩前沿和互花米草-海三棱藨草-光滩前沿形成过程(据 Zhu *et al.*,2012 修改)

外来种互花米草有性繁殖所产生的大量种子也是实现其种群快速入侵的重要途径之一。互花米草的土壤种子密度与种子产量显著相关,但与群落地上生物量关系不大。相比之下,海三棱藨草土壤种子密度并非由种子产量直接决定,但与整个植物群落的总地上生物量呈正相关关系(Wang *et al.*,2010)。Xiao 等(2009)的研究发现,互花米草种子产量与活性随分布潮间带的不同而异,其中,中潮带分布的互花米草种子产量和活性(59.70%)最高,高潮带种子产量与低潮带无显著差异,但高潮带种子活性(51.3%)显著高于低潮带(28.0%)。互花米草种子成熟后在冬季低温环境条件下不萌发,但低温春化能显著提高互花米草种子萌发速度和萌发率。高潮带互花米草种子在水体中平均漂浮时间(14 天)与中潮带种子平均漂浮时间(12 天)无显著差异,两者均显著高于低潮带(6 天)。互花米草种子 2 月开始萌发,约 80% 的萌发集中在 3 月和 4 月,至 6 月种子在土壤库中的萌发结束。种子在土壤中的萌发率与其自身活性及埋藏深度有关,而与埋藏的潮间带无关,高活性、浅埋藏的互花米草种子在土壤种子库中的萌发率最高,而低活性、深埋藏的互花米草种子在土壤种子库中的萌发率最低。互花米草种子在土壤种子库中的存活率也与种子自身活性和埋藏深度有关,高活性、深埋藏种子在土壤库中存活率相对较高、存活时间较长,而低活性、浅埋藏种子存活率低、存活时间较短。种子在土壤种子库中的存活率和存活时间与埋藏的潮间带无关,相同潮间带种子在不同潮间带埋藏的存活率无显著差异。互花米草种子在土壤种子库中的存活时间不超过 9 个月。互花米草在不同潮间带所形成的土壤种子库大小与存活时间不同,中潮带互花米草土壤种子库规模最大、种子活性最高、存活时间最长,其次是高潮带,低潮带互花米草土壤种子库规模最小、种子活性最低、存活时间最短,三个潮间带互花米草土壤种子库持续时间均不超过 9 个月,为短期土壤种子库类型。

沿崇明东滩湿地高程梯度,互花米草在中潮间带种子产量最高,为 44523 粒·m^{-2},高潮间带次之,为 31150 粒·m^{-2},低潮间带最低,为 17250 粒·m^{-2}(祝振昌等,2011)。各潮间带的种子在 10~30℃ 范围内均能萌发,而且随着温度的升高,萌发率和萌发速度总体呈现先增大后减小的趋势。互花米草种子在 25℃ 恒温与 20℃/30℃ 变温处理下的萌发率最高、萌发速度最快,而且互花米草种子在变温环境下的萌发率高于恒温处理。研究表明,崇明东滩湿地中潮间带互花米草的种子产量和活性最高,是提供有性扩散种源的主要区域,适合种子萌发温度的 4—5 月是互花米草进行有性扩散的主要季节。

外来种互花米草通过快速的无性和有性繁殖,已在崇明东滩湿地形成了大面积的单优势种群。在系统研究了互花米草入侵后崇明东滩盐沼植被的时空格局动态,以及潮滩物理因子作用特征的基础上,Ge 等(2015)构建了盐沼湿地植被群落格局演变模型(Salt Marsh Model for the Yangtze Estuary,SMM-YE),并使用模型解读了 2000—2011 年长江口典型湿地——崇明东滩湿地盐沼植被群落动态及演变过程。反演结果与遥感数据的相似度较高,尤其是对外来种互花米草入侵以后的盐沼植被群落的响应有较好的模拟效果(图 10-7)。研究发现,湿地盐沼植被群落的时空格局受到植物生命周期过程(种子库形成、种子萌发、次生苗扩散及定居、营养体和繁殖体生长等)以及影响植被群落建群的非生物因子(潮水动力、泥沙沉积、水淹胁迫等)相互作用机制的控制。进而预估了未来 5 年的变化趋势与限制因素。本项研究对这些过程和作用的探讨有利于深入探讨盐沼植被分布和扩散格局形成机制。这不仅有助于理解整个长江河口地区盐沼植被的生物-物理过程,还将对全球气候变化和海平面上升条件下滨海湿地动态预测以及相应的湿地生物地球化学过程的研究有所帮助。

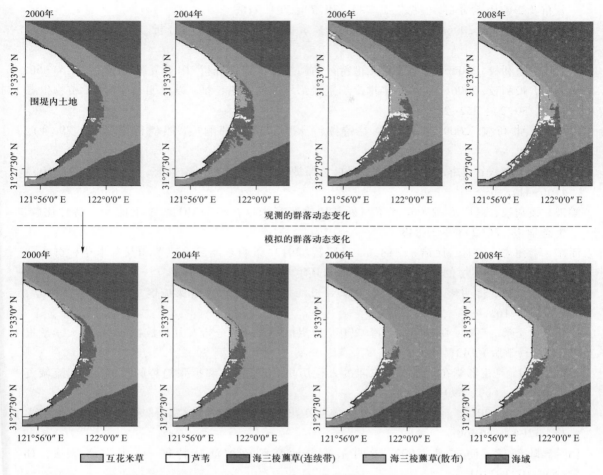

图 10-7 模型模拟与观测的崇明东滩湿地互花米草入侵和植被格局变化的对比(Ge *et al.*,2013)

参 考 文 献

曹浩冰,葛振鸣,祝振昌,张利权. 2014. 崇明东滩盐沼植被扩散格局及其形成机制. 生态学报,34(14):3944-3952.

陈中义,李博,陈家宽. 2004. 米草属植物入侵的生态后果及管理对策. 生物多样性,12(2):280-289.

陈中义,李博,陈家宽. 2005a. 互花米草与海三棱藨草的生长特征和相对竞争能力. 生物多样性,13(2):130-136.

陈中义,李博,陈家宽. 2005b. 长江口崇明东滩土壤盐度和潮间带高程对外来种互花米草生长的影响. 长江大学学报,2(2):6-9.

丁文慧,姜俊彦,李秀珍,黄星,李希之,周云轩,汤臣栋. 2015. 崇明东滩南部盐沼植被空间分布及影响因素分析. 植物生态学报, 39(7): 704-716.

高占国, 张利权. 2006a. 上海盐沼植被的多季相地面光谱测量与分析. 生态学报, 26(3): 793-800.

高占国, 张利权. 2006b. 盐沼植被光谱特征的间接排序识别分析. 国土资源遥感, (2):51-56.

高占国, 张利权. 2006c. 应用间接排序识别盐沼植被的光谱特征: 以崇明东滩为例. 植物生态学报, 30(2): 252-260.

古志钦, 张利权. 2009. 互花米草对持续淹水胁迫的生理响应. 环境科学学报, 29(4): 876-881.

黄华梅, 张利权, 袁琳. 2007. 崇明东滩自然保护区盐沼植被的时空动态. 生态学报, 27(10): 4166-4172.

梁霞, 张利权, 赵广琦. 2006. 芦苇与外来植物互花米草在不同 CO_2 浓度下的光合特性比较. 生态学报, 26(2): 842-848.

潘宇, 李德志, 袁月, 徐洁, 高锦瑾, 吕媛媛. 2012. 崇明东滩湿地芦苇和互花米草种群的分布格局及其与生境的相关性. 植物资源与环境学报, 21(4): 1-9.

秦卫华, 王智, 蒋明康. 2004. 互花米草对长江口两个湿地自然保护区的入侵. 杂草科学, (4): 15-16.

汪承焕, 王卿, 赵斌, 陈家宽, 李博. 2007. 盐沼植物群落的分带及其形成机制. 南京大学学报(自然科学版), 43: 15-25.

王卿. 2011. 互花米草在上海崇明东滩的入侵历史、分布现状和扩张趋势的预测. 长江流域资源与环境, (6): 690-696.

肖德荣, 田昆. 2012. 上海崇明东滩外来物种互花米草实生苗扩散格局研究. 西南林业大学学报, 32(4): 56-60.

闫芊, 陆健健, 何文珊. 2007. 崇明东滩湿地高等植被演替特征. 应用生态学报, 18(5): 1097-1101.

张东, 杨明明, 李俊祥, 陈小勇. 2006. 崇明东滩互花米草的无性扩散能力. 华东师范大学学报(自然科学版), (2): 130-135.

赵广琦, 张利权, 梁霞. 2005. 芦苇与入侵植物互花米草的光合特性比较. 生态学报, 25(7): 1604-1611.

祝振昌, 张利权, 肖德荣. 2011. 上海崇明东滩互花米草种子产量及其萌发对温度的响应. 生态学报, 31(6): 1574-1581.

Chen Z Y, Li B, Zhong Y, Chen J K. 2004. Local competitive effects of introduced *Spartina alterniflora* on *Scirpus mariqueter* at Dongtan of Chongming Island, the Yangtze River Estuary and their potential ecological consequences. *Hydrobiologia*, 528(1): 99-106.

Gao Z G, Zhang L Q. 2006. Multi-seasonal spectral characteristics analysis of coastal salt marsh vegetation in Shanghai, China. *Estuarine Coastal and Shelf Science*, 69(1-2): 217-224.

Ge Z M, Cao H B, Zhang L Q. 2013. A process-based grid model for the simulation of rang expansion of *Spartina alterniflora* on the coastal saltmarshes in the Yangtze Estuary. *Ecological Engineering*, 58: 105-112.

He M M, Zhao B, Ouyang Z T, Yan Y E, Li B. 2014. Linear spectral mixture analysis of Landsat TM data for monitoring invasive exotic plants in estuarine wetlands. *International Journal of Remote Sensing*, 31(16): 4319–4333.

He Y L, Li X Z, Craft C, Ma Z G, Sun Y G. 2011. Relationships between vegetation zonation and environmental factors in newly formed tidal marshes of the Yangtze River Estuary. *Wetlands Ecology and Management*, 19(4): 341–349.

Li B, Liao C Z, Zhang X D, Chen H L, Wang Q, Chen Z Y, Gan X J, Zhao B, Ma Z J, Cheng X L, Jiang L F, Chen J K. 2009. *Spartina alterniflora* invasions in the Yangtze River Estuary, China: An overview of current status and ecosystem effects. *Ecological Engineering*, 35(4): 511–520.

Li H, Shao J J, Qiu S Y, Li B. 2013. Native *Phragmites* dieback reduced its dominance in the salt marshes invaded by exotic *Spartina* in the Yangtze River Estuary, China. *Ecological Engineering*, 57: 236–241.

Li H, Zhang X M, Zheng R S, Li X, Elmer W H, Wolfe L M, Li B. 2014. Indirect effects of non-native *Spartina alterniflora* and its fungal pathogen (*Fusarium palustre*) on native saltmarsh plants in China. *Journal of Ecology*, 102(5): 1112–1119.

Schwarz C, Ysebaert T, Zhu Z C, Zhang L Q, Bouma T J, Herman P M J. 2011. Abiotics governing the establishment and expansion of two contrasting salt marsh species in the Yangtze Estuary, China. *Wetlands*, 31: 1011–1021.

Tang L, Gao Y, Li B, Wang Q, Wang C H, Zhao B. 2014. *Spartina alterniflora* with high tolerance to salt stress changes vegetation pattern by outcompeting native species. *Ecosphere*, 5(9): 1–18.

Tang L, Gao Y, Wang C H, Zhao B, Li B. 2012. A plant invader declines through its modification to habitats: A case study of a 16-year chronosequence of *Spartina alterniflora* invasion in a salt marsh. *Ecological Engineering*, 49(6): 565–574.

Wang C H, Lu M, Yang B, Yang Q, Zhang X D, Hara T, Li B. 2010. Effects of environmental gradients on the performances of four dominant plants in a Chinese saltmarsh. *Ecological Research*, 25(2): 347–358.

Wang C H, Tang L, Fei S F, Wang J Q, Gao Y, Wang Q, Chen J K, Li B. 2009. Determinants of seed bank dynamics of two dominant helophytes in a tidal salt marsh. *Ecological Engineering*, 35(5): 800–809.

Wang Q, Wang C H, Zhao B, Ma Z J, Luo Y Q, Chen J K, Li B. 2006. Effects of growing conditions on the growth of and interactions between salt marsh plants: Implications for invasibility of habitats. *Biological Invasions*, 8(7): 1547–1560.

Wang X Y, Shen D W, Jiao J, Xu N N, Yu S, Zhou X F, Shi M M. 2012. Genotypic diversity enhances invasive ability of *Spartina alterniflora*. *Molecular Ecology*, 21(10): 2542–2551.

Xiao D R, Zhang L Q, Zhu Z C. 2009. A study on seed characteristics and seed bank of *Spartina alterniflora* at saltmarshes in the Yangtze Estuary, China. *Estuarine Coastal and Shelf Science*, 83(1): 105–110.

Xiao D R, Zhang L Q, Zhu Z C. 2010. The range expansion patterns of *Spartina alterniflora* on salt marshes in the Yangtze Estuary, China. *Estuarine Coastal and Shelf Science*, 88(1): 99-104.

Yuan Y, Wang K Y, Li D Z, Pan Y, Lv Y Y, Zhao M X, Gao J J. 2013. Interspecific interactions between *Phragmites australis* and *Spartina alterniflora* along a tidal gradient in the Dongtan Wetland, Eastern China. *Plos One*, 8(1): 1-12.

Zhao B, Yan Y, Guo H Q, He M M, Gu Y J, Li B. 2009. Monitoring rapid vegetation succession in estuarine wetland using time series MODIS-based indicators: An application in the Yangtze River Delta area. *Ecological Indicators*, 9(2): 346-356.

Zhu Z C, Zhang L Q, Wang N, Schwarz C, Ysebaert T. 2012. Interactions between the range expansion of saltmarsh vegetation and hydrodynamic regimes in the Yangtze Estuary, China. *Estuarine Coastal and Shelf Science*, 96(1): 273-279.

第十一章

互花米草对鸟类的影响

第一节 互花米草对迁徙鸟类的影响

一、对迁徙季鸟类的影响

互花米草在崇明东滩湿地生长密度极高,抑制了某些底栖动物的生长,这也间接影响了以底栖动物为食的鸻鹬类和鹭科鸟类对生境的利用。而且,雁鸭类、小天鹅和白头鹤等多数鸟类均以海三棱藨草的球茎和小坚果以及芦苇的根状茎为食,并不采食互花米草。因此,互花米草入侵在很大程度上会对栖息于崇明东滩湿地的鸟类产生显著影响。

通过在盐沼内外来植物互花米草群落、互花米草-芦苇混合群落、土著植物芦苇群落、藨草-海三棱藨草群落及盐沼光滩等 5 种生境中进行鸟类调查发现,超过 90% 的鸟类都是在由土著植物组成的栖息地类型中记录到的(Gan *et al.*,2009),鸻鹬类和鹭类等迁徙鸟类在盐沼光滩和藨草-海三棱藨草群落中最多。互花米草群落中鸟类的物种数和密度都显著低于其他4 种栖息地(图 11-1)。崇明东滩湿地是东亚-澳大拉西亚鸟类迁徙路线上重要的停歇地,互花米草的扩散导致鸟类栖息地的质量下降,对鸟类完整的生活史过程将产生深远的影响。

二、对越冬鸟类的影响

Gan 等(2010)在冬季通过雾网捕捉法对崇明东滩湿地互花米草群落和芦苇群落中的鸟类群落特征进行了比较,并进一步分析了两种植物群落中鸟类捕获率与栖息地特征(植被结构、高度和密度)及食物资源(种子数量与节肢动物密度)之间的关系。结果表明,互花米草群落的植被密度是芦苇群落的两倍,但是高度仅是芦苇群落的 2/3,并且互花米草群落中鸟类的食物资源较少,不仅缺乏植物种子,而且节肢动物密度也显著低于芦苇群落。在两年间捕捉的 17 种 592 只鸟中,在互花米草群落中捕获到 13 种 57 只,芦苇群落中捕获到

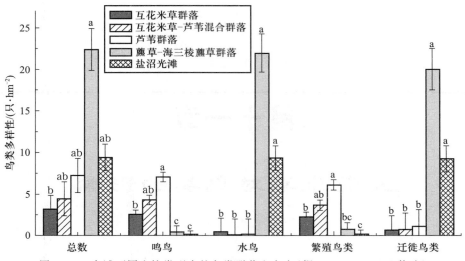

图 11-1　东滩不同生境类型中的鸟类群落和密度(据 Gan et al.,2009 修改)

12 种 535 只。互花米草群落中的鸟类平均物种数和捕获率均显著低于芦苇群落。另外,重捕的鸟全部是在芦苇群落中捕到的。互花米草群落中鸟的捕获率与植被高度和食物资源密度呈正相关关系。不论是互花米草群落还是芦苇群落中捕捉到的鸟,它们粪便中的食物结构都与芦苇群落中的食物资源结构更为相似。综上所述,互花米草入侵排挤土著植物不仅造成鸟类的栖息地丧失或质量下降,而且还可以通过影响入侵地生态系统的食物链结构,使得土著鸟类的食物资源减少或改变食物资源类型。因此,互花米草的入侵对当地的越冬鸟类群落具有不利影响。

第二节　互花米草对当地留鸟的影响

一、对繁殖鸟类的影响

相关研究调查了崇明东滩湿地互花米草群落中的繁殖鸟类状况,特别是在盐沼植被带内筑巢的鸟类(Ma et al.,2011),发现其种类和数量均显著低于纯芦苇群落及两种植物的混生群落,而且纯芦苇群落与三种混合群落中的鸟类群落相似程度比混合群落与纯互花米草群落之间高(图 11-2)。尽管纯互花米草群落和纯芦苇群落都是结构简单的单优势群落,但是因为两种栖息地的食物资源和微生境结构的不同,导致了鸟类物种及数量的差异。纯互花米草群落中盐沼筑巢的鸟类的数量较低,可能是因为其无法为大部分鸟类提供丰富的食物资源和合适且安全的巢址。调查中记录到的 7 种常见繁殖鸟类均不偏好纯互花米草群落,而且体型较大的鸟,如震旦鸦雀和东方大苇莺,偏好纯芦苇群落。但是体型较小的鸟,如斑背大尾莺、棕扇尾莺和棕头鸦雀,不偏好纯芦苇群落,它们在纯互花米草群落与混合群落中的密度都比纯芦苇群落中高。

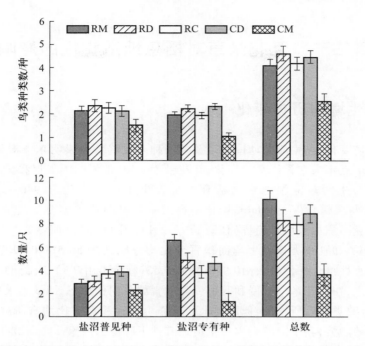

图 11-2　崇明东滩湿地不同生境中调查到的鸟类种类和数量。总数 = 盐沼专有种（saltmarsh specialists）+ 盐沼普见种（saltmarsh generalists）（据 Ma *et al*.，2011 修改）。RM：纯芦苇群落，RD：芦苇为主的混合群落，RC：芦苇-互花米草均衡的混合群落，CD：互花米草为主的混合群落，CM：纯互花米草群落

　　雀鸟等当地繁殖鸟类的数量在芦苇群落中最多，尽管有些繁殖鸟类选择互花米草群落为栖息地，其至种类和数量较之藨草-海三棱藨草群落和盐沼光滩多，但是它们在互花米草群落中的密度都低于芦苇群落（Gan *et al*.，2009）。体型较小的鸟选择混合群落及互花米草群落的原因可能是：①互花米草群落中的浓密植株不仅会阻碍鸟类的活动，还无法为大部分鸟类提供充足的食物资源；②体型小的鸟类在种间竞争的压力下选择次优栖息地；③栖息地广适性的鸟类被栖息地专性的鸟类所排斥。

二、对震旦鸦雀的影响

　　震旦鸦雀是一种分布在东亚地区且高度依赖芦苇生境的雀形目珍稀鸟类，是我国特有鸟种。震旦鸦雀主要在芦苇带区域栖息、营巢和繁殖，在未收割芦苇区域的震旦鸦雀密度更高。震旦鸦雀种群的分布和芦苇的高度和密度呈极显著正相关，和食物资源量呈显著正相关。然而，崇明东滩湿地原生的芦苇地正受到外来种互花米草的入侵和竞争。Boulord 等（2011）的研究发现，震旦鸦雀不会选择在互花米草占主导的区域筑巢且会避免使用它们。互花米草和震旦鸦雀种群的密度和分布呈显著负相关，互花米草入侵和芦苇收割降低了震旦鸦雀越冬期的栖息地质量（董斌等，2010）。震旦鸦雀可能更倾向于在有低互花米草密度、高大芦苇茎以及干燥茎干和绿色茎干密度近乎相等的生境筑巢。

第三节　互花米草对栖息地适宜性的影响

一、适宜生境的历史变化

　　监测水鸟生境变化、原生滩涂动植物以及外来种入侵趋势是崇明东滩湿地生态系统动态管理的核心问题。近年来在长江水沙变化、互花米草入侵、促淤圈围工程和深水航道建设等因素的共同作用下,崇明东滩湿地水鸟适宜生境发生了巨大变化。1980—2010 年,鸻鹬类(Charadriiformes)与雁鸭类(Anseriformes)这两类崇明东滩湿地的主要鸟类的不适宜生境、边缘生境和次级生境面积均呈增长趋势(任磷婧等,2014;图 11-3)。而核心生境面积却呈不同的变化趋势,鸻鹬类和雁鸭类核心生境面积百分比均分别减少 56.6% 和 19.4%。1980—2010 年鸻鹬类生境适宜性综合评价指数由0.92下降到 0.53,雁鸭类由 0.89 下降到 0.70,鸻鹬类降幅大于雁鸭类。总之,在互花米草入侵和其他人为因素的共同作用下,鸻鹬类水鸟核心生境面积有所减少,相反雁鸭类却有所增加,但两类水鸟核心生境面积百分比均有所减少,不适宜生境均呈现不断增加的趋势,其中鸻鹬类水鸟生境适宜性下降更为严重。该研究还发现,鸻鹬类对人类干扰更加敏感,中等强度的人类干扰在一定程度上扩大了雁鸭类的适宜生境面积。在 20 世纪 90 年代后期,鸻鹬类可能经历了异常的种群波动,雁鸭类和鹭类(特别是珍稀濒危物种)的种群生存能力因偏爱生境的极端不稳定而受到威胁。

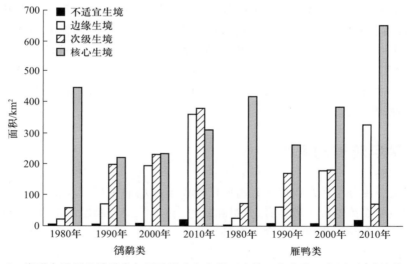

图 11-3　崇明东滩湿地鸻鹬类与雁鸭类水鸟各类型生境面积变化比较图(任磷婧等,2014)

二、水鸟生境的空间分析

　　利用 1990—2008 年 Landsat TM 遥感影像和其他数据,基于空间分带方法,Fan 和 Zhang

（2012）研究了崇明东滩湿地不同水鸟生境面积的时空格局动态。并根据人类干扰强度构建了水鸟生境状况评价模型，建立了生境和种群波动强度指数，对崇明东滩湿地水鸟生境数量和种群大小的变化强度进行了分析。相关研究还分析了崇明东滩湿地主要水鸟（雁鸭类、鸻鹬类、鹭类和鸥类）适宜生境的时空变化（Tian *et al.*,2008；范学忠等,2011）。研究结果表明，目前崇明东滩湿地约40%的区域适合作为这四种鸟类的栖息地，海三棱藨草区域、光滩区域和潮沟是最为适宜的鸟类栖息地，而互花米草入侵区域为鸟类栖息不适宜区（图11-4）。

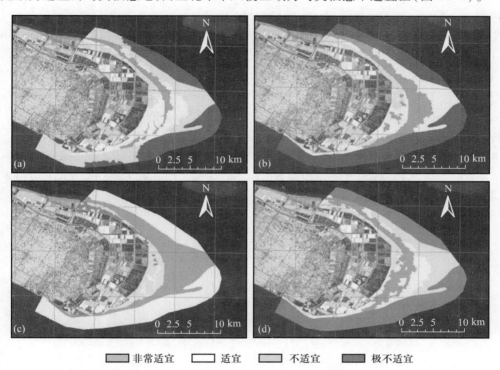

图11-4　崇明东滩湿地候鸟生境适宜性评价结果。（a）麻鸭类；（b）鸻鹬类；（c）鹭类；（d）鸥类（据 Tian *et al.*,2008 修改）

参 考 文 献

董斌，吴迪，宋国贤，谢一民，裴恩乐，王天厚. 2010. 上海崇明东滩震旦鸦雀冬季种群栖息地的生境选择. 生态学报，30(16)：4351-4358.

范学忠，张利权，袁琳，邹维娜. 2011. 基于空间分带的崇明东滩水鸟适宜生境的时空动态分析. 生态学报，31(13)：3820-3829.

任璘婧，李秀珍，李希之，闫中正，孙永光. 2014. 长江口滩涂湿地景观变化对典型水鸟生境适宜性的影响. 长江流域资源与环境，23(10)：1367-1374.

Boulord A，Wang T H，Wang X M，Song G X. 2011. Impact of reed harvesting and smooth cordgrass *Spartina alterniflora* invasion on nesting reed parrotbill *Paradoxornis heudei*. Bird

Conservation International, 21(21): 25-35.

Fan X Z, Zhang L Q. 2012. Spatiotemporal dynamics of ecological variation of waterbird habitats in Dongtan area of Chongming Island. *Chinese Journal of Oceanology and Limnology*, 30(3): 485-496.

Gan X J, Cai Y T, Choi C Y, Ma Z J, Chen J K. 2009. Potential impacts of invasive *Spartina alterniflora* on spring bird communities at Chongming Dongtan, a Chinese wetland of international importance. *Estuarine Coastal and Shelf Science*, 83(2): 211-218.

Gan X J, Choi C Y, Wang Y, Ma Z J, Chen J K, Li B. 2010. Alteration of habitat structure and food resources by invasive smooth cordgrass affects habitat use by wintering saltmarsh birds at Chongming Dongtan, East China. *Auk*, 127(2): 317-327.

Ma Z J, Gan X J, Cai Y T, Chen J K, Li B. 2011. Effects of exotic *Spartina alterniflora* on the habitat patch associations of breeding saltmarsh birds at Chongming Dongtan in the Yangtze River Estuary, China. *Biological Invasions*, 13(7): 1673-1686.

Tian B, Zhou Y X, Zhang L Q, Yuan L. 2008. Analyzing the habitat suitability for migratory birds at the Chongming Dongtan Nature Reserve in Shanghai, China. *Estuarine Coastal and Shelf Science*, 80(2): 296-302.

第十二章

互花米草对底栖生物的影响

第一节 对底栖无脊椎动物的影响

一、对底栖无脊椎动物群落结构的影响

互花米草被引入到世界上许多河口湾和海湾的潮间带,已经对部分被引入地区造成了严重的后果。河口湿地的底栖生物是湿地生态系统中调控营养循环的关键类群,而互花米草入侵河口湿地会对底栖生物群落结构和生物多样性产生深远的影响。陈中义等(2005)比较了崇明东滩湿地大型底栖无脊椎动物(不包含蟹类)的密度、多样性和群落结构在互花米草和海三棱藨草两种植物群落的变化差异。大型底栖无脊椎动物的密度在互花米草群落和海三棱藨草群落中分别为 3119 个·m^{-2} 和 3459 个·m^{-2},两者之间没有显著差异,但一些常见种的密度在两种植物群落中存在显著差异(表 12-1)。从物种的相对多度看,两种植物群落中,大型底栖无脊椎动物的优势种都是堇拟沼螺和丝异须虫。互花米草群落中,大型底栖无脊椎动物的物种丰富度、香农-维纳指数、均匀度都显著低于海三棱藨草群落,而优势度则相反。互花米草群落中,食碎屑者的数量百分比显著大于海三棱藨草群落,食悬浮物者和食植者的数量百分比显著小于海三棱藨草群落。这表明互花米草入侵崇明东滩湿地海三棱藨草群落,竞争取代土著植物后,显著降低了大型底栖无脊椎动物的物种多样性,同时显著改变了营养类群的结构。互花米草入侵所引起的植物群落高度、密度、盖度、生物量的变化可能是造成大型底栖无脊椎动物群落结构改变的主要原因。

表 12-1　崇明东滩湿地互花米草和海三棱藨草群落中大型底栖无脊椎动物的
平均密度(样本数 $n=80$)(陈中义等,2005)

分类群	互花米草		海三棱藨草		t-检验
	平均值	标准误差	平均值	标准误差	
一、纽形动物门(Nemertea)	1.6	1.6	6.4	3.1	
1. 线纽虫(Cerebratnlns contmnnis)	1.6	1.6	6.4	3.1	
二、多毛纲(Polychaeta)	550.9	72.8	725.5	97.8	
2. 日本刺沙蚕(Neanthes iaponica)	0	0	3.2	3.2	
3. 疣吻沙蚕(Tylorrhynchus heterochaetus)	33.3	9.2	47.6	9.9	
4. 多鳃齿吻沙蚕(Nephtys polybranchia)	42.9	13.2	52.4	11.2	
5. 索沙蚕(Lumbricomereis sp.)	4.8	2.7	7.9	3.5	
6. 小头虫(Capitella capitata)	1.6	1.6	11.1	6.9	
7. 厚鳃蚕(Dasybranchus caducus)	11.1	6.5	0	0	
8. 丝异须虫(Heteromastus filiforms)	450.9	67.4	595.3	89.2	
9. 背蚓虫(Notomastus latericeus)	6.4	3.8	7.9	3.5	
三、寡毛纲(Oligochaeta)	52.4	12.7	39.7	18.8	
10. 霍普水丝蚓(Limnodrilus hoffmeisteri)	52.4	12.7	39.7	18.8	
四、腹足纲(Gastropoda)	2405.1	236.2	2471.7	285.4	
11. 长角涵螺(Alocinma longicornis)	25.4	9.4	169.9	113.7	
12. 堇拟沼螺(Assiminea violacea)	2086.0	225.2	1351.0	180.6	*
13. 绯拟沼螺(Assiminea latericea)	22.2	7.8	7.9	3.5	
14. 琵琶拟沼螺(Assiminea lutea)	108.0	35.7	249.2	57.1	**
15. 光滑狭口螺(Stenothyra glabra)	54.0	15.6	331.8	83.4	***
16. 中华拟蟹守螺(Cerithidea sinensis)	81.0	20.6	211.1	41.0	**
17. 泥螺(Bullacta exarata)	4.8	4.8	4.8	3.5	
18. 麂眼螺(Rissoina sp.)	23.8	9.1	146.1	60.0	
五、瓣鳃纲(Lamellibranchia)	50.8	11.8	176.2	45.6	*
19. 中国绿螂(Cadulus anguidens)	49.2	11.7	163.5	45.3	*
20. 缢蛏(Sinonovacula constricta)	1.6	1.6	3.2	2.2	
21. 焦河篮蛤(Potamocorbula ustulata)	0	0	9.5	3.8	
六、甲壳纲(Crustacea)	28.6	11.7	9.5	4.9	
22. 光背节鞭水虱(Synidotea laevidorsalis)	3.2	3.2	1.6	1.6	
23. 中华蜾蠃蜚(Corophium sinensis)	25.4	11.4	7.9	4.7	
七、昆虫纲(Insecta)	30.2	8.2	30.2	7.6	
24. 摇蚊幼虫(Chironomidae larva)	23.8	7.51	9.1	5.6	
25. 其他昆虫	6.4	3.1	11.1	4.6	
平均密度/(个·m⁻²)	3119.4	246.0	3459.2	311.4	

注:差异性: * $p<0.05$; ** $p<0.01$; *** $p<0.001$。

　　相关研究表明,崇明东滩湿地互花米草群落中心区域的底栖动物群落各项结构指标平均值都比边缘区域要低,包括物种数、密度、生物量及多样性,说明互花米草密集的地上部分枝干及发达的地下根系严重抑制底栖动物的栖息和生长(徐晓军等,2006)。随土层垂直变化,各项指标平均值基本上都呈现上层>中层>下层的规律。互花米草中心区域底栖动物的种类变化趋势表现为夏=秋>春>冬,最高的在夏、秋两季,最低的在冬季。中心区域密度的变化规律是秋>夏>冬,最高的在秋季,最低的在冬季。中心区域底栖动物在土壤不同层次的群落指标也随季节变化而变化。

　　大型底栖动物群落结构的特征随着高程梯度和互花米草入侵历史的时间长短的变化而显著不同(Wang et al.,2010)。大型底栖动物的生物量随高程的降低而降低,而小型底栖动物的生物量具有相反的趋势,随高程的降低而增加。与入侵历史较短的互花米草群落相比,入侵历史较久的互花米草群落中大型底栖动物的生物量显著增高,小型底栖动物的生物量却明显降低。随着入侵历史的增加,互花米草群落中底栖动物生物量和土著种芦苇群落之间的差异减小。

　　Chen 等(2009)通过对比崇明东滩湿地海三棱藨草、互花米草和芦苇 3 种群落生境中大型底栖动物类群,认为不同潮滩高程导致的大型底栖动物群落结构差异远大于土著种和外来种导致的差异。植物类型对大型无脊椎动物群落丰富度和密度的影响通常较弱,仅中国绿螂的密度在互花米草湿地和海三棱藨草湿地的低潮滩处有显著区别。因此,大型底栖动物对植物入侵的抗性可能由多种因素(包括生境、大型底栖动物种类和当地植物)共同决定。

二、对蟹类的影响

　　在潮间带物质的生物输移过程中,除了植物分解成为有机碎屑从而被浮游动物和鱼类等直接利用以外,还有一种重要的输移方式即通过动物成体摄食和幼体释放来完成。蟹类是河口湿地生态系统中重要的大型无脊椎动物类群,长江口湿地蟹类在繁殖季节通过潮沟系统向近海输出大量蟹类蚤状幼体,这对盐沼的能量输出有巨大补充作用。而许多研究报道认为,盐沼维管束植物和藻类是支持河口盐沼湿地食物网的物质基础,崇明东滩湿地的优势蟹类天津厚蟹和无齿螳臂相手蟹胃含物主要组成成分是植物性材料(Qin et al., 2010)。两种蟹类的胃饱和度在入侵植物互花米草和土著种芦苇生境内无显著差异,说明蟹类在两种植被群落中可以获得相似的食物量,互花米草入侵并不改变蟹类的取食特性。这说明,蟹类通过其成体取食盐沼维管束植物,并于繁殖季节释放幼体,在利用并向河口和近海输出盐沼有机质方面起了一定作用。另外,崇明东滩湿地的蟹类优势类群天津厚蟹和无齿螳臂相手蟹群落在外来入侵植物互花米草生境中的密度高于土著植物芦苇生境,说明入侵植物互花米草为蟹类提供了一个更加优越的生存环境,即互花米草群落比芦苇群落更适合蟹类生存。

　　无齿螳臂相手蟹是崇明东滩湿地一种主要的掘穴蟹类,大多分布在互花米草盐沼内,它能够在盐沼土壤内密集地挖掘洞穴,对盐沼物理环境产生深刻影响。同时,互花米草对蟹类分布的影响将会深刻影响蟹类掘穴活动的范围和强度,进而影响蟹类群落的生态系统功能(Wang et al.,2008)。该研究还比较了互花米草生境、芦苇生境和裸地之间蟹的多度和生物量差异。结果表明,互花米草生境中蟹的多度和生物量显著高于芦苇生境和裸地(图 12-1)。这是由于

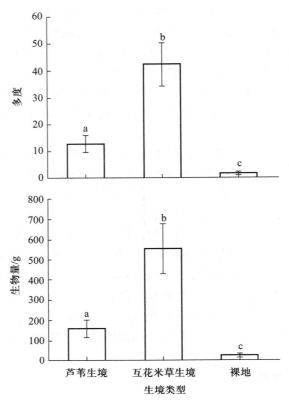

图 12-1　崇明东滩湿地互花米草、芦苇和裸地 3 种生境内无齿螳臂相手蟹种群的多度和生物量。竖线指示平均值的标准误($n=9$),不同小写字母表示生境间的显著差异($p<0.05$)(据 Wang *et al.*,2008 修改)

互花米草生境的土壤含水量和植物群落特征显著不同于芦苇生境和裸地,互花米草生境更适合无齿螳臂相手蟹的栖息。摄食喜好实验结果表明,无齿螳臂相手蟹摄食互花米草的量是芦苇的两倍以上。

植物群落通过改变根系分布、土壤性质和其他的环境因素,显著改变了蟹洞的形态(Wang *et al.*,2015)。相对于植物群落,裸地的土壤含水量较低,但容重较高。芦苇和互花米草群落内的洞穴分枝多,弯曲度高,但洞穴深度、长度和体积较小。与芦苇相比,互花米草的高度较小,根状茎生物量更低,但是密度和细根生物量更高,所以互花米草群落中的洞穴深度、长度和体积都较小,开口直径和弯曲度都比芦苇群落内洞穴要大。多年的互花米草群落上层土壤容重较低,但含水量较高,而新生互花米草群落具有更大的高度和地上生物量,以及较低的密度和根系生物量。新生互花米草群落中的蟹洞比多年生种群具有更大的深度、长度、宽度和体积,但是弯曲度更低。进一步的分析表明,土壤含水量、容重、植物根状茎和细根及地上生物量对蟹洞形态起决定性的作用。

三、对昆虫的影响

昆虫和其他节肢动物对物理和生物环境的细微改变极其敏感。Wu 等(2009)利用网捕和收割植株两种方法以及稳定同位素分析,研究了崇明东滩湿地互花米草入侵对节肢动物群落结构和食性的影响。研究结果发现,外来种植物群落和土著种植物群落的多样性指数并没有显著差异,但通过收割植株方法发现互花米草单优势种群落的昆虫总丰度显著低于芦苇单优势种群落。互花米草单优势种群落的昆虫群落结构与芦苇单优势种群落和芦苇-互花米草混合群落不同。此外,互花米草单优势种群落和芦苇单优势种群落中节肢动物的稳定碳同位素特征显著不同。

第二节 对微生物和线虫的影响

一、对微生物群落的影响

微生物与植物的作用是相互的,植物在生长过程中通过产生的分泌物或者化学信号分子对根际土壤微生物群落产生影响。因此,外来种必然会影响土壤微生物群落结构及其代谢特征,并改变微生物在生态系统物质循环中的作用。

崇明东滩湿地互花米草及土著植物——芦苇和海三棱藨草群落的根际土壤有机氮含量有从低潮带到高潮带逐渐上升的趋势,有机质、速效磷和速效钾含量均以海三棱藨草根际土壤最高,pH 在各生境之间没有显著差异(杨璐等,2011)。细菌和真菌数量均以海三棱藨草根际土壤最高,而互花米草根际土壤中的细菌数量从低潮带到高潮带显著增多,真菌数量从低潮带到高潮带显著减少后又稍有增多,芦苇以及与其混生的互花米草根际土壤中放线菌数量最高,作为对照的光滩土壤中三大类微生物的含量明显低于植物根际土壤中的微生物量(表 12-2)。总体来说,除海三棱藨草根际土壤外,高潮带土壤中功能群数量要比低潮带土壤的相同功能群要高。自生固氮菌以海三棱藨草根际土壤中数量最高,其次是芦苇。氨氧化细菌和反硝化细菌也都是以海三棱藨草根际土壤中数量最高,而互花米草土壤中的菌群数随高程的增加而显著增多。

表 12-2 崇明东滩湿地植物根际土壤三大类微生物计数结果(据杨璐等,2011 修改)

采样点	细菌/[10^7cfu·g^{-1}(干土)]	真菌/[10^4cfu·g^{-1}(干土)]	放线菌/[10^4cfu·g^{-1}(干土)]
光滩	0.14±0.01	0.29±0.08	1.31±0.27
海三棱藨草	4.77±0.93	2.93±0.37	1.81±0.16
互花米草 a	0.54±0.10	1.97±0.17	0.96±0.11
芦苇	1.17±0.09	1.41±0.25	9.11±1.78
互花米草 b	1.12±0.35	0.98±0.13	15.45±2.25
互花米草 c	2.73±0.42	1.19±0.18	3.40±0.69

注:cfu 指菌落形成单位(colony-forming units),单位体积或质量中的细菌群落总数。

崇明东滩湿地不同植物根际土壤酶活性的变化中,脲酶、转化酶和碱性磷酸酶变化趋势比较相似,在互花米草采样点的活性较高,其次为海三棱藨草,芦苇根际土壤酶活性较低。过氧化氢酶活性从光滩开始有随高程增高而上升的趋势,在互花米草采样点有所降低后,继续上升。

　　崇明东滩湿地不同潮汐带的植物根际细菌群落丰富度和多样性不同(章振亚等,2012),在夏季中潮带的根际细菌丰富度较高,各个潮位带的植物根际细菌都在夏秋季有较高多样性,其中中潮带的植物根际细菌平均多样性指数最高(图 12-2)。在中潮带入侵种互花米草根际细菌的丰富度和多样性要显著高于土著植物芦苇和海三棱藨草,其中海三棱藨草的根际细菌在夏季略高。互花米草根际细菌与土著植物相比较具有更高的多样性,而且对湿地土壤微生物群落结构有显著影响。根际细菌的高丰富度和多样性可能也是促使互花米草成功入侵崇明东滩湿地的一个重要因素。

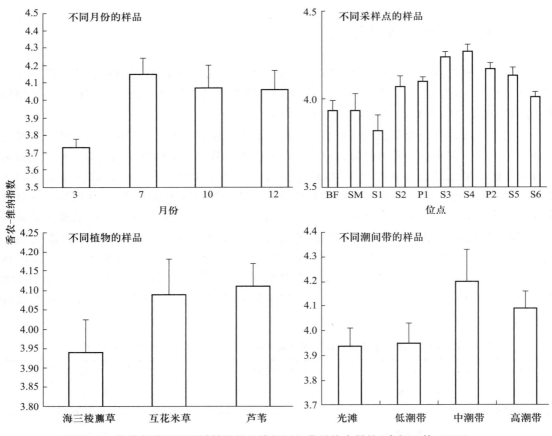

图 12-2　崇明东滩湿地不同样品的土壤根际细菌平均多样性(章振亚等,2012)

二、对线虫群落的影响

　　线虫是土壤动物中的优势类群,在生态系统物质循环中扮演着重要的角色,且直接受植物群落改变的影响,是评价植物入侵对盐沼湿地生物多样性影响的很好的指示生物。比较崇明东滩湿地互花米草与两种土著植物(芦苇和海三棱藨草)典型植物群落中的土壤线虫群落发现,互花米草群落中土壤线虫的营养多样性低于两种土著植物群落,表明互花米草入侵降低了长江口盐沼湿地土壤生物的功能多样性,土壤食物网结构趋于简化(Chen et al.,2007a)。食细菌线虫(*Diplolaimelloides*)和食真菌线虫(*Diplolaimella*)是参与植物凋落物分解的主要线虫类群。参与互花米草茎秆分解的线虫群落成熟指数和结构指数都低于芦苇,表明互花米草入侵可能通过凋落物输入降低土壤线虫群落结构的复杂性。

互花米草群落与两种土著植物群落的土壤线虫群落结构均存在显著差异,而互花米草群落与海三棱藨草群落间线虫群落结构的差异小于互花米草群落与芦苇群落间的差异。由此可见,互花米草入侵不同的土著植物群落所产生的影响会有程度上的区别。互花米草群落中的食细菌线虫比例高于芦苇群落,显示互花米草取代芦苇群落可能改变了凋落物分解速率和途径。互花米草入侵对土壤线虫的密度、属数和多样性等的影响存在地点间的差异,这表明植物入侵的生态影响还可能与被入侵生态系统的生境特性相关。互花米草与芦苇茎秆上附生线虫的群落结构存在显著差异,互花米草活秆和枯秆附生线虫的数量在各季节都高于芦苇,表明互花米草入侵长江口盐沼湿地显著改变了植物附生线虫的群落结构,可能使河口湿地中附生生物数量增加。附生在互花米草枯秆上的食细菌线虫数量显著高于芦苇,并主要体现在参与盐沼植物凋落物分解的食细菌线虫数量的显著增加,两种植物茎秆分解过程的差异可能是引起枯秆附生线虫数量变化的一个重要原因。

外来植物可能会改变被入侵生态系统的凋落物输入(litter input)或根际输入(root input),从而直接或间接地影响土壤动物群落。互花米草与土著植物芦苇生长过程中根际线虫的密度、属的丰富度、多样性、营养多样性及群落结构在植物间没有显著差异,这显示根际输入在互花米草影响土壤线虫群落过程中的作用可能不明显(Chen et al.,2007b)。入侵植物互花米草根际的植物寄生线虫数量显著低于土著植物海三棱藨草,显示互花米草抗寄生线虫的能力较强。

参 考 文 献

陈中义,付萃长,王海毅,李博,吴纪华,陈家宽. 2005. 互花米草入侵东滩盐沼对大型底栖无脊椎动物群落的影响. 湿地科学,3(1):1-7.

徐晓军,王华,由文辉,刘宝兴. 2006. 崇明东滩互花米草群落中底栖动物群落动态的初步研究. 海洋湖沼通报,(2):89-95.

杨璐,朱再玲,卞翔,肖明. 2011. 崇明东滩植物根际生物活性及与理化因素的相关性研究. 上海师范大学学报(自然科学版),40(4):416-420.

章振亚,丁陈利,肖明. 2012. 崇明东滩湿地不同潮汐带入侵植物互花米草根际细菌的多样性. 生态学报,32(21):6636-6646.

Chen H L, Li B, Hu J B, Chen J K, Wu J H. 2007a. Effects of *Spartina alterniflora* invasion on benthic nematode communities in the Yangtze Estuary. *Marine Ecology Progress*, 336(12): 99-110.

Chen H L, Li B, Fang C M, Chen J K, Wu J H. 2007b. Exotic plant influences soil nematode communities through litter input. *Soil Biology and Biochemistry*, 39(7): 1782-1793.

Chen Z B, Guo L, Jin B S, Wu J H, Zheng G G. 2009. Effect of the exotic plant *Spartina alterniflora* on macrobenthos communities in salt marshes of the Yangtze River Estuary, China. *Estuarine Coastal and Shelf Science*, 82(2): 265-272.

Qin H M, Chu T J, Xu W, Lei G C, Chen Z B, Quan W M, Chen J K, Wu J H. 2010. Effects of invasive cordgrass on crab distributions and diets in a Chinese salt marsh. *Marine Ecology Progress Series*, 415: 177-187.

Wang J Q, Bertness M D, Li B, Chen J K, Lu W G. 2015. Plant effects on burrowing crab morphology in a Chinese salt marsh: Native vs. exotic plants. *Ecological Engineering*, 74: 376-384.

Wang J Q, Zhang X D, Nie M, Fu C Z, Chen J K, Li B. 2008. Exotic *Spartina alterniflora* provides compatible habitats for native estuarine crab *Sesarma dehaani* in the Yangtze River Estuary. *Ecological Engineering*, 34(1): 57-64.

Wang R Z, Yuan L, Zhang L Q. 2010. Impacts of *Spartina alterniflora* invasion on the benthic communities of salt marshes in the Yangtze Estuary, China. *Ecological Engineering*, 36(6): 799-806.

Wu Y T, Wang C H, Zhang X D, Zhao B, Jiang L F, Chen J K, Li B. 2009. Effects of saltmarsh invasion by *Spartina alterniflora* on arthropod community structure and diets. *Biological Invasions*, 11(3): 635-649.

第十三章

互花米草对湿地碳循环的影响

第一节　初级生产力和土壤碳排放变化

一、初级生产力特征

河口滨海湿地植被初级生产力是生态系统碳源/汇过程的基础,湿地盐沼植被群落的时空格局受到植物生命周期过程以及影响植被群落建群的非生物因子相互作用机制的控制。崇明东滩湿地属于淤涨型河口湿地,盐沼植被逐渐定居于中、高潮滩,植物通过光合固碳和碳分配作用直接影响湿地碳循环过程,盐沼植被的高净初级生产力、枯落物产量和分解过程对土壤碳库的形成具有重要意义。碳循环中向生态系统输入碳的能力与入侵植物的生理特性即光合能力直接相关。

互花米草入侵后导致了整个生态系统结构的重建,也对湿地植被初级生产力产生了显著的影响。互花米草是一种多年生草本 C_4 植物,通过对比互花米草与土著优势 C_3 植物——芦苇的光合生理学特征,Ge 等(2014)发现盐沼植被的光合生理与碳吸收量对不同水位、盐度、CO_2 浓度和大气温度的响应不同。在测定温度梯度(15~35 ℃)下,互花米草的净光合速率高于芦苇。随着盐度的增加,芦苇光合速率显著降低(在 15‰盐度下降约 30%,在 30‰盐度下降约50%)。其主要机制是气孔导度和最大电子传递效率的减小,且最大羧化效率和最大电子传递效率的最适温度也相应降低。然而,互花米草对盐度的耐受性较高,15‰盐度处理对其净光合速率影响不显著,在高盐度处理下才显著降低。因此可知,在长江河口咸淡水交界处较适合互花米草的生长,但并不属于芦苇的最适生长区域,并限制了芦苇向潮滩外(向海方向)的扩展,而互花米草向外扩散的受限程度较低。

与其他土著植物相比,互花米草的光补偿点更高,具有更高的叶面积指数和最大净光合速率,并且进行有效光合作用的时期更长(Jiang *et al.*,2009)。互花米草比土著种具有更高的光、水和氮利用效率。这些使资源利用达到最大化的行为也可能带来迅速的生长,互花米草茎呼吸速率低于土著种芦苇,表明互花米草从茎释放的碳量更少,而茎占地上生物量的比例相当大。尽管互花米草叶呼吸速率高于土著种,但是,叶呼吸速率在总的光合速率中只占很小的比例,而且白天的叶呼吸速率包括在总的光合速率中,互花米草的净光合速率又显著高于土著种,因此较高的叶呼吸速率可能不会影响互花米草的碳获取能力。因此,互花米草具有更高的初级生产力,而且已经成为崇明东滩湿地 60% 以上的初级生产力贡献者(Ge et al.,2015;图 13-1)。互花米草相对土著植物的快速生长,也能从一方面解释互花米草入侵的成功。

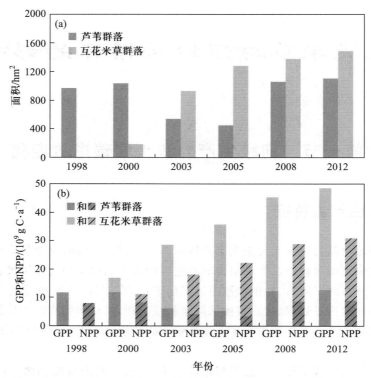

图 13-1   1998—2012 年崇明东滩湿地互花米草和芦苇初级生产力变化(Ge et al.,2015)。GPP:总初级生产力;NPP:净初级生产力

二、土壤碳排放特征

外来种入侵会改变生态系统中的土壤生物过程,尤其是改变其碳、氮生物地球化学循环过程,从而导致温室气体释放的改变,如陆生生态系统中 CO_2 的释放和湿地生态系统中 CH_4 和 N_2O 的释放等,而温室气体 CO_2、CH_4 和 N_2O 的释放是影响全球气候变化最主要的因素之一。河口滨海湿地生态系统的碳绝大部分储存在土壤中,不同植被类型显著影响土壤碳库的碳输入与分配,进而改变输入土壤的有机质动态。不同湿地植被的地下碳分配模式可以改变土壤微生物群落的组成和丰富度,从而改变生态系统地下碳过程。因此,互花米草入侵到崇明东滩

湿地,改变了生态系统的物种组成以及温室气体产生基质和气体交换的通道,生态系统物种组成的改变将导致碳生物地球化学循环过程中土壤碳、氮以及释放温室气体的改变。

Cheng 等(2007)比较了互花米草和土著种芦苇生境的温室气体排放,建立了半咸水湿地的生物群落以评估植物种类(互花米草 vs.芦苇)、淹水状态(淹水 vs.未淹水)以及刈割与否对温室气体排放的影响。结果显示,互花米草和芦苇群落的温室气体释放通量都较低。但由于互花米草有更高的生物量和密度,能将更多的有效基质固着到土壤中,这有可能排放更多的温室气体,所以互花米草群落的温室气体排放率相对高于芦苇群落。同时,未淹水土壤的温室气体排放率高于淹水土壤,说明水分可能是半咸水湿地生物群落扩散的限制因子。刈割−未淹水群落中的 CH_4 排放低于未刈割−淹水群落,但后者的 N_2O 排放增多。

植物作为 CH_4 运输的通道和 CH_4 产生基质的来源,CH_4 的释放通量与植物的生物量、密度和 CO_2 的净释放量呈正相关。剪除植物后发现,互花米草群落中 CH_4 的释放量减少了 19% ~ 73%,芦苇群落中 CH_4 的释放量减少了 21% ~ 61%。N_2O 的释放通量与植物的生物量、密度和 CO_2 的净释放量呈负相关,表明湿地盐沼植物对 N_2O 的产生有一定的抑制作用。水淹对湿地 N_2O 释放的影响比对 CH_4 释放的影响显著,揭示了植物运输为盐沼释放 CH_4 的主要通道,而扩散(diffusion)是 N_2O 释放的主要通道,干旱是 N_2O 释放的主要控制因子。

互花米草入侵增加了土壤总碳、氮库,有机碳、氮库,易分解碳、氮库和不可分解碳、氮库,但没有改变土壤颗粒的组成和无机碳、氮的含量(Cheng et al.,2008)。崇明东滩湿地土壤由泥沙和黏土组成,无机碳、氮的含量较大。短期的互花米草入侵增加易分解碳库供植物吸收利用。氮同位素丰率表明,互花米草群落中土壤有机质的分解速率和氮流失速率高于海三棱藨草群落,但互花米草生境每年新增大量的凋落物,其氮输入量较高,而海三棱藨草生境凋落物的氮输入量极低。短期的互花米草入侵增加土壤碳的含量是通过增加土壤有机碳所致。在 0~100 cm 深的土壤剖面中,0.90% ~ 10.64% 有机碳来源于互花米草的凋落物;其中,在 20~40 cm 深的土层剖面中,互花米草的凋落物对土壤有机碳的贡献最大。由于土壤表层土壤呼吸作用相对较高,对有机碳的分解作用较强,互花米草对土壤表层有机碳的贡献较小。而由于根系的分泌物较少和可溶性有机碳渗透作用较小,互花米草对土壤深层的有机碳的贡献也较小。

芦苇群落的土壤呼吸速率最高,互花米草和海三棱藨草群落之间没有显著差异,这可能反映了土壤含水量的变化,因为芦苇群落所处的高程最高。互花米草和芦苇群落的土壤呼吸与土壤温度分别有显著的相关性,而海三棱藨草群落的土壤呼吸与土壤温度没有显著的相关性。芦苇和海三棱藨草群落的土壤呼吸与土壤含水量分别有显著的相关性,而互花米草群落的土壤呼吸与土壤含水量没有显著的相关性。

总之,互花米草入侵可能会增强崇明东滩湿地温室气体的释放及运输能力,并增加土壤呼吸利用的易分解有机质,导致湿地温室气体释放量相对增加(Cheng et al.,2010)。但由于互花米草较高的生产力和固氮能力,对土壤有机质和不可分解碳、氮库有较大的贡献。因此需要进一步建立互花米草对河口湿地碳氮循环影响的模型,评估互花米草入侵对河口湿地生态系统碳氮生物地球化学循环的影响及其长期的生态后果。

第二节　土壤碳储量变化

一、土壤碳累积

有研究表明,在植物生长期间,其光合产物的 10% ~ 40% 通过根系分泌作用进入土壤,其他大部分则通过凋落物形式将有机碳输入土壤碳库。被入侵生态系统中,储存在植物和土壤的碳、氮库都显著高于土著生态系统相对应的碳、氮库。被入侵生态系统的植物根冠比、凋落物和土壤的 C/N 值均较土著生态系统有所降低。与土著生态系统相比,被入侵生态系统的地上净初级生产量和凋落物分解速率等变量有 50% ~ 120% 的提高,植物氮浓度、土壤的 NH_4^+ 和 NO_3^- 浓度也相对较高(Liao *et al.* ,2008)。

在崇明东滩湿地,海三棱藨草群落主要分布在中、低潮滩,互花米草和芦苇群落主要分布在中、高潮滩。其中,芦苇群落土壤碳储量最大,互花米草群落次之,而海三棱藨草群落的土壤碳储量最小。互花米草群落土壤碳储量远高于海三棱藨草群落,因为互花米草是 C_4 植物,与土著 C_3 植物海三棱藨草相比,其光合效率较高,净初级生产力较大,地上和地下生物量分别可达海三棱藨草群落的 5 倍和 3 倍。同时,互花米草生态系统碳的积累(净初级生产量与凋落物分解之差)比土著生态系统大,分别是海三棱藨草和芦苇生态系统的 6.6 倍和 1.5 倍(Liao *et al.* ,2007)。

此外,崇明东滩湿地土壤(0 ~ 50 cm)碳储量也表现出空间差异性。崇明东滩湿地北、中部为淤积型滩涂,南部呈侵蚀态势。北、中部样线的相同植被类型中的土壤碳储量显著高于南部样线。高潮滩的芦苇带土壤碳储量高于中潮滩的互花米草带,海三棱藨草带和光滩土壤碳储量最低,这可能与芦苇群落建群时间早于互花米草群落有关(严格等,2014)。盐沼植被类型显著影响土壤各层次碳储量的分布,而且土壤表层碳储量受植被类型和外源沉积物空间特征的交互作用影响(张天雨等,2015)。

二、凋落物碳、氮还原

相关研究显示,互花米草的入侵增加了崇明东滩湿地土壤的有机碳含量。土壤碳储量的增加不仅与土壤本身的理化性质密切相关,更大程度上取决于不同植物群落对碳的储存和固定能力。在自然条件下,植物的分解速率受到自身 C/N 值、纤维素和木质素含量的影响。芦苇纤维素和木质素含量高于互花米草,可分解性比互花米草低,互花米草茎干比芦苇茎干更容易腐烂并进入土壤,这导致互花米草根际土壤的土壤有机碳和总氮含量增多(Chen *et al.* ,2012)。同时有可能促进微生物活动,从而增强土壤微生物呼吸和有机碳输出。

互花米草生态系统总凋落物(包括地上、地表和地下)的年平均值分别是海三棱藨草和芦苇生态系统的 2.5 倍和 1.2 倍(Liao *et al.* ,2008)。互花米草生态系统的凋落物主要分布在空中(45%)和地下(48%),而分布在地表的凋落物仅占 7%;海三棱藨草和芦苇凋落物则主要分布在地下(分别为 85% 和 59%)。互花米草地上、地表和地下凋落物分解速率的年平均值分别为0.80、1.69和1.15,分别是海三棱藨草相对应部位分解速率的45%、50%和61%,是芦苇相对应部位分解速率的140%、141%和77%。三种植物分解速率的差异主要由凋落物化学性质的差异所决定。互花米草茎和鞘凋落物氮含量在地上和地表分解过程中显著增加,其根凋落物氮含量也在地下分解过程中显著增加。而海三棱藨草和芦苇所有类型的凋落物的氮含量在地上、地表和地下的分解过程中均显著降低。同时,互花米草茎和鞘凋落物氮含量的升高具有普遍性,可能由腐生微生物固氮所引起。这些研究结果表明,互花米草的入侵改变了被入侵生态系统凋落物碳、氮循环过程,导致更多的氮进入被入侵生态系统。

外来入侵植物能在许多陆地生态系统中提高植物氮库和土壤无机氮库的含量,这是由于植物-土壤-微生物反馈机制的改变加速了氮循环。然而,这也可能是入侵种对横向氮补充的吸收能力更强导致的。崇明东滩湿地互花米草群落的地上植物氮库和土壤无机氮库分别约为14.39 g·m^{-2}和3.16 g·m^{-2},明显高于土著种芦苇群落(Peng et al.,2011)。互花米草群落从潮汐氮补充中吸收的溶解态无机氮含量也显著高于芦苇群落,这导致了被入侵生态系统氮库含量的提高,但土壤有机氮的矿化量影响较小,互花米草群落和芦苇群落的土壤有机氮矿化量没有显著差异。

参 考 文 献

严格,葛振鸣,张利权. 2014. 崇明东滩湿地不同盐沼植物群落土壤碳储量分布. 应用生态学报,25(1):85-91.

张天雨,葛振鸣,张利权,严格,陈怀璞. 2015. 崇明东滩湿地植被类型和沉积特征对土壤碳、氮分布的影响. 环境科学学报,35(3):836-843.

Chen J H, Wang L, Li Y L, Zhang W Q, Fu X H, Le Y Q. 2012. Effect of *Spartina alterniflora* invasion and its controlling technologies on soil microbial respiration of a tidal wetland in Chongming Dongtan, China. *Ecological Engineering*, 41(s1-2):52-59.

Cheng X L, Chen J Q, Luo Y Q, Henderson R, An S, Zhang Q, Chen J, Li B. 2008. Assessing the effects of short-term *Spartina alterniflora* invasion on labile and recalcitrant C and N pools by means of soil fractionation and stable C and N isotopes. *Geoderma*, 145:177-184.

Cheng X L, Luo Y Q, Xu Q, Lin G H, Zhang Q F, Chen J K, Li B. 2010. Seasonal variation in CH$_4$ emission and its ^{13}C: Isotopic signature from *Spartina alterniflora* and *Scirpus mariqueter* soils in an estuarine wetland. *Plant and Soil*, 327(1-2):85-94.

Cheng X L, Peng R H, Chen J Q, Luo Y Q, Zhang Q F, An S Q, Chen J K, Li B. 2007. CH$_4$ and N$_2$O emissions from *Spartina alterniflora* and *Phragmites australis* in experimental mesocosms. *Chemosphere*, 68(3):420-427.

Ge Z M, Guo H Q, Zhao B, Zhang L Q. 2015. Plant invasion impacts on the gross and net primary production of the salt marsh on eastern coast of China: Insights from leaf to ecosystem. *Journal of Geophysical Research: Biogeosciences*, 120(1):169-186.

Ge Z M, Zhang L Q, Zhang C. 2014. Effects of salinity on temperature-dependent photosynthetic parameters of a native C_3 and a non-native C_4 marsh grass in the Yangtze Estuary, China. *Photosynthetica*, 52(4): 484-492.

Jiang L F, Luo Y Q, Chen J K, Li B. 2009. Ecophysiological characteristics of invasive *Spartina alterniflora* and native species in salt marshes of Yangtze River Estuary, China. *Estuarine, Coastal and Shelf Science*, 81: 74-82.

Liao C Z, Luo Y Q, Fang C M, Chen J K, Li B. 2008. Litter pool sizes decomposition and nitrogen dynamics in *Spartina alterniflora*: Invaded and native coastal marshlands of the Yangtze Estuary. *Oecologia*, 156(3): 589-600.

Liao C Z, Luo Y Q, Jiang L F, Zhou X H, Wu X H, Fang C M, Chen J K, Li B. 2007. Invasion of *Spartina alterniflora* enhanced ecosystem carbon and nitrogen stocks in the Yangtze Estuary, China. *Ecosystems*, 10(8): 1351-1361.

Liao C Z, Peng R H, Luo Y, Zhou X H, Wu X W, Fang C M, Chen J K, Li B. 2008. Altered ecosystem carbon and nitrogen cycles by plant invasion: A meta-analysis. *New Phytologist*, 177(3): 706-714.

Peng R H, Fang C M, Li B, Chen J K. 2011. *Spartina alterniflora* invasion increases soil inorganic nitrogen pools through interactions with tidal subsidies in the Yangtze Estuary, China. *Oecologia*, 165(3): 797-807.

第四篇　生境修复与可持续管理研究

第十四章

外来种控制技术

第一节　传统农业控制方法

一、火烧和收割的作用

生物入侵是当前全球最棘手的生态灾害问题之一。外来植物入侵已经造成了严重的生态、经济和社会后果,人们迫切希望找到能有效控制入侵植物,包括治理入侵植物和恢复受损生态系统的高效、经济且环境友好的方法。

根据入侵种互花米草的生物学和生态学特性,通常采用三种方法来根除或控制米草种群的进一步扩散,即机械法、化学法和生物防治法。机械法包括火烧、拔除幼苗、用稠密的织物覆盖小的米草斑块、连续刈割以及筑堤坝进行围堵;化学法是采用合适的除草剂来进行防除,例如美国使用草甘麟来控制大米草、互花米草和狐米草等,可以部分地控制入侵的米草属植物;生物防治法是寻找合适的昆虫、寄生虫以及病原菌等米草属植物的天敌来控制米草种群爆发。

然而,作为崇明东滩湿地常见的两种人为干扰,冬季火烧和收割可能会对互花米草的生长和繁殖有一定的促进作用,并可能进一步促进互花米草的入侵(王智晨等,2006)。冬季火烧与收割能显著提高互花米草的植株密度和结穗率,显著降低其植株基部直径,即对其生长与繁殖有一定的促进作用,原因可能在于这两种干扰使其生境改变,光照条件得到改善。与相对高程相比,这两种干扰对互花米草生长繁殖的影响相对较小,而且这两种干扰对互花米草的影响差异不显著(图14-1)。因此,人为的冬季火烧与收割可能促进互花米草在崇明东滩湿地的入侵,有必要采取措施加以管理。

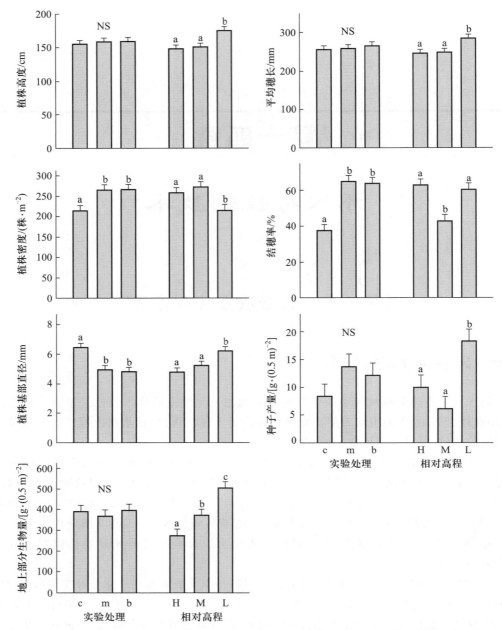

图 14-1　冬季火烧、收割处理与相对高程对崇明东滩湿地互花米草营养生长和生殖生长的影响（王智晨等，2006）。c:对照组, m:收割组, b:火烧组；H:相对高潮位, M:相对中潮位, L:相对低潮位。直方上的不同字母表示具有显著差异

二、翻耕、碎根、刈割和生物替代的作用

互花米草根茎的克隆生长和大量有性繁殖与种子扩散是其在崇明东滩湿地进行大面积扩

散的重要方式。李贺鹏和张利权（2007）在崇明东滩湿地的互花米草治理实验中综合采用了翻耕、碎根、刈割和生物（芦苇）替代的多种物理控制方案。翻耕处理后互花米草植株密度于当年 7 月开始迅速增加，但在第一个生长季末期，其植株密度、平均高度、盖度、地上生物量和结穗数都显著低于对照，而结穗率和种穗长度都不同程度地低于对照，但是没有显著性差异；在不同翻耕深度处理之间，互花米草的生长特征都不存在显著性差异。在第二个生长季，互花米草的植株密度、结穗数和结穗率都迅速增加，至生长季末期，除了结穗数和结穗率显著高于对照，以及 60 cm 翻耕深度处理后在盖度和地上生物量显著低于对照外，其他各处理的各参数都与对照无显著性差异。

在碎根实验中，碎根处理后的第一个生长季，不同深度的处理都显著抑制了互花米草的无性生长和有性繁殖特征，其抑制作用随处理深度增加而明显提高。但是经过两个生长季后，互花米草基本恢复到与对照相同的水平，而其结穗数和结穗率都显著高于对照。

刈割处理显著抑制了互花米草的生长，但掌握实施处理的最佳时期是控制入侵种的关键因素之一（Li and Zhang，2008）。该实验在互花米草的整个生长季内对其进行单次刈割和多次刈割处理，比较了不同时期的刈割以及多频率刈割处理下互花米草地上部分的生长特征。结果表明，在第一个生长季，早期刈割（3 月）显著提高了的互花米草群落盖度、植株密度、地上生物量、结穗数和结穗率等。5—9 月和多频率的刈割处理都显著抑制了互花米草的无性生长和有性繁殖特征。在第二个生长季，各处理中互花米草的生长都得到一定程度的恢复，其中单次刈割中的 6—9 月的处理，以及两次和三次刈割处理都显著降低了互花米草的无性生长，但是其有性繁殖特征都接近或超过了对照（除 8 月的处理在结穗数上显著降低外）。综合两个生长季末期互花米草生长的调查结果，单次刈割中 8 月的处理对互花米草生长的影响最大，然后分别是 7 月和 9 月。两次刈割和三次刈割的处理对互花米草生长的抑制效果不如 8 月单次刈割的处理。

生物替代是根据群落演替的规律利用土著种替代外来种的生态学方法。移栽的芦苇能够保持较高的存活率，并占据一定的空间。在第一个生长季，芦苇存活率最大值出现在处理深度为 40 cm 的处理，分别为 66.7%（翻耕）和 77.8%（碎根）；在第二个生长季，由于受到迅速再生的互花米草的影响，移栽芦苇的平均成活率稍有降低，但仍维持在 53.7%，植株高度和结穗率也明显增加。综上所述，互花米草具有较强的抗干扰能力和恢复能力。若利用翻耕和碎根处理防治互花米草，必须考虑处理的深度和时间；利用芦苇替代实现控制互花米草的目的，需要注意及时去除再生的互花米草，促进移栽芦苇得到较快恢复，同时还要注意移栽的最佳时间和移栽密度，以及需要考虑其他影响芦苇生长的环境因子等。

在采用人工治理时，互花米草在不同生长阶段有不同的自我恢复能力，因此如何优选合适的治理时间（单次处理的时间或反复处理的初始时间）成为互花米草控制管理中的重要主题（Yang *et al.*，2009）。一年内无论是单次处理还是反复处理，扬花期刈割处理对控制互花米草更有效。另一方面，在不适宜的时间段提高刈割频率并不能改善控制效果，这说明适宜时间的刈割处理可能将减少达到特定控制目标所需的刈割频率。从管理角度看，每种控制方法均有其最佳处理时间，因此为了改善控制效果，必须根据互花米草物候学来合理设计控制程序。此外，低潮滩反复刈割处理的控制效果显著优于高潮滩，说明入侵植物控制效果的生境依赖性是一个重要的管理依据。

同时,抑制有性繁殖也是有效控制互花米草进一步扩散与二次入侵的关键(肖德荣等,2011)。生长初期的刈割在一定程度上会促进互花米草的有性繁殖,其每穗种子数、种子平均生活力与对照间不存在显著差异,并表现出超量补偿现象。4月和7月(扬花期)的刈割能有效抑制互花米草的有性繁殖,其种子的生产量(每穗种子数)与活性较对照显著降低,表现出不足补偿现象(图14-2)。在互花米草管理与控制实践中,扬花期刈割是有效控制互花米草有性繁殖与扩散的重要途径。

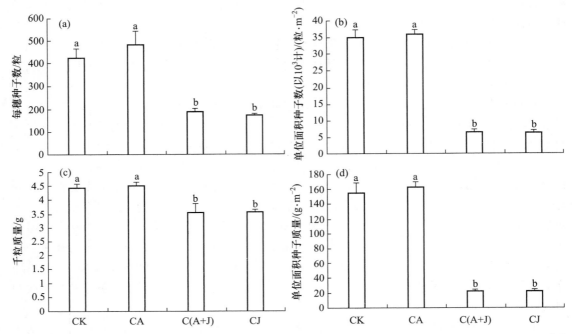

图14-2   刈割对互花米草种子产量的影响(平均值±标准差)(肖德荣等,2011)。(a):每穗种子数;(b)单位面积种子数;(c)种子千粒质量;(d)单位面积种子质量。不同字母表示刈割间存在显著差异($p<0.05$)。CK:对照(无刈割);CA:4月刈割;C(A+J):4月与7月2次刈割;CJ:7月刈割

第二节   刈割与水位调节控制技术

一、刈割与水位调节的作用

物理、生物以及化学等各种防治入侵种的方法均有各自的优缺点,单独采用任何一种方法都难以同时获得快速、持久的效果。近年来,已有工作致力于研究上述方法之间的相互配合形式,以便形成一整套可提高控制效率的综合治理的技术体系。对入侵植物进行综合手段的治理,在恶性杂草的清除工作中应用越来越广泛。

近年来,在崇明东滩湿地实验了"刈割与水位调节集成技术"治理互花米草的效果(袁琳

等,2008;Tang et al.,2009,2010,2013;Yuan et al.,2011)。单一的水位调节方法虽然可以降低互花米草群落的密度和叶面积指数,早期阶段的互花米草的生物量和种子产量显著下降,但至水淹处理100天后,处理样区内互花米草的生长和生物量已与对照区无显著差异。单一的水位调节方法不能达到有效快速控制互花米草的效果。通过在互花米草生长关键期(7月的扬花期)刈割+水位调节集成技术处理后,互花米草地上部分无再新生现象,至当年10月(生长季末期),样区内互花米草的地上部分和地下部分已完全死亡并开始腐烂,达到了有效控制互花米草的效果(图14-3)。因此,应用刈割+水位调节集成技术治理互花米草,必须选择关键季节刈割互花米草地上部分,同时配合一定水位的持续淹水。大约3个月后,互花米草地上部分和地下部分已全部死亡并开始腐烂。在随后几年里的互花米草无再新生现象。但一旦释放积水以恢复盐沼湿地的自然水动力条件时,互花米草的种子和实生苗将从邻近区域二次入侵,控制样地并重建互花米草群落。因此,扬花期刈割+水位调节集成技术是一种能有效防治盐沼湿地互花米草大规模入侵的方法。

大量互花米草实生苗在春季随潮水沿潮沟等通道向外扩散定居,2年左右即可形成与周边群落无明显差异的二次入侵群落,而群落边缘通过无性繁殖的扩散距离有限。在"刈割+水位调节"控制区,互花米草两年累计扩散距离小于1 m。在物理隔离区,两年未监测到互花米草的二次入侵现象(肖德荣等,2012)。实生苗在春季的快速拓殖是互花米草实现种群二次入侵的关键。因此,在当年消灭互花米草后,彻底消除治理区周边互花米草扩散源,设置隔离带以阻止其向治理区的扩散,或种植芦苇等土著种进行生物替代,是防止互花米草二次入侵的主要措施。

持续淹水时间是决定刈割互花米草再生长能力的关键环境因子。淹水造成的缺氧胁迫,导致刈割互花米草根系有氧呼吸关键酶——葡萄糖-6-磷酸脱氢酶的活性随着淹水时间的延长而降低直至完全失活,而在此过程中无氧呼吸的两种关键酶——乙醇脱氢酶和乳酸脱氢酶的活性同样逐渐降低直至失活,最终表现为互花米草根系完全失去活力(Tang et al.,2010)。这说明刈割法治理互花米草效率的生境依赖性源自互花米草再生长能力对淹水时间的响应。随着淹水持续时间的延长,被刈割互花米草的再生长受到抑制,达到一定程度,将导致刈割互花米草死亡。因此,刈割法适用于低潮区或长期淹水的区域,而短淹水区域则应该寻找其他治理措施,或依据入侵斑块的淹水时间适当地调整刈割策略,有条件的地区可以采取相应的工程措施局部改变淹水时间,以提高入侵区域互花米草治理的整体效率。

治理频率是决定入侵植物治理效果和投入成本的关键因素,而且控制入侵种的效果有较高的栖息地依存特性(依赖具体生境)(Tang et al.,2009,2010)。将刈割时间和刈割频率、潮汐状况相结合的全因子检测显示,2次刈割处理和长期淹水几乎能消除被入侵地带的所有互花米草,但短期淹水下能促进互花米草的补偿性增长。在低盐度(小于10.5‰)的高潮滩地区移栽的芦苇随着时间推移能更好地生长,但在高盐度的低潮滩地区生长状况不佳,这说明互花米草管理效果和土著种恢复会随沿着高程梯度发生显著变化。高频度地去除互花米草地上部分植株能在中潮滩区域得到良好利用,土著种植物必须被种植在平均高潮面以上区域,而盐沼湿地的其他区域必须恢复到滩涂湿地。高潮滩始于扬花期的4次刈割处理或低潮滩始于扬花期的3次刈割处理对控制互花米草比较有效。

通常而言,入侵植物能在高度异质性生境内顺利发展,这将通过影响已处理入侵植物的再

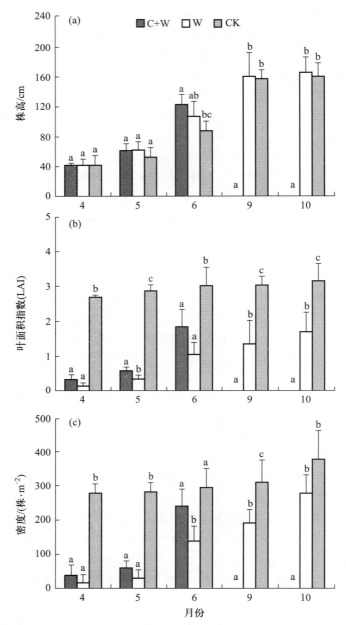

图 14-3 扬花期刈割+水位调节（C+W）处理、单一水位调节（W）处理和无处理（CK）对互花米草生长的影响（袁琳等，2008）。不同字母表示不同处理间差异显著

生长和土著种恢复情况而改变管理效果。因为入侵种依赖特定的生境，对入侵种的特定生境管理体制可能更有效。从崇明东滩湿地的治理经验来看，当与处理频率和生境特性相关的刈割时间处于最佳时，互花米草的治理效果可以得到增强，这将减少控制入侵种的管理成本（Tang *et al.*，2013）。

二、土壤孔隙水盐度的影响

河口滨海湿地盐度和淹水是影响互花米草入侵的关键因子。崇明东滩湿地的生境有较大的空间异质性。在不同区域,持续淹水时间与土壤孔隙水盐度差异较大,这种差异能引起互花米草的治理效率和种植替代植物(芦苇)的恢复效率随生境异质性而发生变化(Tang et al.,2009)。刈割互花米草当年的治理效率与第二年的持续效果随着持续淹水时间的延长而提高,且持续效果随盐度的降低而提高。种植芦苇当年与第二年的生长状况随盐度的降低而得到改善,且第二年的生长随着持续淹水时间的延长而得到促进,说明入侵植物控制效率存在生境依赖性。

土壤孔隙水盐度也是决定湿地植物生长的重要环境因子。芦苇的净光合作用速率、蒸腾速率以及气孔导度对盐度非常敏感,并随着盐度的增加而降低。而入侵植物互花米草的净光合作用速率与蒸腾速率等在整个生长旺盛期可在不同盐度环境中保持较高的水平(Tang et al.,2013)。导致这种差异的原因是互花米草不仅能够将钠离子排除在主要的生理过程之外,同时随着盐度的升高,该入侵植物可以将影响光合作用与蒸腾的镁离子与促进光合作用与蒸腾的钾离子维持在基本恒定的水平。这不仅降低了钠离子的毒害,同时还在较大的盐度范围内保证了生产、运输等生理过程的活性。相反,随盐度升高而浓度显著增加的钠离子直接影响了芦苇的蒸腾等生理过程,且体内可促进光合作用及蒸腾的镁离子与钾离子的浓度随盐度的升高而降低。这不仅导致了盐离子对芦苇的毒害,而且使得其生产、运输等生理活动随着盐度的升高而降低。因而,建议在盐度较低的区域以芦苇为主要的恢复目标种,而盐度较高区域的恢复目标种,则应在更为耐盐的土著植物中选取,或者采取必要的措施适当地降低恢复区域的盐度,以提高入侵区域恢复的整体效率。同时,互花米草可在盐度较大的范围内保持着较强的二次入侵能力,因而在土著植被恢复的过程中,适时监测并采取补救性治理措施是必要的。

第三节 互花米草生态控制与鸟类栖息地优化工程

一、互花米草生态控制

自互花米草引入以来,其扩散速率显著高于土著种,迅速侵占了大面积的滩涂区域。而且,高大的互花米草植株对土著种海三棱藨草起到显著的遮阴作用,并逐渐取代了土著植被。互花米草在滩涂上形成纯种群落后,会抑制其他植物生长,使贝类在密集的互花米草草滩中活动困难,甚至会窒息死亡,威胁了鱼类和鸟类的食物来源,降低滩涂的生物多样性,会严重破坏崇明东滩生态敏感区的自然平衡。对水鸟(鸻鹬类、雁鸭类、鹭类等)的行为学研究发现,其形态特征和生活习性决定其适宜在浅水滩和矮草滩等区域取食和栖息。而互花米草生长密度极高,茎干密集粗壮,地下根系发达,极不适合水鸟栖息。雁鸭类、小天鹅和白头鹤等多数鸟类均以海三棱藨草的球茎和小坚果以及芦苇的根状茎为食,并不采食互花米草。

上海崇明东滩鸟类国家级自然保护区为了应对互花米草入侵的不利影响,在国家林业局和上海市科学技术委员会的批准下实施了"上海崇明东滩鸟类国家级自然保护区互花米草生态控制与鸟类栖息地优化工程"(图14-4),旨在清除区域内的互花米草,并开展鸟类栖息地的营造和管理。根据互花米草的生长特点和前期处理实验的成功经验,提出了崇明东滩湿地互花米草控制的具体措施,主要包括:围堤、刈割、淹水、晒地、定植、调水(丁丽等,2011)。

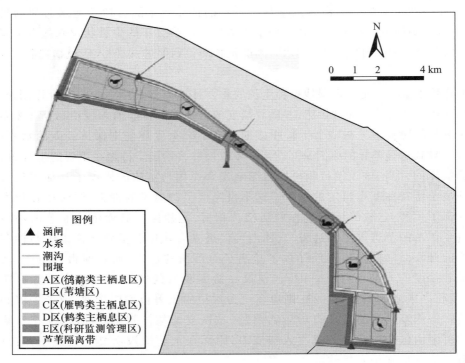

图14-4 上海崇明东滩鸟类国家级自然保护区互花米草生态控制与鸟类栖息地优化工程示意图

(1)围堤。围堤堤线布置根据实测互花米草植物生长的分布情况,顺堤以互花米草现状分布的外边界往外扩100 m作为围堤线,北侧堤以北八滧水闸东侧为界,南侧大致位于崇明东滩湿地98大堤中部,与98大堤相接。围堤总长约25.3 km,控制区总面积为24.2 km²。需刈割互花米草约14.6 km²。

(2)刈割。刈割时间应在互花米草的扬花期,目的是阻止传粉和结实,减少种子库(有性繁殖)。在工程实施第2年5—7月围堤建成后进行刈割。

(3)淹水。淹水的目的在于使互花米草无法进行气体交换,致其窒息死亡。互花米草的种子存活时间不长,约为8个月,不形成长期的种子库。在工程实施第2年5—7月完成刈割后,需立即淹水。为确保互花米草全部死亡,水深应保持在60 cm以上,若水量不足,则同时使用大功率水泵快速提高水位。淹水时间为5—9月。

(4)晒地。晒地的目的在于改善长时间浸泡的土壤的通气状况和水分条件,有利于底栖动物种群数量的增加,同时也利于芦苇及其他土著植物的生长与定植。晒地的时间为从工程实施第 3 年 3 月初到 3 月底。

（5）定植。定植的对象主要是芦苇,目的在于加速芦苇种群的恢复,抑制互花米草的重新入侵,并构建适宜鸟类栖息的生境。

（6）调水。调水的目的是调节水分和盐度,以利于植物的生长,使控制区形成有利于鸟类栖息、觅食的湿地生境。

该工程于 2010 年 12 月正式开工。项目实施范围位于崇明东滩鸟类国家级自然保护区内。北面自北八溆水闸开始,南部大致接崇明东滩湿地 98 大堤中部,西以崇明东滩湿地 98 大堤为界,东边界为 2007 年 4 月互花米草集中分布区外边界以外约 100 m 处。项目实施总面积为24.19 km^2,其中 8.98 km^2 位于保护区核心区,5.33 km^2 位于缓冲区;9.88 km^2 位于实验区。项目范围内各分区和自然保护区功能区的关系见表 14-1。

表 14-1　工程实施范围及其与鸟类自然保护区各功能区的关系

工程范围分区	鸟类保护区功能区			
	核心区/km^2	缓冲区/km^2	实验区/km^2	总面积/km^2
鸻鹬类主栖息区（A 区）	—	—	9.88	9.88
苇塘区（B 区）	0.66	3.05	—	3.71
雁鸭类主栖息区（C 区）	3.31	1.34	—	4.65
鹤类主栖息区（D 区）	4.70	—	—	4.70
科研监测管理区（E 区）	0.31	0.94	—	1.25
总计	8.98	5.33	9.88	24.19

工程主要内容包括以下 3 个方面。

（1）互花米草生态治理

① 控制形式:新建 25 km 长的围堤构成整个项目实施范围的外边界,从空间上阻断互花米草继续向外扩张。

② 清除、控制措施:近期以物理控制法为主,通过刈割、淹水、晒地清除互花米草;远期以生物控制法为主,采用定植、调节盐度与水位控制互花米草。

（2）鸟类栖息地优化

① 鸟类栖息地分区:从有利于鸟类群落稳定、栖息地改造的可行性和工程成本等方面考虑,设置鸻鹬类主栖息区（A 区）、苇塘区（B 区）、雁鸭类主栖息区（C 区）、鹤类主栖息区（D 区）和科研监测管理区（E 区）。

② 优化措施:通过在 98 大堤内开挖环形随塘河、在项目实施范围内补植芦苇和海三棱藨草、设置粗放型生态鱼塘等措施来优化鸟类栖息地。

（3）土著植物种群恢复

① 本工程同时还支持了潮间带滩涂土著植物海三棱藨草的种群重建与复壮任务。恢复地点为东旺沙涵闸口外滩地,面积约为 0.2 km^2。

② 实施措施:根据已经试验成功的移植模式进行大面积植被恢复。

二、互花米草生态治理

国际上治理入侵植物一般采用物理方法（人工或机械刈割、掩埋、拔除植株、淹水、火烧）、化学方法（喷洒除草剂）和生物方法（施放植食性昆虫），但清除效果不一。相关研究发现，刈割、掩埋、淹水等单一方式可能无法有效控制入侵的互花米草。经过工程队伍和科研人员的反复探索，形成了"围、割、淹、晒、种、调"六字方针的综合生态治理方案，即先围剿，再割除，用水淹残根，太阳暴晒，种上海三棱藨草、芦苇等乡土植物，调节水系盐度，达到生态修复的目的（图14-5）。

图 14-5　（a）示范工程区域中对互花米草进行带水刈割；（b）履带式刈割机；（c）涵闸水位调控设备；（d）少量斑块草丛施药（照片来源：上海崇明东滩鸟类国家级自然保护区管理处）

此外，工程区域有部分面积的互花米草无法进行淹水治理，主要有两种情况。一种是分布在新建大堤外的海滩边，另一种是分布在淹水分隔堰外的漫滩区域。由于分布分散且都是小斑块，使用"围-割-淹"的灭草方式成本太高且效率低下，故使用药剂灭除互花米草。上海市崇明东滩生态修复项目工程部（简称"工程部"）咨询了美国旧金山湾互花米草的治理经验。自2006年起，旧金山湾地区使用了新型除草剂灭草烟（Imazapyr），效果显著。灭草烟是一种新型广谱除草剂，对于清除入侵的互花米草很有成效。由于灭草烟在水体中通过光解作用能快速分解，因而美国国家环境保护局对其环境健康风险的评价是：其对野生动物（包括哺乳动物、鸟类、鱼类和水生无脊椎动物）实际无毒，人类暴露于其中也非常安全。

淹水处理是对互花米草进行控制的关键，一般淹水时间需超过6个月，水深保持在40 cm以上。如果在刈割后没有立即淹水或水位不能保持，容易导致控制失败。所以在淹水期间，工程部安排专人负责现场观测，由于蒸发或隔堤渗水造成水位降低时，立即进行及时补水，以保持水位误差不大于 5 cm。目前,崇明东滩湿地形成了 2 km² 相对封闭、水位可调控管理的互花米草生态治理区,对互花米草的灭除率达 95% 以上(图 14-6)。

图 14-6　(a)治理前互花米草入侵土著群落景观;(b)秋季治理区记录到的黑尾塍鹬群;(c)互花米草治理后的水鸟栖息地营建效果;(d)冬季治理区记录到的斑嘴鸭群(照片来源:上海崇明东滩鸟类国家级自然保护区管理处)

三、鸟类栖息地优化

在互花米草生态治理的同时,开展了鸟类栖息地优化工程。考虑该优化工程时,需要确定优先目标种类和类群并考察鸟类目前所利用生境的生态要素需求。而且,在工程实施后通过管理措施,确保其有益于其他种类。该工程项目组通过研究后提出了 6 种主要的栖息地营建类型,即芦苇带、滨海草滩湿地、有生态小岛的开阔水域、生态小岛、漫滩和灌丛/林地。表 14-2 总结了每种生境类型的要素(地形要素与群落要素)配置特点与管理要求。

目前,保护区形成了 2 km² 相对封闭、水位可调控管理的鸟类栖息地优化区。在优化区域内建成了长达万余米、相互连通的骨干水系,营造了总面积近 18 万 m² 的生境岛屿,为迁徙过境的鸻鹬类和越冬的雁鸭类提供了良好的栖息环境,成功控制了项目实施区域内的互花米草生长和扩张。优化区内自然生境明显改善,鸟类种群数量显著增加。据调查,优化区内水鸟已达 38 种,成为部分夏候鸟繁殖的筑巢场地,还吸引到大量越冬雁鸭类在此栖息,水鸟栖息地的效果已经初步显现(图 14-6)。

表 14-2　鸟类栖息地营建的优先物种要素配置和管理要求

营建栖息地	优先物种	要素配置特点	管理要求
芦苇带:带有水位控制	震旦鸦雀、大苇莺	• 现有地形条件上的纯芦苇区域,始终有 10 cm 以上的水体覆盖,在雨季的最大水深则不超过 50 cm • 围堤高度 1 m • 方便进入以便管理 • 单元面积没有限制 • $1\sim2$ hm² 大小的池塘和可行宽度(8 m)的深 1 m 的沟渠 • 泵站供水 • 管阀排水系统	• 泵站供水以保证最高水位 • 阶段性轮流收割($5\sim10$ 年):震旦鸦雀需要生长时间较长的芦苇 • 每次最多收割总面积的 20% • 不进行种植,开始的时候可能有些区域是水面和芦苇丛的混合生境,但芦苇会逐渐扩散
滨海草滩湿地:带有水位控制	白头鹤、雁鸭类、鸳鸯、小天鹅	• 典型土著盐沼植被恢复实验区:植物种类包括海三棱藨草、碱蓬、补血草、紫菀、海蓬子 • 被动水位控制,主要水源是临近其他栖息地类型的排水和自然降水 • 某些区域可能需要种植芦苇 • 排水管阀系统(底面布设)	• 较为干燥,也较为复杂的有芦苇分布的盐沼植被区域 • 需要进行阶段性芦苇收割($5\sim10$ 年) • 需要采取措施防止互花米草二次入侵
开阔水域、生态小岛:供鸟类停歇、筑巢	须浮鸥、黑脸琵鹭、卷羽鹈鹕、黄嘴白鹭、东方白鹳、黑鹳	• 面积 $20\sim100$ hm² • 保持原有自然地形 • 最大水深 0.5 m • 分隔堤高 1 m,边坡角度平缓(至少 1:4 的坡比) • 需要调水泵站和管阀 • 布设生态小岛	• 每个开阔水域管理单元都可以针对不同目标类群采用相应的水管理节律: a. 较深的水深——雁鸭类 b. 浅水——鸻鹬类、鹭类 c. 中等水深——琵鹭
漫滩:供鸟类停歇、觅食	迁徙鸻鹬类(红腰杓鹬、大滨鹬、小青脚鹬等)、黑嘴鸥/普通燕鸥	• 面积 $2500\sim5000$ m² • 岛屿顶面平坦,低于最高水位 20 cm • 可能的话,岛屿由砂质土壤构成 • 吹砂管袋构成岛屿基础形状 • 形状不规则 • 岛间距离至少 50 m • 坡比 1:4 • 可以种植高度较低的草本植物(结缕草)	• 全年保持在水面之上。可能需要进行植被清除(如果被芦苇等高大植被覆盖) a. 分布该型小岛的开阔水域管理 b. 1—6 月保持深水位 c. 7—12 月保持低水位
灌丛/林地:供鸟类停歇、筑巢	鹭科鸟类(小白鹭、夜鹭等)	• 位于 98 大堤青坎平台 • 乔木占 50%,灌木占 50% • 100 m 种植带,100 m 空置带间隔	• 树种选择必须遵从土著、耐盐和有利于鸟类利用 • 可能的话,选择果树 • 采用集聚的种植方式,不要使用规整的线式种植

四、工程实施效果

　　2011 年,该优化工程在上海崇明东滩鸟类国家级自然保护区中部实验区建设了示范区(下文称"工程示范区")。为了检验栖息地优化后生物多样性的恢复效果,本研究对比了工程示范区内和区外未优化生境的鸟类和大型底栖动物的生物多样性,初步考核生物多样性的恢复效果,以期为后续的大规模栖息地优化工程以及其他类似湿地生态工程提供科学依据。

　　每年秋季是崇明东滩湿地鸟类最为丰富的时期。2011 年 7 月(工程完成两个月后),在工程示范区内、外分别进行了 3 次鸟类调查。2010 年 10 月、2011 年 7 月至 2012 年 6 月,对工程示范区内进行了专项植被和水鸟多样性调查,以了解栖息地优化效果。工程前,工程示范区内植被类型为互花米草/芦苇混生群落,而且互花米草占绝对优势。工程示范区内的芦苇密度显著低于示范区外,仅为 100 株·m^{-2}左右,区内和区外芦苇高度差异不明显(图 14-7)。2011 年示范区内进行互花米草刈割和清除,在 2011 年 7 月,工程示范区内的芦苇密度与示范区外无显著差异,芦苇高度超过 150 cm,与示范区外无显著差异。

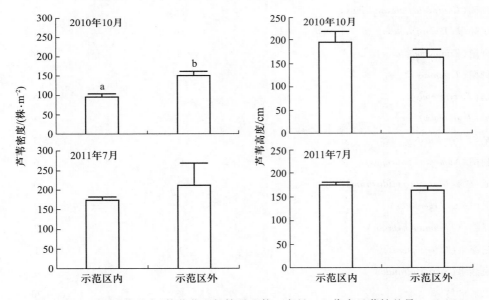

图 14-7　工程示范区内、外芦苇生长情况比较。字母 a、b 代表显著性差异,$p<0.05$

　　工程示范区内定植了一定密度的芦苇,构建水系将潮水引入围堤内,并通过栖息地格局营建形成景观多样性较高的人工岛屿和漫滩。工程对芦苇的影响较小,其生长密度和高度与区外没有显著差异。在对工程示范区生物多样性的调查中,鸟类种类、水鸟种类、鸟类数量以及水鸟数量均高于对照区域,这表明工程示范区的鸟类栖息地质量得到明显的改善。在工程示范区共统计到鸟类 422 只,其中水鸟 20 种(表 14-3),平均每次调查记录到水鸟 44 只,非水鸟68 只。记录数量最多的鸟类为白鹭、震旦鸦雀、树麻雀、青脚鹬和棕头鸦雀。而工程示范区外对照样地共记录到鸟类 193 只,其中水鸟 17 种。

表 14-3　崇明东滩湿地工程示范区内、外水鸟类监测记录

鸟类种类	示范区内/只	示范区外/只
小鸊鷉（*Tachybaptus ruficollis*）	23	—
凤头鸊鷉（Podiceps cristatus）	2	—
斑嘴鸭（*Anas poecilorhyncha*）	10	6
黄苇鳽（*Ixobrychus sinensis*）	9	1
白鹭（*Egretta garzetta*）	142	71
中白鹭（*E. intermedia*）	2	4
大白鹭（*E. alba*）	5	6
牛背鹭（*Bubulcus ibis*）	17	—
苍鹭（*Ardea cinerea*）	3	9
夜鹭（*Nycticorax nycticorax*）	—	8
黑水鸡（*Gallinula chloropus*）	11	—
白骨顶（*Fulica atra*）	3	—
环颈鸻（*Charadrius alexandrinus*）	6	2
黑尾塍鹬（*Limosa limosa*）	—	1
青脚鹬（*Tringa nebularia*）	8	44
红脚鹬（*T. totanus*）	—	2
鹤鹬（*T. erythropus*）	—	5
林鹬（*T. glareola*）	17	—
矶鹬（*T. hypoleucos*）	2	3
中杓鹬（*Numenius phaeopus*）	12	6
普通燕鸻（*Glareola maldivarum*）	3	—
银鸥（*Larus argentatus*）	—	2
须浮鸥（*Chlidonias hybrida*）	101	2
白翅浮鸥（*C. leucopterus*）	1	1
普通燕鸥（*Sterna hirundo*）	3	—
未识别水鸟	43	20
水鸟种类小计	20	17
水鸟数量小计	422	193

　　2011—2012 年，工程示范区内水鸟专项调查中，共记录到水鸟 24810 只，分属 7 目 12 科 49 种（表 14-4）。数量超过 500 只次的鸟类有绿头鸭（11545 只次）、斑嘴鸭（3573 只次）、针尾鸭（2504 只次）、黑尾塍鹬（1094 只次）、青脚鹬（905 只次）、绿翅鸭（801 只次）、黑腹滨鹬（725 只次）和须浮鸥（650 只次）。其中数量最多的绿头鸭，占总数的 46.53%。超过 500 只次的鸟合计共有 21800 只次，占总数的 87.87%。水鸟类群中，雁鸭类占到了大多数（19047 只次，占

表 14-4 2011—2012 年崇明东滩湿地工程示范区内水鸟调查结果

目分类	科分类	数量/只次	种类/种
雁形目	鸭科	19047	10
鹤形目	秧鸡科	315	2
鸻形目		3868	24
	鹬科	3464	18
	反嘴鹬科	46	1
	鸻科	330	4
	水雉科	3	1
	未识别	25	—
鸥形目		654	2
	鸥科	4	1
	燕鸥科	650	
䴙䴘目	䴙䴘科	299	2
鹈形目	鸬鹚科	61	1
鹳形目		566	8
	鹭科	506	6
	鹮科	60	2
总计 7 目	12 科	24810	49

76.77%），鸻鹬类是另一个数量较多的类群（3868 只次，占 15.59%）。这两个类群的种类也比较丰富，分别为雁鸭类 10 种和鸻鹬类 24 种。工程示范区水鸟数量高峰期是从 2011 年秋季一直持续到 2012 年春季，2011 年 12 月数量达到最高值，为 5153 只次。种类数的顶峰则是在 2011 年 10 月的下旬和上旬，都达到了 17 种。工程示范区内栖息的水鸟个体数量占约总数量的 80%，这表明工程示范区是大多数水鸟的栖息地，为这些鸟类提供了觅食地（金欣等，2013）。

该优化工程在崇明东滩湿地水鸟保育中起到了重要的作用（张美等，2013），根据不同水鸟对生境因子的要求，冬季保持了较大的水面面积和一定的水深，为雁鸭类提供合适的栖息地。春季保持了一定的裸露浅滩面积，为鸻鹬类提供良好的避难所。因此，水位调控成为工程示范区鸟类栖息地优化和生物多样性自然保育的重要手段。

须浮鸥是在保护区内繁殖的唯一一种鸥类。须浮鸥的繁殖需要稳定的水体。保护区 98 大堤内的鱼蟹塘曾是须浮鸥的繁殖营巢地。但从 2008 年鱼蟹塘不再进行养殖而废弃，须浮鸥丧失营巢地，近年在崇明东滩湿地一直未发现须浮鸥的繁殖记录。而工程示范区在 2011 年 5 月引入水源后，很快就为须浮鸥提供稳定的繁殖地。据不完全统计，工程示范区内须浮鸥的巢在 30 个以上，大部分巢都能够成功繁殖。

从其他繁殖鸟类来看，对照区域的植被类型为互花米草和芦苇混生群落，该区域的繁殖鸟类主要为雀形目鸟类，如震旦鸦雀、东方大苇莺、斑背大尾莺、棕扇尾莺等。其中震旦鸦雀和东方大苇莺在芦苇斑块中营巢。通过调查,震旦鸦雀也在工程示范区内营巢。

相对于周边区域,工程示范区的水鸟种类、密度、多样性指数和均匀度指数都最大,而裸露浅滩面积、水域面积和生境小岛个数是影响水鸟分布的关键因子(张姚等,2014)。因此,崇明东滩湿地互花米草治理和栖息地优化对于重要物种的保护起到了关键作用,为其他地区的鸟类栖息地优化与生态恢复提供了科学依据和实践经验。

五、工程对温室气体排放的影响

工程实施后相关研究还报道了其对土壤温室气体(CO_2、CH_4、N_2O)排放的影响(Sheng *et al.*,2014)。在互花米草治理工程开展一年后,原互花米草覆盖区的CO_2、CH_4和N_2O排放显著减少(分别减少约87.1%、84.2%和97.3%),这可能是互花米草消失、淹水以及(或)土壤微生物生物量、乳酸脱氢酶和β-葡萄糖苷酶活动减少导致的。保存有土著种芦苇的项目控制区的CH_4通量显著增多(比自然生境的芦苇增多了27.3倍),但CO_2和N_2O通量并没有显著变化。该研究发现,土壤温室气体排放可以被入侵植物治理工程显著改变。基于情境分析结果,该研究从土壤温室气体排放等效性角度出发,建议在接近50%的互花米草已治理区域种植芦苇。

工程实施后土壤盐度也随着水文调节有所改变,影响生境修复后的温室气体排放(Sheng *et al.*,2015)。CH_4排放随着盐度的增加而显著减少,这可能是高盐度区域的沉积物中硫酸盐含量更高导致的。CO_2排放在中等盐度($\sim$5‰)处理下达到最高值。在无植被样点,CO_2排放当量在小于2‰盐度处理下达到最高值,比大于10‰盐度处理下的当量高出约8倍。在植被覆盖样点,小于2‰盐度处理有最高的年净碳通量。因此,尽管低盐度湿地伴有高碳排放,植物生产力增加会导致较高的碳吸收率。该研究结果显示,改造后湿地植被的存在会改变盐度对碳当量的影响。后续的湿地碳汇功能保护和河口湿地景观修复应考虑在高盐度区域实施,并营建开放水域,在低盐度区域恢复植被以促进如芦苇等土著植物的生长。

六、工程影响减弱措施

上海崇明东滩鸟类国家级自然保护区实施互花米草生态控制与鸟类栖息地优化工程,从而改善了互花米草的入侵引起的覆盖区域鸟类生物多样性下降等一系列的生态环境问题。阮关心(2012)在回顾互花米草生态控制与鸟类栖息地优化工程的基础上,分析了该工程对崇明东滩湿地生态环境的生态效益。结果表明:

互花米草生态控制与鸟类栖息地优化工程在建设过程中由于施工作业,在局部地区可能会造成一些不良影响,但不会造成长期和显著的不利影响(阮关心,2012)。工程完成后虽然会对生态环境造成一定的不利影响,但总体而言建设完成后有助于消除施工产生的不利影响,帮助改善崇明东滩湿地生态环境,解决互花米草入侵导致的生态问题。建议建设过程中及建设完成后均应注意采取措施减缓不利影响,如建设过程中应尽可能保留原有芦苇和海三棱藨草斑块,以减少工程量,也有利于保护其中的动物类群;同期开展生物监测,记录工程的施工过程对生物多样性造成的影响。建设完成后应控制工程示范区内的鱼塘水质,避免出现水质恶化现象。此外,可以进行底栖动物、甲壳动物和鱼类的投放,以尽快恢复其水生动物种群,并建立良好的食物网结构;工程结束后,应密切关注区域水生生态环境,进行环境和生物监测,适时进行生物群落的干预。

相关研究比较了"淹水刈割"、"反复刈割"及"化学除草"三种措施对大面积互花米草的治理效果及其对大型底栖动物与土著植物芦苇的影响(盛强等,2014)。结果表明,反复刈割措施对互花米草生长具有一定的控制作用,对底栖动物群落的影响较小;使用化学除草剂清除对底栖动物群落的影响不明显(表14-5);淹水刈割措施能长期有效地清除互花米草,但长期淹水对底栖动物群落的影响较大,同时亦对芦苇生长造成一定负面影响。因此,淹水刈割可能是在河口生态系统治理大面积互花米草最有效的方法,但是在后续管理中需要采取一定的措施来减小对底栖动物及土著植物的影响。

表14-5　不同措施对互花米草的治理效果以及对芦苇和大型底栖动物的影响(盛强等,2014)

	反复刈割	化学除草	淹水刈割	
			短期	长期
互花米草治理效果	一般	不明显	有效	有效
对芦苇生长的影响	—	—	不明显	有所抑制
对底栖动物群落的影响	不明显	不明显	不明显	较大
对多毛类的影响	不明显	不明显	不明显	种群消失
对腹足类的影响	不明显	不明显	不明显	密度下降
对节肢动物的影响	不明显	不明显	不明显	密度上升

七、工程后续管理和成效监测

为了互花米草生态控制与鸟类栖息地优化工程实施后的保护区后期建设规划和科学管理需要,保护区制定了初步的工程后续管理和成效监测方案,也为其他自然保护区的类似工作提供了实践经验。

(1)水文管理

水文管理是鸟类栖息地管理的一个关键节点。涵闸纳潮可以保障灌浆纳苗,并减轻水体停滞现象。适时的降低水位可以促进芦苇带凋落物的氧化分解,并为需要不同觅食水深的鸟类提供无脊椎动物食物资源。各管理单元的水文管理节律可归纳为:

- 从1月到3月(满足越冬水禽需求),保持最高水位(50 cm);
- 4月到7月下旬使水位通过自然蒸发等途径缓慢下降,最低到20 cm(满足雀形目、须浮鸥等繁殖鸟类需求);
- 在8月至10月保持20 cm的水位(满足迁徙涉禽需求);
- 11月,提高水位至50 cm(满足越冬水禽需求)。

(2)外围互花米草防控

互花米草二次入侵对于工程示范区内鸟类栖息地是一个很大的威胁。新建防浪堤具有良好的通行条件,保护区工作人员能够方便地监测互花米草二次入侵状况并及时实施控制措施。实践证明,在崇明东滩湿地通过使用除草剂灭杀小斑块互花米草是可行的,因此建议在工程示范区范围内实施互花米草监测。发现小斑块互花米草可通过喷洒除草剂加以控制,以防止其进一步扩散,最后逐步加以根除。

（3）成效监测

该工程是我国第一个以治理互花米草和优化鸟类栖息地为目的的建设项目。对工程效果的持续监测能够获得重要的鸟类和环境数据,并对于在环境条件发生变化时及时改进管理计划起着至关重要作用。推荐监测指标如下所示:

- 鸟类栖息地工程示范区内是否有互花米草二次入侵情况;
- 潮间带滩涂上互花米草是否扩散;
- 越冬水鸟种群数量是否上升并更加稳定;
- 鸻鹬类是否利用优化后的栖息地,是否有取食行为;
- 芦苇带中是否有稳定的震旦鸦雀种群;
- 是否吸引黑嘴鸥在工程示范区进行繁殖;
- 是否吸引须浮鸥在工程示范区进行繁殖;
- 稻田栖息地是否吸引越冬鸟类进入觅食;
- 生态小岛是否为鹭类提供繁殖/栖息的场所;
- 公众的自然体验是否得到加强(通过问卷调查)。

参 考 文 献

丁丽,徐建益,陈家宽,汤臣栋. 2011. 崇明东滩互花米草生态控制与鸟类栖息地优化. 人民长江, 42(S2): 122-124, 162.

金欣,任晓彤,彭鹤博,马强,汤臣栋,钮栋梁,马志军. 2013. 崇明东滩鸟类栖息地优化区越冬水鸟的栖息地利用及影响因子. 动物学杂志, 48(5): 686-692.

李贺鹏,张利权. 2007. 外来植物互花米草的物理控制实验研究. 华东师范大学学报(自然科学版), (6): 44-55.

阮关心. 2012. 崇明东滩互花米草生态控制与鸟类栖息地优化工程生态效益探讨. 安徽农业科学, 40(23): 11799-11801.

盛强,黄铭垚,汤臣栋,钮栋梁,马强,吴纪华. 2014. 不同互花米草治理措施对植物与大型底栖动物的影响. 水生生物学报, (2): 279-290.

王智晨,张亦默,潘晓云,马志军,陈家宽,李博. 2006. 冬季火烧与收割对互花米草地上部分生长与繁殖的影响. 生物多样性, 14(4): 275-283.

肖德荣,张利权,祝振昌,田昆. 2011. 上海崇明东滩互花米草种子产量与活性对刈割的响应. 生态环境学报, 20(11): 1681-1686.

肖德荣,祝振昌,袁琳,田昆. 2012. 上海崇明东滩外来物种互花米草二次入侵过程. 应用生态学报, 23(11): 2997-3002.

袁琳，张利权，肖德荣，张杰，王睿照，袁连奇，古志钦，陈曦，平原，祝振昌. 2008. 刈割与水位调节集成技术控制互花米草（*Spartina alterniflora*）. 生态学报，28(11)：5723-5730.

张美，牛俊英，杨晓婷，汤臣栋，王天厚. 2013. 上海崇明东滩人工湿地冬春季水鸟的生境因子分析. 长江流域资源与环境，22(7)：858-864.

张姚，谢汉宾，曾伟斌，汤臣栋，钮栋梁，王天厚. 2014. 崇明东滩人工湿地春季水鸟群落结构及其生境分析. 动物学杂志，49(4)：490-504.

Li H P, Zhang L Q. 2008. An experimental study on physical controls of an exotic plant *Spartina alterniflora* in Shanghai, China. *Ecological Engineering*, 32(1)：11-21.

Sheng Q, Wang L, Wu J H. 2015. Vegetation alters the effects of salinity on greenhouse gas emissions and carbon sequestration in a newly created wetland. *Ecological Engineering*, 84：542-550.

Sheng Q, Zhao B, Huang M Y, Wang L, Quan Z X, Fang C M, Li B, Wu J H. 2014. Greenhouse gas emissions following an invasive plant eradication. *Ecological Engineering*, 73(73)：229-237.

Tang L, Gao Y, Wang C, Li B, Chen J, Zhao B. 2013. Habitat heterogeneity influences restoration efficacy：Implications of a habitat-specific management regime for an invaded marsh. *Estuarine, Coastal and Shelf Science*, 125：20-26.

Tang L, Gao Y, Wang C, Wang J, Li B, Chen J, Zhao B. 2010. How tidal regime and treatment timing influence the clipping frequency for controlling invasive *Spartina alterniflora*：Implications for reducing management costs. *Biological Invasions*, 12：593-601.

Tang L, Gao Y, Wang J, Wang C, Li B, Chen J, Zhao B. 2009. Designing an effective clipping regime for controlling the invasive plant *Spartina alterniflora* in an estuarine salt marsh. *Ecological Engineering*, 35(5)：874-881.

Yang G, Tang L, Wang J Q, Wang C H, Liang Z S, Li B, Chen J K, Zhao B. 2009. Clipping at early florescence is more efficient for controlling the invasive plant *Spartina alterniflora*. *Ecological Research*, 24(5)：1033-1041.

Yuan L, Zhang L Q, Xiao D R, Huang H M. 2011. The application of cutting plus waterlogging to control *Spartina alterniflora* on saltmarshes in the Yangtze Estuary, China. *Estuarine Coastal and Shelf Science*, 92(1)：103-110.

第十五章

原生植被恢复与可持续管理

第一节　海三棱藨草恢复

一、海三棱藨草

　　我国特有的海三棱藨草是莎草科广义藨草属的多年生草本植物,因秆呈三棱形而得名,是长江口滨海湿地重要的建群种和我国特有种,具有不可替代的生态价值,发挥着巨大的生态服务功能。海三棱藨草不仅能促淤造陆、护岸保堤、固土储碳、改良土壤,推动滩涂的持续扩张,为人类提供宝贵的土地资源,还是湿地水鸟以及其他野生动植物的关键饵料来源和栖息场所,能保护长江口滨海湿地的生物多样性,维护滨海湿地生态系统的完整和平衡。

　　海三棱藨草为多年生草本植物,根为须根,具根状茎,越冬时节茎上形成椭圆形或卵形的球茎,球茎长 1~1.8 cm,翌年能萌发成新植株(图 15-1)。秆高 30~60 cm,有些最高可达 80 cm,散生,三棱形,光滑;穗状花序单个假侧生,头状,卵形或广卵形。小坚果扁平,阔倒卵形,长 3~4 mm,熟时深褐色或黄棕色,有光泽。海三棱藨草具有发达的地下根状茎和球茎,通常在地表下 10~20 cm,其至 30~50 cm 深。海三棱藨草地下球茎平均每平方米可达 100~200 粒,每公顷可达 500~1000 kg。球茎单粒平均长宽为11 mm×5 mm,重 0.5 g 左右。海三棱藨草的地下根状茎极发达,延伸速度较快,常可发展成大片的群落,对促淤涨滩有积极作用。

　　海三棱藨草体内具有发达的通气系统,其叶片形态构造上还具有旱生植物的特征。海三棱藨草既能适应潮水的淹没,又能适应退潮后太阳的暴晒;还能耐受一定的土壤盐度,在土壤盐度 0~0.4‰中生长良好。海三棱藨草全年生长期从 3 月下旬到 11 月下旬,在中潮位地带生长最好,其密度和单株生物量最高,形成密集的单种群草场,群落外貌整齐,结构简单,季相明显。其春季(4—5 月)平均密度通常为 1000~1200 株·m^{-2},盖度为 50% 左右,地上生物量 60~100 g·m^{-2}(干重);秋季(9—10 月)平均密度 2000~4000 株·m^{-2},盖度为 70% 左右,地上生物量为 500~800 g·m^{-2}(干重)。海三棱藨草可以凭借种子繁殖和地下球茎、根状茎繁殖扩

图 15-1 海三棱藨草的生物学特征。(a)地下部分;(b)克隆分株;(c)叶、花和花序;(d)群落外带;(e)群落内带(照片来源:上海崇明东滩鸟类国家级自然保护区管理处)

大其种群数量和空间分布范围。根据其群落的特征,海三棱藨草群落常被分为内带和外带。内带形成较早,群落密度和盖度大,地下球茎密度小;而外带是最近 1~2 年形成,群落稀疏或者呈斑块状,高度低,球茎发育好且密度大。在内带和外带之间没有明显的界线。

长江每年从上游带来大量泥沙沉积在长江口,形成大片的新型滩涂,为盐沼植被群落发展提供条件。崇明东滩湿地是长江口规模最大、发育最完善的河口型潮汐滩涂湿地,它在上游泥沙作用下每年以 100~150 m 的速度向海延伸。然而,20 世纪末,随着上海海岸滩涂围垦力度的加大,围垦范围从高潮滩逐渐往中、低潮滩延伸,且围垦速度明显超过了滩涂自然淤涨的速度,大量的海三棱藨草在围垦中直接消失,其种群面积发生灾难性的减少,导致盐沼湿地生态系统结构和功能的破坏(蔡赫和卞少伟,2014)。另一方面,长江口地区自 20 世纪 80 年代中期开始引种互花米草,实施种青促淤造陆工程。互花米草在崇明东滩湿地等具有很好的生长适应性和生态幅,其植株高大、粗壮,无性繁殖能力强大,能快速扩散形成密集的单种优势种落。互花米草的适宜生境为潮间带中潮滩上部至高潮滩,与芦苇种群和海三棱藨草种群均发生生态位重叠,对海三棱藨草、芦苇和碱蓬等土著植物造成了显著的竞争排斥,其中对海三棱藨草种群的破坏程度最为严重(陈中义等,2005)。20 世纪 90 年代,大规模围垦以及互花米草的入侵致使崇明东滩湿地海三棱藨草生境面积锐减,其主要分布范围从 1990 年的堤外 1000~5000 m 变为堤外 0~3000 m 处,也导致水鸟适宜栖息地状况的持续恶化,严重威胁着崇明东滩湿地鸟类生物多样性的保护。其他如放牧(水牛的啃食、践踏)、渔猎等人类活动干扰也加速了崇明东滩湿地海三棱藨草面积的减少。

二、潮间带海三棱藨草恢复

2011 年保护区启动了互花米草生态控制与鸟类栖息地优化工程后,对入侵的互花米草进行了圈围处理,阻断了互花米草进一步扩散的途径。自 2013 年,工程区域以外由于泥沙不断淤积,形成了大面积的新生滩涂湿地,为海三棱藨草种群的恢复提供了良好条件。目前多数研究认为,种子播种(建立种子库)是一种理想的自然恢复途径,对植被恢复有着极其重要的作用。然而,环境因子的剧烈干扰会影响种子库的组成、数量以及出芽率,并直接制约植被恢复的成功率。尤其在滨海湿地这一海陆交界区域,水文(潮汐)和泥沙(淤积)作用较为剧烈,对成功定植和恢复海三棱藨草种群提出了新的挑战。另一方面,研究发现,湿地植被具有较发达的地下繁殖体(根状茎、球茎等),其生长和横向扩散是植物定居和扩散的主要途径,可以作为一种恢复策略。

Hu 等(2015)通过对比研究种子库、幼苗和植物球茎(地下繁殖体)3 种种植方式的恢复策略,测试了潮间带动力沉积过程影响下的海三棱藨草生境营造技术,筛选优化、经济的快速栽培和种群重建与复壮技术,提出了适宜崇明东滩湿地地理特征的海三棱藨草种群恢复的可行性方案。该研究首先在崇明东滩湿地采集了成熟饱满的海三棱藨草种子,分别统计其在埋藏 0 cm、5 cm、10 cm、15 cm 和 20 cm 土壤深度的自然萌发率。结果发现,海三棱藨草种子具有较好的生物活性,但在不同播种深度上的出苗率有显著的差异(图 15-2),5 cm 是种子播种的最佳深度,20 cm 的播种深度可能是海三棱藨草种子实现出苗的最低阈值。

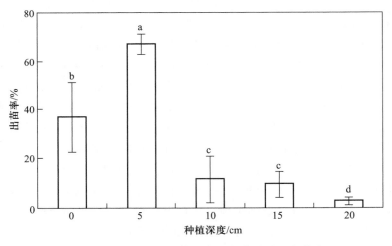

图 15-2　不同播种深度的海三棱藨草种子出苗率

然而,根据不同密度(高、中、低三个梯度)在潮滩播种的海三棱藨草种子出苗率较低,绝大多数种子会被潮汐流冲走,在 6 月初高密度播种和中密度播种的种子出苗率仅分别约为 0.3% 和 0.2%,而低密度播种的种子则没有出苗。而通过不同密度(高、中、低三个梯度)的野外球茎种植实验发现,植株成活率显著高于种子种植方法。因此,滨海潮滩上显著的潮汐冲刷作用和泥沙沉积作用不利于种子库的恢复方案。

　　严酷的环境因素会制约滨海生境中盐沼植被的存活、定居和生长。目前结合不同的水文状态和初期种植密度展开样地选择的实验可以为将来更大规模的海三棱藨草修复工程提供关键的方法借鉴。相关研究对比了在不同水文条件的生境中恢复海三棱藨草,发现在潮滩淤积和潮汐水动力稳定的生境,高种植密度处理的幼苗存活率在 5、6 月的测量初期达到近 40%,并能在后续的生长阶段里保持在 29.5%~35.0%(图 15-3)。

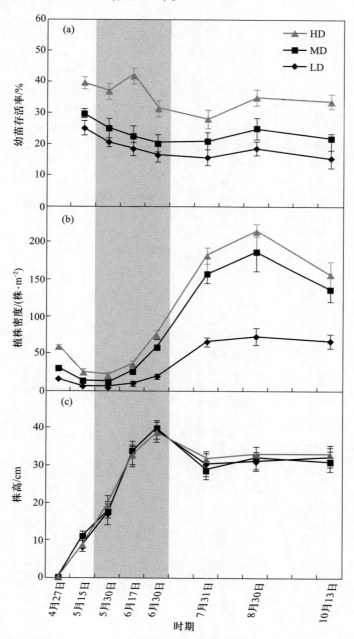

图 15-3　潮滩淤积和潮汐水动力稳定生境的海三棱藨草恢复效果(LD:低种植密度;MD:中种植密度;HD:高种植密度)(Hu *et al.*,2015)

在中种植密度处理和低种植密度处理下，幼苗存活率在初次种植后就迅速下降到16.5%~21.2%。然而，在潮滩淤积率较大和潮汐水动力较强的生境，高种植密度处理下的幼苗存活率从49.6%急剧下降到3.2%，中种植密度处理下的幼苗存活率也从33.3%急剧下降到1.0%，低种植密度处理下的幼苗存活率甚至在6月末期下降到0，即幼苗几乎无一存活（图15-4）。在潮滩淤积和潮汐水动力稳定的生境，海三棱薦草的植株密度在高种植密度、中种植密度和低

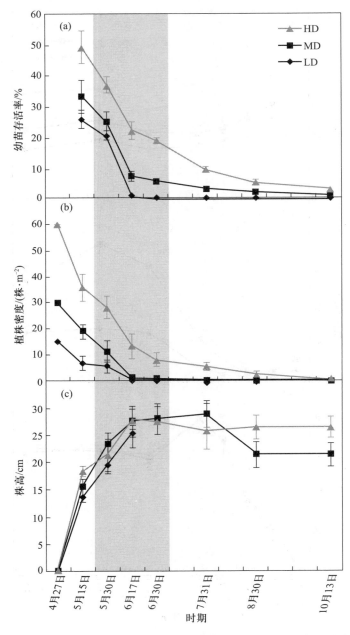

图15-4 潮滩淤积率较大和潮汐水动力较强生境的海三棱薦草恢复效果（LD：低种植密度，MD：中种植密度；HD：高种植密度）（Hu *et al.*，2015）

种植密度处理下均在实验样点成功定居并通过营养分蘖和地下根状茎的生长迅速形成草丛，最终成为密集的草地。任何种植密度处理的最大分蘖密度都出现在 7 月末。在潮滩淤积率较大和潮汐水动力较强的生境，植株密度在生长末期下降更加剧烈，自 6 月末开始，低种植密度处理下的幼苗全部死亡。

　　在海三棱藨草球茎植入潮滩后，多数球茎能在生长季初期实现定居并开始出苗。由于潮水冲刷的不利影响，幼苗的存活率虽然会在种植初期下降，但存活下来的幼苗能够很快通过地下分蘖和地下根状茎发展从土壤基质中萌发并形成密集的植株群落。出苗后适度的泥沙淤积能帮助幼苗维持直立，促进海三棱藨草种群的定植和扩增。这说明，在新生潮滩湿地上采用含有海三棱藨草球茎的土壤微生态系统进行植被修复的方法是切实可行的，这种方法能减少潮滩水文和沉积条件对植物定居的强烈干扰。

　　此外，对于植被恢复的实践工作，成本预算也是非常重要的因素。这种成本差异主要体现在种植材料运输和现场种植时的人工费用。虽然低密度种植处理的支出最少，但其幼苗存活率相应地偏低，这导致了海三棱藨草植被恢复的低效性。高密度种植处理的实验在海三棱藨草生长末期取得了最高的幼苗存活率和植株密度，但其在取样、运输和种植过程中的人工费用也最高。相比于高密度种植处理，中密度种植处理也能获得较高的植株密度。这说明当植被恢复实践的成本成为保护区管理者和决策者的重点关注因素时，如果地下繁殖体系统能迅速生成，则选择满足海三棱藨草幼苗定居和群落发展的最低种植材料需求的策略将是更经济高效的。目前，保护区东旺沙潮间带区域形成了约 0.2 km² 的海三棱藨草恢复区，植被种群重建和复壮的效果比较明显（图 15-5）。

图 15-5　（a）崇明东滩湿地海三棱藨草种植样地；（b）海三棱藨草种群恢复效果（葛振鸣摄）

三、工程区域内海三棱藨草种群恢复

　　崇明东滩互花米草生态控制与鸟类栖息地优化工程区域也是恢复土著植物海三棱藨草的理想区域。由于在工程区域内潮汐动力干扰较小，采用的海三棱藨草种群恢复技术要点包括：

　　（1）种植方式：种子（已长出胚根的种子）直播，播种量约为每平方米 10~20 粒。

　　（2）区位选择：单个斑块种植面积 0.067 km² 以上，以大者为优，斑块间适当留有适合海三棱藨草拓展的空间，以便海三棱藨草的自然生长扩散。

　　（3）水位条件：海三棱藨草在土壤保持湿润条件下基本能存活，种植初期要严格控制水位,土表湿润即可(0~1 cm),中期(苗高 10 cm 左右)水位不超过 5 cm,后期(苗高 20 cm 以上)可耐受 1/2 株高的淹水,但是淹水时间不宜超过 2 天。若无法控制水位,则需在种植区周围修筑隔水堤,防止种植区水位过高。

(4)场地要求:地势要求平整,每一个种植区内地势落差应小于 5 cm;海三棱藨草种植前场地均需翻耕(深度 60~80 cm,翻耕两次为宜,结块土需要打碎以便海三棱藨草种植,土地平整以后切勿降低土地高程),翻耕后需清除原地块植被根系。

(5)其他事项:种子播撒前需尽量清除杂草;播撒前预先淹水一周左右(水位不低于 20 cm);种植期间尽可能清除种植区域内过多的蟹类,以防止海三棱藨草大面积损失;种植期间切勿施撒任何种类的肥料。

第二节　保护区生态管理

一、保护区生态健康评价

位于海岸带的上海崇明东滩鸟类国家级自然保护区是典型的生态环境脆弱区。虽然该类海岸带生态系统初级生产力丰富、生物多样性高,但其受到来自海洋和陆地的扰动频率较高,稳定性较差。随着经济持续发展和人类活动的加剧,特别是对滨海湿地的不合理开发和利用,使海岸湿地资源遭受极大破坏,导致海岸带生态系统成为全球性的高脆弱生态系统。因此,对自然保护区生态环境状况进行评价,可以正确评估保护区生态价值、环境质量、资源现状和发展趋势;同时进行有效管理评价可以检验保护区保护效能,发现问题症结,找出解决方法,提高保护区建设质量和管理水平。对保护区进行定期的全面的评价是保护区可持续发展、正确制定保护政策和科学有效管理中一项不可缺少的工作。

栾晓峰等(2002)选取多样性、自然性、代表性等 7 项指标对崇明东滩湿地进行了生态环境状况评价,通过指标等级化处理,利用德尔菲层次分析法(Delphi method,即专家咨询法,是集中专家智慧对一个事件做评估、预测和决策的方法)进行专家咨询。评价工作从评价指标的等级划分和等级赋值开始,在考虑了权重的情况下具体划分和赋值(表 15-1)。

崇明东滩湿地作为鸟类和湿地生境保护区,其生态环境评价方法由公式(15-1)计算:

$$R = \sum_{i=1}^{3} A_i + B + \sum_{i=1}^{3} C_i + D + \sum_{i=1}^{3} E_i + F + \sum_{i=1}^{2} G_i \qquad (15-1)$$

式中,R 为保护区生态环境综合评价指数,A、B、C、D、E、F 和 G 分别代表了多样性、代表性、稀有性等 7 项评价指标。

对上海崇明东滩鸟类国家级自然保护区有效管理的评价,同样采用德尔菲层次分析法。在广泛征询专家和有关管理人员意见的基础上,结合保护区管理实际状况做出初步评价。

有效管理评价综合指数由公式(15-2)计算:

$$R = \sum_{i=1}^{3} A_i + \sum_{i=1}^{3} B_i + \sum_{i=1}^{3} C_i + \sum_{i=1}^{4} D_i \qquad (15-2)$$

表 15-1　上海崇明东滩鸟类国家级自然保护区生态环境评价指标及其等级划分和赋值标准（栾晓峰等，2002）

指标	代码	等级标准	分值
多样性 A_1	A	维管束植物 ≥1000 种或高等动物 >300 种	8
（多度）	B	维管束植物 750~999 种或高等动物 200~299 种	6
	C	维管束植物 500~749 种或高等动物 100~199 种	4
	D	维管束植物 ≤499 种或高等动物 <100 种	2
多样性 A_2	A	保护区内物种数占行政区域物种总数的比例极高，≥50%	7
（丰度）	B	保护区内物种数占行政区域物种总数的比例较高，30%~50%	5
	C	保护区内物种数占行政区域物种总数的比例一般，10%~30%	3
	D	保护区内物种数占行政区域物种总数的比例较低，≤10%	1
多样性 A_3	A	保护区内生态系统组成成分与结构极为复杂，类型多样	10
（生境）	B	保护区内生态系统组成成分与结构比较复杂，类型较为多样	8
	C	保护区内生态系统组成成分与结构比较简单，类型较少	6
	D	保护区内生态系统组成成分与结构简单，类型单一	4
代表性 B	A	在全球范围内或同纬度内具有突出的代表意义	15
	B	在全球范围或生物地理界内具有突出的代表意义	11
	C	在地区范围内具有突出的代表意义	7
	D	代表性一般	3
稀有性 C_1	A	具有全球性珍稀濒危物种	8
（濒危程度）	B	具有国家一级保护动物或国家一、二级保护植物	6
	C	具有国家二级保护动物或国家三级保护植物	4
	D	区域性珍稀濒危物种	2
稀有性 C_2	A	物种地理分布极窄，产地极少	6
（地区分布）	B	物种地理分布较窄，产地较少	4.5
	C	物种地理分布较广，产地较多	3
	D	物种地理分布很广，产地很多	1.5
稀有性 C_3	A	世界范围内唯一或极重要之生境	6
（生境）	B	全国范围内唯一或极重要之生境	4.5
	C	地区范围内稀有或重要生境	3
	D	常见类型生境	1
自然性 D	A	极少受到人类侵扰，生境完好，接近原始状态	15
	B	受到人类轻微侵扰或破坏，但生态系统无明显的结构变化，生境基本完好	10
	C	受到人类较严重的破坏，生态系统结构发生变化，生境退化	5
	D	遭受人类全面破坏，自然状态基本上为人工状态所替代	1
生态脆弱性 E_1	A	主要或关键物种适应性差，生活力弱，繁殖力低	2

续表

指标	代码	等级标准	分值
（物种生活力）	B	主要或关键物种适应性较差,生活力较弱,繁殖力较低	1.5
	C	主要或关键物种适应性较强,生活力较强,繁殖力较高	1
	D	主要或关键物种适应性强,生活力强,繁殖力高	0.5
生态脆弱性 E_2	A	个体数量少,密度低,最小生存种群很难维持	2
（种群稳定性）	B	个体数量较少,密度较低,最小生存种群不易维持	1.5
	C	个体数量较多,密度较高,最小生存种群可以维持	1
	D	个体数量多,密度高,种群可以健康发展	0.5
生态脆弱性 E_3	A	生态系统不成熟或结构不完整,很脆弱	2
（系统稳定性）	B	生态系统较不成熟或结构较不完整,较脆弱	1.5
	C	生态系统较成熟或结构较完整,较稳定	1
	D	生态系统处于顶级状态,结构合理、完整、稳定	0.5
面积适宜性 F	A	大小适宜,能够有效保护全部保护对象	15
	B	大小较适宜,基本能够保护主要保护对象	11
	C	大小不太适宜,不太能够有效保护主要保护对象	7
	D	大小不适宜,不能够有效保护主要保护对象	3
人类威胁 G_1	A	人类侵扰性活动强度很大,过分开发利用保护区内资源,对保护区构成严重威胁	2
（直接威胁）	B	人类侵扰性活动强度较大,有过分开发利用资源趋势,对保护区构成较大威胁	1.5
	C	有少量的人类侵扰性活动,适度开发利用保护区资源,对保护区基本不构成威胁	1
	D	极少有人类的侵扰活动,极少开发利用保护区资源,对保护区基本不构成威胁	0.5
人类威胁 G_2	A	人类在保护区周围开发活动强烈,保护区被开发区所包围	2
（间接威胁）	B	人类在保护区周围开发活动较多,保护区大部分被开发区所包围	1.5
	C	人类在保护区周围开发活动较弱,保护区周围有较多未开发生境	1
	D	人类在保护区周围开发活动很少,保护区被未开发生境所包围	0.5

　　由于该评价时间为保护区成立早期,结合实际调查评价,保护区生态环境综合评价指数为70.93,属一般。保护区有效管理综合评价指数为51.25,依据保护区管理评价标准划分也属一般。保护区生态环境综合评价指数虽然处在一般层次,但非常接近良好水平。其原因是在评价指标中,多样性、代表性和稀有性具有较高的生态指数。这说明,一是保护区生物多样性丰富,在上海地区物种总数中占很大比例;二是由于崇明东滩湿地所处的特殊地理位置,使其独特的河口湿地生态系统在全球相同纬度内具有突出的代表意义;三是保护区内所保护的物种中有国家一、二级保护动物,致使物种和生境的珍稀性十分突出。

　　但同时也应看到生态环境综合评价指数达不到良好的原因,也就是保护区目前生态环境上所存在的问题。调查中发现,保护区生态环境方面主要存在以下问题:一是保护区的自然性比较差,这主要是因为崇明东滩湿地自然生态系统形成的时间比较短,系统正处在动态演替的初级阶段,因而生态系统脆弱、不稳定,容易遭受破坏;二是虽然保护区最初划定的面积很大,但实际可以有效控制和管理的面积并不大,保护区的有效保护面积正在受到人为因素的干扰而减少;三是保护区受人类影响和威胁非常严重,保护区内过多的人类活动使野生动植物没有良好的生存和栖息环境,珍稀物种种群数量有不断减少的趋势,亟待采取有效措施阻止人为的破坏。在实际调查中发现人类威胁主要包括以下 5 个方面:①滩涂围垦;②捕捞活动;③偷猎鸟类;④牛群放牧;⑤外来种(互花米草)入侵。

近年来,基于"压力-状态-响应"(pressure-state-response,PSR)的概念模型是评价生态系统健康与否的主要方法。通过构建生态系统退化评价的指标体系,并采用层次分析法和熵权法相结合的乘法合成法得到各评价指标的权重,分别计算其健康度、压力综合指数和响应综合指数,最后通过指标值的地理空间量化和空间聚类分析可以评价生态系统的健康或退化程度(朱燕玲等,2011)。根据 PSR 评价模式相关研究建立了湿地健康评价指标体系,并对崇明东滩湿地生态系统健康状况进行了评估(毛义伟等,2007;图 15-6)。崇明东滩湿地生态系统目前的主要压力并不直接来源于土地围垦,而是来源于水环境污染和外来种入侵。崇明东滩湿地区域内人口密度不大,还有一定程度的外来种入侵。虽然土地利用强度较大,但由于崇明东滩湿地的淤涨速度也非常快,因此由于土地利用而造成的实际压力并不是很大。崇明地处长江口工业污染源的下游,水质受到相当程度的重金属污染,农业生活污染也对湿地造成了一定的压力。综合来看,崇明东滩湿地生态系统所承受的压力虽然还在可承受的范围之内(Dai et al.,2013),但如不加注意仍有可能导致湿地生态系统的破坏和退化。

围垦直接开发自然湿地,改变其土地类型而为人类所用,是人类活动破坏自然湿地的最直接的方式。崇明东滩湿地在近 10 年间围垦滩涂面积占围垦前滩涂总面积的 30%左右。但由于崇明东滩湿地的自然淤涨速度较快,再加上围垦的同时积极进行的促淤工作,东滩 0 m 线位置每年向外延伸 150~200 m。因此围垦对崇明东滩湿地造成的实际危害就少了很多。并且,崇明东滩湿地围垦后的土地,主要仍是用作鱼塘和水田。虽然有人类踏足,但仍然保持着半自然的

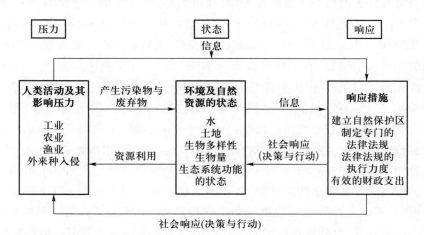

图 15-6 崇明东滩湿地生态系统健康"压力-状态-响应"模型框架(据毛义伟等,2007 修改)

状态。鱼塘和水田还能为鸟类提供食物,成为再生的栖息地。因此土地围垦并没有直接构成崇明东滩湿地生态系统目前的主要压力。由于水体污染和外来种入侵的扩散特性,致使长江口吴淞地区的工业废水排放和长江口沿海带普遍存在的互花米草入侵,直接构成了崇明东滩湿地生态系统目前的主要压力。

据该研究的评估,崇明东滩湿地生态系统的结构健康度为 0.74,功能健康度为 0.67,综合健康度为 0.72,处于良好的状态,综合评价等级为健康。崇明东滩湿地生态系统的压力综合指数为 0.64,处在一个较为健康的生态系统能够承受的压力范围之内。崇明东滩湿地的重金属污染权重相比近海和农田生态系统均最小。鸟类多样性指数、土地利用强度和外来种互花米草的盖度,也是影响生态系统健康的主要指标。而政府根据崇明东滩湿地生态系统的健康状态变化而做出响应的综合指数为 0.79,接近于积极响应,可见政府的保护意识和保护政策较为到位。这说明,近年来保护区的生态环境质量和管理水平逐渐转好。

二、鸟类生境适宜性研究

崇明东滩湿地受自然和人为因素影响,鸟类栖息环境正处于快速变化。根据定性和定量相结合的鸟类生境适宜性空间模糊评价方法,崇明东滩湿地大多数鸟类在海三棱藨草外带和光滩适宜性最好,向内陆或水域方向适宜性降低,这一显著变化与崇明东滩湿地环境演化趋势有着密切的关系(况润元等,2009)。由于鸟类生活习性的差异,不同鸟类的空间适宜性范围存在一定的差异性,生境适宜性的评价结果可以为上海崇明东滩鸟类国家级自然保护区的功能区划提供技术性指导。

基于 GIS 空间分析方法和技术的鸟类生境适宜性评价研究发现(图 15-7),崇明东滩湿地 4 种主要鸟类类群(雁鸭类、鸻鹬类、鹭类以及鸥类)的生境适宜性地理空间分布差异是很大的(田波等,2008;李行等,2009)。从地理分布来看,光滩区域、与光滩区域邻近的海三棱藨草带和潮沟地带是湿地鸟类适宜性较好的区域,互花米草分布区域对东滩水鸟类适宜性都不高。与保护区堤坝边界邻近的植被区虽密度大,植被指数高,但鸟类的生境适宜性一般,而保护区外海区域的深水区总体上对鸟类生境适宜性都较差。从面积统计来看,保护区内鸻鹬类较适宜的生境面积为 6561 hm^2,占保护区总面积的 27%;鹭类较适宜的生境面积为 9187 hm^2,占保护区总面积的 38%;鸥类较适宜的生境面积为 20531 hm^2,占保护区总面积的 80%;雁鸭类较适宜的生境面积为 6623 hm^2,占保护区总面积的 28%。4 种主要鸟类类群较适宜生境面积比例平均约为 46%,除鸥类外,鸻鹬类、雁鸭类和鹭类较适宜生境面积比例远低于核心区所占保护区面积的比例。从平均较适宜生境面积比例水平来看,保护区内较适宜 4 种主要鸟类类群的地理空间面积比例偏低,因此有必要结合遥感和 GIS 技术,根据鸟类适宜性分析方法和流程以及专家经验知识,对生态环境处于快速动态变化中的物种生境适宜性进行快速、客观、准确的分析评价。而遥感及其派生数据的介入,在宏观尺度和长时间尺度上拓展了人们对保护区生态环境的理解,不仅降低了传统数据采集工作的强度,也增强了区划结果的时效性和科学性。该研究方法能客观、有效地评价动态变化中的崇明东滩湿地的鸟类生境适宜性,进而作为辅助工具应用于崇明东滩湿地生物多样性保护、湿地保护和生态系统管理。

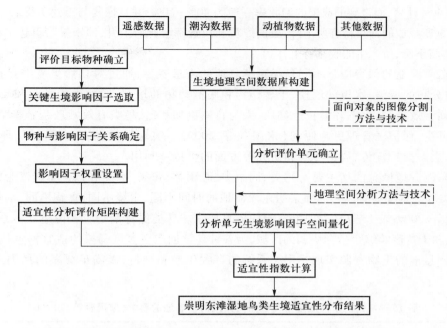

图 15-7　崇明东滩湿地鸟类生境适宜性分析流程(田波等,2008)

三、保护区管理和资源合理利用

上海是建在湿地上的城市,崇明东滩湿地对上海的经济、生态和文化发展有着极其重要的意义,但同样存在巨大的威胁。崇明东滩湿地内捕捞人员的过量、外来种的危害已导致其生态服务功能的大幅度降低。崇明东滩湿地的维护和保育显得尤为重要。

崇明东滩湿地及周边社区的本地居民对滩涂的依赖性很低,崇明岛当地人在全部滩涂作业人员中仅占6%,他们获得的经济收入也仅占滩涂作业总收入的15%,绝大多数居民家庭经济收入与东滩关系不大。然而,滩涂作业时间及区域与崇明东滩湿地鸟类活动有重叠,且滩涂作业人数众多,对鸟类影响很大(高宇等,2007)。这种影响主要体现在破坏鸟类栖息地和减少鸟类食物来源,最终影响到鸟类的生存。因此,通过比较候鸟在崇明东滩湿地活动的时间生态位与滩涂作业的时间及收入情况,可以有效管理与合理利用崇明东滩鸟类国家级自然保护区资源。相关专家认为,可以在崇明东滩湿地适当鼓励周边社区产业开发,比如培育观鸟业,让渔民尤其是外来人员由渔业捕捞向观鸟业过渡,从而可以实现滩涂利用方式由第一产业向第三产业转换。在转换过程中,应该调整滩涂的季节性作业格局,并依据市场经济体系的要求,制定相关的保护及利用政策。

在崇明东滩湿地东旺沙的湿地恢复与重建一期工程中,综合运用市场价值法、造林成本法、生态价值法、调查法和采访法等研究方法,核算出湿地恢复与重建之后所产生的功能价值(赵平等,2005)。该示范区的功能价值将从70万元人民币上升至7000万元人民币。恢复与重建前后样地所产生的经济效益之比为1∶2。由于恢复与重建工程后的蟹的产量仍然是以工程前(即现调查所得)的40%计算,而得到的成蟹的回收率一般为40%~60%;并且恢复与重建工程后,底栖生物量丰富,养蟹所投放的饲料将有所下降,蟹的产量和质量都会有所上升,即恢复与重建工程后示范区内总成本将下降,所产生的收益将上升。

崇明东滩湿地的保育应从不同鸟类对栖息地的需求着手,通过对自然生境中互花米草的控制、植被分布的调整、水位的调控、土著作物和底栖动物的培育,增加生物种类和数量,使互花米草得到有效控制、生态环境更趋健康、人与自然更加和谐、鸟类有效栖息地显著增加、湿地景观异质可视、保护区管理更趋便利(宋国贤等,2009)。实现保护区在自然资源、环境教育、观光观鸟、生态保护宣传、科学考察和研究等方面的可持续利用。

崇明东滩湿地栖息的鸟主要有鹤类、鸻鹬类、雁鸭类、鹭类、鸥类和以芦苇群落为栖息地的雀形目鸟类等。这些鸟类因其选择崇明东滩湿地的时间不同,生境不同,食物不同,水位要求不同(宋国贤等,2009;表15-2),表现出不同的栖息要求。鸟类保育策略应考虑建立一系列生物、水文、基质和干扰度等综合指标协调的区域,为各种鸟类创造更多可调控的适宜栖息地,并通过人为调节栖息地的生物资源实现其生态系统的自我生产和维持,以满足更多的鸟类对栖息地的选择。

表 15-2 崇明东滩湿地水鸟栖息时间及对栖息地的要求(宋国贤等,2009)

种类	选择季节	代表鸟	选择生境	主要食物
鹤类	冬季	白头鹤、灰鹤	草滩、光滩	海三棱藨草地下球茎、种子
鸻鹬类	春秋季、部分冬季	大滨鹬、黑腹滨鹬、环颈鸻	光滩、浅水区	底栖动物、植物种子
雁鸭类	冬季	斑嘴鸭、绿翅鸭	水域、觅食地	底栖动物、小型鱼虾、植物种子、地下球茎
鹭类	全年	小白鹭、苍鹭、大白鹭	芦苇、浅滩、草滩	中小型鱼虾、底栖动物
鸥类	冬季	银鸥	开阔水域、光滩	小型鱼虾
黑脸琵鹭	春秋迁徙季		浅滩、开阔水域	中小型鱼虾、底栖动物

目前,上海崇明东滩鸟类国家级自然保护区制定的栖息地保育目标如下:

(1)生态环境更趋健康;

(2)生物种类和数量明显增加;

(3)外来种危害得到有效控制;

(4)人与自然更加和谐。

保护区制定的栖息地保育原则如下:

(1)生境自然协调;

(2)培育土著植物控制外来种;

(3)鸟类可选择栖息地增加;

(4)湿地景观异质可视;

（5）便于管理。

保护区制定的栖息地保育措施如下：

（1）限制互花米草。在不危害保护区生态安全的前提下，通过除治互花米草，开辟大面积水域、浅水塘和浅滩湿地，通过植物调整加强对鸟类栖息地的隐蔽性和景观异质可视；

（2）调控水位。根据崇明东滩湿地不同鸟类对水位和栖息环境的需要，春秋季为鸻鹬类迁徙鸟类留出足够的栖息面积，以满足中、高潮位时自然栖息地被潮水浸没；夏季是须浮鸥繁殖、鹭类栖息捕食的季节，应将保护区可控区域的水位调高，以满足鸟类栖息、互花米草控制和养殖的需求；冬季是鹤类、雁鸭类、部分鸻鹬类的越冬季节，区内水位控制应满足多种水鸟的栖息和觅食；

（3）控制污染。减少农业污水排放，应改变原有集中排放和南引北排的方式；

（4）控制捕捞，减少人为活动对鸟类的干扰。崇明东滩湿地及外围水域广阔，水/滩上的个人捕捞行为需通过保护区各个站点的管理和严格控制。捕捞船需保护区、渔政、边防和中华鲟保护区等部门形成合力控制；

（5）恢复海三棱藨草。通过条状、块状恢复中、高潮滩海三棱藨草群落，防止地下球茎被潮水冲刷外露，以提高鹤类、雁鸭类对海三棱藨草的食物资源利用。

保护区制定的崇明东滩湿地的利用原则如下：

（1）尊重自然、科学利用；

（2）注重长远、持续利用；

（3）最大保护、最小利用；

（4）自然和谐、适地适用。

保护区制定的崇明东滩湿地的利用方向如下：

（1）环境教育基地；

（2）科学研究基地；

（3）观鸟观光；

（4）摄影写生；

（5）绿色食品；

（6）生态保护宣传。

上海崇明东滩鸟类国家级自然保护区的保育管理和资源合理利用是适应湿地生态环境变化的需要，增加、优化鸟类栖息地，扩大生物多样性，更多地发挥生态服务功能，解决崇明岛在社会、经济和生态发展中的矛盾，实现协调发展，更好地让湿地服务于环境，服务于社会。通过对保护区的有效管理和保育，实现保护和利用的平衡，更大程度地发挥湿地功能和生态价值。

参 考 文 献

蔡赫，卞少伟. 2014. 崇明东滩海三棱藨草资源现状及保护对策. 绿色科技，（10）：9-10,14.

陈忠义，李博，陈家宽. 2005. 互花米草与海三棱藨草的生长特征和相对竞争能力. 生物多样性，13(2)：130-136.

高宇, 王卿, 何美梅, 解晶, 赵斌. 2007. 滩涂作业对上海崇明东滩自然保护区的影响评价. 生态学报, 27(9): 3752-3760.

况润元, 周云轩, 李行, 田波. 2009. 崇明东滩鸟类生境适宜性空间模糊评价. 长江流域资源与环境, 18(3): 229-233.

李行, 周云轩, 况润元, 田波. 2009. 大河口区淤涨型自然保护区功能区划研究——以崇明东滩鸟类国家级自然保护区为例. 中山大学学报(自然科学版), 48(2): 106-112.

栾晓峰, 谢一民, 杜德昌, 徐宏发. 2002. 上海崇明东滩鸟类自然保护区生态环境及有效管理评价. 上海师范大学学报(自然科学版), 31(3): 73-79.

毛义伟, 李胤, 曹丹, 周立晨, 施文彧, 王天厚. 2007. 崇明东滩沿海湿地生态系统健康评价. 长江流域资源与环境, 16: 101-106.

宋国贤, 朱丽莎, 钮栋梁. 2009. 崇明东滩湿地的保育与利用. 人民长江, 40(8): 31-34.

田波, 周云轩, 张利权, 马志军, 杨波, 汤臣栋. 2008. 遥感与 GIS 支持下的崇明东滩迁徙鸟类生境适宜性分析. 生态学报, 28(7): 3049-3059.

赵平, 夏冬平, 王天厚. 2005. 上海市崇明东滩湿地生态恢复与重建工程中社会经济价值分析. 生态学杂志, 24(1): 75-78.

朱燕玲, 过仲阳, 叶属峰, 栗小东, 王丹. 2011. 崇明东滩海岸带生态系统退化诊断体系的构建. 应用生态学报, 22(2): 513-518.

Dai X Y, Ma J J, Zhang H, Xu W C. 2013. Evaluation of ecosystem health for the coastal wetlands at the Yangtze Estuary, Shanghai. *Wetlands Ecology and Management*, 21(6): 1-13.

Hu Z J, Ge Z M, Ma Q, Zhang Z T, Tang C D, Cao H B, Zhang T Y, Li B, Zhang L Q. 2015. Revegetation of a native species in a newly formed tidal marsh under varying hydrological conditions and planting densities in the Yangtze Estuary. *Ecological Engineering*, 83: 354-363.

第十六章

环境污染及对策

第一节 营养盐特征

一、沉积物氮、磷营养盐

河口滨海湿地是各种生物、物理和化学过程最为活跃的区域,是一个多功能的复杂生态系统。河口湿地生态系统在水-陆界面间形成天然的污染物屏障,在维护自然生态平衡和改善资源状况等方面具有独特的生态价值和资源潜力。然而,由于受到上游河流和海洋动力过程的相互作用,大量来自长江流域的悬浮泥沙和营养物质沉积于长江口海域。崇明东滩湿地是长江口最大的沉积物淤积带,陆源营养物质在长江河口大量沉积,这一过程同时也对长江入海物质的输出产生明显的过滤器效应。该效应在"河流-河口湿地-海洋"体系中生源要素的生物地球化学行为中处在举足轻重的地位。然而,目前对各种营养物质在长江口潮滩沉积物中的时空分布和变化规律,以及长江河口潮滩沉积物与其上覆水体的物质交换过程的认识还比较少。

相关研究观测了崇明东滩湿地沉积物中营养盐早期的成岩过程,并分析了沉积物-水界面营养盐通量及其影响因素(邓可等,2009)。研究发现,崇明东滩湿地是溶解态营养盐的汇,高潮滩对各项营养盐(NO_3^-、NO_2^-、NH_4^+、PO_4^{3-}和SiO_3^{2-})均有显著的吸收(图16-1)。中潮滩有显著的NO_3^-释放,而对NO_2^-和PO_4^{3-}有显著的吸收,但NH_4^+和SiO_2^{2-}的释放不显著。低潮滩由于受到局部水动力作用影响,沉积物存在斑块化结构,营养盐通量存在较大不确定性,仅表现为对PO_4^{3-}的显著吸收,而对其他营养盐的吸收或释放不显著(图16-1)。高潮滩对各项营养盐均有显著吸收,中潮滩主要表现为对总无机氮和SiO_3^{2-}的释放,分子扩散作用对沉积物-水界面营养盐通量的贡献不大。由于潮滩对水体PO_4^{3-}浓度的影响能力高于对总无机氮和SiO_3^{2-}的影响能力,潮滩能够在一定程度上促进水体中N/P和Si/P值的增加。

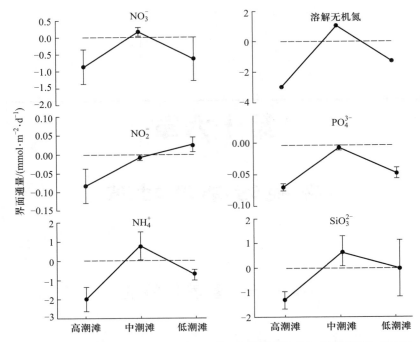

图 16-1　崇明东滩湿地潮滩冬季沉积物-水界面营养盐通量（邓可等，2009）

在了解湿地植被类型以及土壤质地对氮、磷等营养盐的吸收、净化能力差异的基础上，相关研究提出了不同农业模式下氮、磷等农业污染物在不同类型湿地土壤（土壤质地、植物类型）中的分布特征，从而评价了不同类型湿地土壤对氮、磷等污染物的净化能力（彭晓佳等，2009）。研究结果表明，崇明东滩湿地土壤氨氮的空间分布呈现出两头高中间低的分布规律，说明崇明东滩湿地可以吸收和从土壤中移出来源于内陆农业面源污染和附近富营养化水体中的氨氮。崇明东滩湿地团结沙、东旺沙区湿地土壤硝氮的空间分布规律为：堤内硝氮含量明显高于堤外，由堤内到高潮带，硝氮含量迅速降低并在中潮带、低潮带和光滩区含量保持基本稳定。北八滧区鱼塘较强的反硝化能力使得其堤内硝氮含量低于高潮带，总体硝氮浓度较低。崇明东滩湿地团结沙、东旺沙区土壤总氮和速效磷的空间分布都呈现出由堤内向光滩逐渐减低的趋势，由于土质和种植植物的差异，团结沙区总氮去除量明显高于东旺沙区。北八滧区堤内为鱼塘，总氮和速效磷分布呈现出先增加后减少的分布规律。崇明东滩湿地不同类型的土壤总磷变化量较小，说明土壤对总磷的吸收量较低。

二、潮滩孔隙水营养盐

潮滩沉积物及孔隙水中的化学成分不仅提供了沉积物中生物生长所必需的营养物质，而且孔隙水对于调节沉积物与其上覆水体物质交换起着重要的作用。在崇明东滩湿地，潮汐作用使得上覆水体与沉积物之间形成周期性的物质与能量交换过程。沉积物及孔隙水中营养盐剖面作为生源要素循环中重要过程的敏感度指示，不仅可以帮助了解沉积物中有机物矿化作用(包括降解有机碳量、矿化强度和矿化途径等),也是掌握沉积物-水界面营养盐交换通量的基础。

通过观测崇明东滩湿地高、中、低潮滩三个典型位点的沉积物及孔隙水中各营养盐的成分和含量及其深度变化发现,孔隙水中 NH_4^+ 和 SiO_3^{2-} 的浓度一般在 $200\sim500$ $\mu mol \cdot L^{-1}$,高、中、低潮滩间显示出了不同的分布态势(高磊等,2006a)。低潮滩(无植被覆盖)具有较高的 NH_4^+ 浓度和较低的 SiO_3^{2-} 浓度,而有植被覆盖、沉积物粒径较细的高潮滩和中潮滩则反之。温度是影响 SiO_3^{2-} 浓度季节变化的主要因子,而 NH_4^+ 浓度的变化则较为复杂,与温度之间没有明显的相关关系,其值在春、夏季时较低。沉积物中有机氮含量以及受黏土矿物含量影响的蛋白石(BSi)的溶解度是决定孔隙水中 NH_4^+ 和 SiO_3^{2-} 浓度的主要因素。与 NH_4^+ 和 SiO_3^{2-} 的浓度相比,NO_2^-、NO_3^- 和 PO_4^{3-} 在孔隙水中的浓度往往要低 $2\sim3$ 个数量级,但由于受到生物扰动等因素的影响,较高的 NO_2^- 和 NO_3^- 浓度以及沉积物中氧化环境向还原环境的快速转变,为反硝化反应提供了物质基础与环境基础。

根据经典的早期成岩方程对 NH_4^+ 和 SiO_3^{2-} 浓度剖面的数学模拟,并考虑了扩散作用、埋藏作用以及营养盐的代谢作用等因素,结果显示,通过改变扩散项系数基本可以模拟出营养盐剖面中间浓度高、上下浓度低的总体趋势(高磊等,2006b)。但沉积速率和代谢反应速率在不同程度上对模拟结果会产生影响。

崇明东滩湿地潮滩沉积物-水界面营养盐交换过程的监测结果表明,春季表现为对 NO_3^- 和 SiO_3^{2-} 的吸收,吸收的量在很大程度上取决于上覆水中这两种营养盐的浓度(高磊等,2009)。由上覆水和表层孔隙水浓度梯度所决定的分子扩散通量对实际交换通量的控制有限。对 NO_3^-,分子扩散通量占交换通量的比例为 21%;对 SiO_3^{2-},分子扩散通量和交换通量的方向相反;对 NH_4^+,较大的浓度梯度支持显著的释放通量,而在培养过程中并没有发现上覆水中 NH_4^+ 浓度持续地增长。影响崇明东滩湿地沉积物-水界面营养盐交换过程的主要原因可能是浮游植物吸收、颗粒物吸附以及底栖动物扰动。

总而言之,长江携带的颗粒态和溶解态营养物质通过沉积、扩散等过程进入崇明东滩湿地潮滩沉积物及孔隙水中。沉积物通过早期成岩作用以及降解过程重新形成营养盐或其他溶解态生源要素进入孔隙水,并通过沉积物-水界面交换重新成为潮滩陆源输出物质的一部分。因此,孔隙水环境可能对营养元素在长江口陆-海相互作用地区的生物地球化学行为产生深刻的影响。

三、其他污染物

多氯联苯(polychlorinated biphenyl, PCB)是一类人工合成有机物,其在工业上的广泛使用,已造成全球性环境污染问题。人类活动最为集聚的河口滨海地区的 PCB 污染问题是世界范围内关注的焦点(潘静等,2009)。在对崇明东滩湿地沉积物柱状样 30 个层段中 7 种指示性 PCBs(PCB28、PCB52、PCB101、PCB118、PCB153、PCB138 和 PCB180)的含量测定时,发现沉积物中的 PCBs 含量为 $0.138\sim0.400$ ng $\cdot$ g^{-1}(干重),平均值为 0.228 ng $\cdot$ g^{-1}(干重),属于轻度污染(图16-2)。综上所述,崇明东滩湿地沉积物中的 PCBs 的输入途径是多方面的,包括

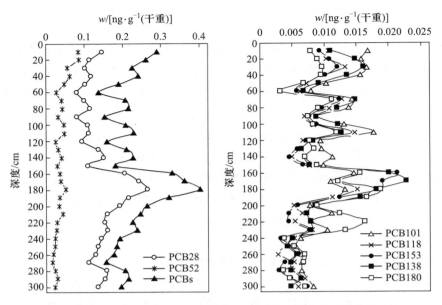

图 16-2　崇明东滩湿地沉积物柱状样 PCBs 随深度的变化（潘静等，2009）

长江径流输入，大气经干、湿沉降以及潮流搬运等。但崇明东滩湿地沉积物中 PCBs 也呈现明显的周期性分布，在 20 世纪 50 年代初期开始快速增长，高峰期出现在 70 年代，之后呈减少趋势，反映了世界主要生产国家禁止生产 PCBs 的情况。

砷（As）是环境中的一种主要无机污染物，土壤或沉积物中的砷主要以无机态存在。崇明东滩湿地沉积物总砷含量为 5.33～19.74 mg·kg^{-1}，部分地区总砷超标（限制值为 15 mg·kg^{-1}）。潮滩各形态砷所占比例为：弱交换态 0.5%～0.7%；强交换态 3%～7%；非晶形铁铝锰氧化物结合态 26%～29%；晶形铁铝锰氧化物结合态 19%～24%；残渣态 42%～51%（朱立峰等，2009）。铁铝锰氧化物是控制潮滩沉积物中砷迁移转化的主要因素之一，其结合的砷占总砷含量的 40% 以上。

崇明东滩湿地沉积物孔隙水中的溶解态砷浓度显著高于地表水中的浓度（Wang et al.，2012；表 16-1）。在缺氧条件下，活性砷可以通过 Fe^{3+}（氢）氧化物还原溶解而实现最初的流转。绝大多数的溶解态砷可能与 Fe^{2+}（氢）氧化物紧密相连并保留在固相中。可挥发硫化物浓度的季节变化说明，由于受到互花米草（相比于芦苇和海三棱藨草）的影响，缺氧状况在夏季得到加强，这使得砷的流动显著加快。一般而言，崇明东滩湿地潮滩沉积物的氧化还原条件有随季节变化的规律，而砷流动和转移的动态可能是由铁决定的，它们都可能由于互花米草的快速扩散而受到显著影响。

持久性有机污染物（persistent organic pollutant，POP）在自然界中的迁移与归宿受到它们物理化学性质的控制。在河口滨海地区，沉积物不仅记录了 POP 的长期变化趋势，而且在这个趋势上叠加了气候影响的信号。由于周边农业活动的影响，崇明东滩湿地沉积柱状样中也发现了六六六（hexachloro-cyclohexane，HCH）（朱晓华等，2014）。不过崇明东滩湿地沉积物中 HCH 的生态风险处于较低的水平，且垂直分布特征显著。开始增长的层位出现在 20 世纪 50 年代初,峰段出现在 20 世纪 60—70 年代,目前一些异构体也并没有明显的下降趋势。该研究还发现,崇明东滩湿地沉积物柱状样中 HCH 表现出具有 8 年的周期性变化,这可能与气候变化周期有关。

表 16-1　东滩盐沼植被区地表水和根际沉积物特征(Wang *et al.*, 2012)

采样点	日期	地表水			根际沉积物			
		温度 /℃	电导率 /(μS·cm^{-1})	砷 /(μmol·L^{-1})	粒径 (<16 μm)/%	含水率 /%	有机碳 /%	砷 /(μmol·g^{-1})
芦苇带								
A1	2009 年 12 月	9.0	16.1	0.06	58.5±8.5	31.5±6.1	1.0±0.2	0.17±0.03
A1	2010 年 8 月	28.5	15.1	0.03	64.7±5.9	34.7±2.9	0.8±0.2	0.20±0.03
B1	2009 年 12 月	10.0	21.3	0.05	38.2±4.4	27.2±3.1	0.7±0.1	0.15±0.02
B1	2010 年 8 月	28.2	8.2	0.03	51.1±5.1	30.5±1.1	0.7±0.1	0.18±0.02
互花米草带								
A2	2009 年 12 月	10.2	29.6	0.03	39.5±5.7	51.5±10.4	0.9±0.1	0.17±0.03
A2	2010 年 8 月	28.9	17.9	0.03	34.3±5.3	46.9±12.8	0.7±0.1	0.16±0.03
B2	2009 年 12 月	10.0	28.5	0.04	34.4±5.0	52.4±12.2	0.9±0.2	0.18±0.03
B2	2010 年 8 月	28.3	8.6	0.06	32.0±3.4	51.7±12.0	0.7±0.2	0.16±0.02
海三棱藨草带								
B3	2009 年 12 月	10.0	28.5	0.04	33.3±3.9	50.9±6.6	0.8±0.1	0.16±0.02
B3	2010 年 8 月	29.7	11.5	0.03	29.9±3.1	46.5±13.3	0.6±0.2	0.15±0.03

注:数据以平均值±标准差表示。

四、缓解策略

为了应对河口湿地富营养问题,对周边农业(或其他产业)实行环境友好型改造是欧美等发达国家日益成熟的观念。环境友好型农业可以有效削减氮、磷等营养元素的输入,并改善土壤质量和减少温室气体排放。环境友好型农业生产方式还能够减少对地表水、地下水和大气环境的污染,具有良好的生态效益(沈根祥等,2009)。但由于环境友好型农业生产成本较高,对技术投入和管理水平都有额外要求,因此农民自愿进行环境友好型生产的积极性不高。因此,政府通常采取税收优惠或财政补贴等经济激励措施,以此鼓励农民转变生产方式。

鉴于崇明东滩湿地的重要生态服务价值,东滩地区的农业应该坚持环境友好型和可持续发展道路。据估算,应用环境友好型肥料管理技术和措施,可以有效削减氮素流失负荷(削减 46.6%~61.8%)和温室气体排放通量(削减 23.4%~46.7%)。同时,要因地制宜地采用不同的补偿方式,以达到生态补偿的最佳效果。在实际制定农业生态补偿标准时,应当考虑公众对生态服务的支付意愿和生产者的受偿意愿。

第二节　重金属污染

一、植被和沉积物重金属监测

长江口湿地是周边流域污染物质的重要汇库。由于工业废水和生活污水的大量排放,河口湿地作为污染物储存和净化场而面临巨大的压力。和其他污染物不同,重金属是典型的难降解、累积性污染物,可通过食物链传递并在生态系统中积累,在特定条件下还可能转变为毒性更大的金属有机化合物,因而对湿地生态系统及河口近岸环境构成直接或潜在的危害。上海崇明东滩鸟类国家级自然保护区拥有长江口区最重要的湿地资源,认识重金属在湿地中的分布、迁移和循环机制,对于湿地综合管理和污染防治将是十分重要的。

Cu、Zn、Pb 和 Cd 是崇明东滩湿地发现的主要重金属元素(全为民等,2006)。海三棱藨草地上部分中 Cu、Pb 和 Cd 的单位含量均显著高于芦苇和互花米草,而海三棱藨草地上部分中 Zn 的单位含量与互花米草无显著差异,但海三棱藨草和互花米草均显著高于芦苇(图 16-3)。崇明东滩湿地沉积物中,重金属的分布与累积特征为:芦苇带>互花米草带>海三棱藨草带>光滩(图 16-4),即随着高程的增加,沉积物中重金属的含量逐步上升。对于植物富含重金属的绝对量,互花米草地上部分的重金属库均大于芦苇和海三棱藨草,表明收获互花米草对环境的净化效果最佳。

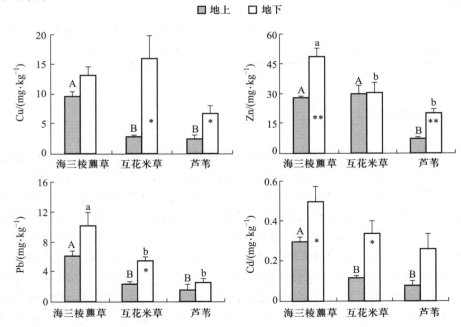

图 16-3　崇明东滩湿地主要植物地上部分中重金属的单位含量(全为民等,2006)。大写和小写字母分别表示在 0.01 和 0.05 水平上不同植物间具有显著性差异

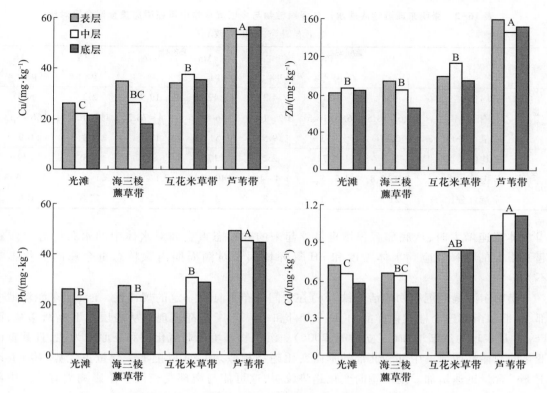

图 16-4 崇明东滩湿地沉积物中重金属的含量(全为民等,2006)

从光滩至芦苇带,从南部至北部,重金属的质量分数呈现逐步增加的趋势。由于高潮带以细颗粒为主,有机质含量较高,因此重金属表现出相应的富集。与长江口其他滨海湿地和世界其他河口湿地相比,崇明东滩湿地沉积物中重金属的质量分数相对较低(Quan *et al.*,2007;全为民等,2008),表明它是一块保存较为完好、未受到污染的天然湿地,这主要与长江径流对污染物的稀释作用有关。

崇明东滩湿地重金属分布从低潮滩向高潮滩呈增加趋势,检测到的重金属元素为 Fe、Mn、Cu、Zn、Cr、Pb、Co 和 Ni(康勤书等,2003)。高潮滩重金属在根系沉积物表层富集明显,在高潮滩 30~70 cm 和中潮滩 10~40 cm 波动较大,低潮滩垂向分布变化不明显。高潮滩重金属含量显著大于中、低潮滩,中、低潮滩没有显著区别,水动力差异可能是影响重金属分布的原因。另外,潮滩沉积物粒径对重金属分布起主导作用,98 大堤的围垦能减弱水动力作用,细颗粒泥沙容易沉积,细颗粒含量显著增加。有机质可能是细颗粒沉积物控制重金属分布的一个潜在因子。

受粒径影响,崇明东滩湿地近岸水体中颗粒态 Cu、Pb、Fe、Mn、Zn、Cr 和 Al 的总量显著高于表层沉积物中重金属总量,其中 Cu、Pb、Fe、Mn、Zn 和 Al 可还原态部分在底层水体悬浮颗粒物中的含量也明显高出表层沉积物 2~3 倍(毕春娟等,2006;表 16-2)。但与重金属总量相比,上述元素的可还原态部分所占比例与表层沉积物相差不大。在潮汐循环过程中,颗粒态重金属均在涨潮初期、高平潮前后及落潮末期出现较高含量。这种变化主要与水动力条件有关,

表 16-2　崇明东滩湿地底层水体悬浮颗粒物与表层沉积物中可还原态重金属含量对比

（据毕春娟等，2006 修改）

样品	含量	Cu /($\mu g \cdot g^{-1}$)	Pb /($\mu g \cdot g^{-1}$)	Fe /($mg \cdot g^{-1}$)	Mn /($\mu g \cdot g^{-1}$)	Zn /($\mu g \cdot g^{-1}$)	Cr /($\mu g \cdot g^{-1}$)	Al /($\mu g \cdot g^{-1}$)
悬浮颗粒物	平均值	9.0	12.0	4.3	420	19.9	2.3	545
	范围	5.6~13.5	6.4~16.5	3.2~10.7	286~835	2.4~76.2	1.0~6.1	166~833
	质量百分比/%	22.7	38.1	9.5	51.8	12.2	6.2	0.9
表层沉积物	平均值	3.1	5.7	2.2	176	8.0	4.3	279
	范围	2.8~3.8	4.5~8.2	1.4~4.0	140~298	7.1~9.9	3.1~5.0	211~373
	质量百分比/%	21.8	36.1	7.8	35.2	12.1	17.3	0.6

当水体流速增大时，从底部沉积物再悬浮起来的颗粒态重金属对水体中的永久性悬浮颗粒起了很大的稀释效应。水体盐度和 pH 等环境因子对潮周期内颗粒态重金属的变化影响不大。

崇明东滩湿地沉积物的活性铁（Fe）在空间分布上具有一定的规律性，在崇明东滩湿地中部、北部和南部三个柱状样样品中，Fe^{3+} 含量和 Fe^{3+}/Fe^{2+} 值都表现为从表层向下逐渐递减，而 Fe^{2+} 含量表现为逐渐增加（王立群等，2006）。沉积物环境以弱氧化型和还原型为主，且其垂向变化的规律性明显。中部和北部的垂向变化趋势相似，40 cm 以上 Fe^{3+} 含量占优势，40 cm 以下 Fe^{2+} 含量迅速增加。南部垂向变化趋势较缓，这可能与南部受长江干流影响大有关。中部和北部氧化还原界面为 40 cm 左右，其上为氧化环境，下层表现为强还原性。南部氧化还原界面为 22 cm 左右，氧化环境与还原环境强度均小于中部和北部的相应层位。从粒径与有机碳的实验结果看出，活性铁的分布与粒径有一定的相关性，其分布变化受有机碳的氧化降解影响明显。各剖面氧化还原界面的位置与中、高潮滩的沉积界线相当。

河口湿地也是 Hg 的活性库，Hg 在湿地中的累积对其生物地球化学过程及其生态效应等均具有重要意义。崇明东滩湿地高潮滩、中潮滩和中潮滩植被带前缘沉积物（柱状样）样品中 Hg 含量为 0.015~0.315 mg·kg^{-1}（宋连环等，2009）。该研究利用地累积指数法对崇明东滩湿地沉积物中 Hg 的污染状况进行了评价。结果表明，潮滩沉积物存在轻度的 Hg 污染。同时对 Fe、Mn、有机质及粒径等理化参数进行了测定，指出有机质和 Fe、Mn 循环是影响沉积物中 Hg 累积的主导因素（表 16-3），在潮滩水动力较弱的部位，沉积物 Hg 可能主要受早期成岩作用和植被的影响，而粒径不是控制因素。

二、重金属污染评价

重金属的污染评价主要是评价其污染程度对生态系统环境或人类健康的威胁程度，具有实际的社会价值。相关研究对比了若干种评价方法在评价崇明东滩湿地重金属污染程度时的特点（翟万林和龙江平，2010）。地累积指数法和潜在生态危害指数法的评价结果显示，崇明东滩湿地基本保持了自然状态，仅有个别区域有轻微的 Hg 和 Pb 元素污染，光滩沉积物由于缺少植被稀释而含有偏多的有害化学物质。Nemerow 综合污染评价结果显示，崇明东滩湿地

表 16-3 崇明东滩湿地沉积物柱状样中 **Hg** 元素与沉积物理化学性质之间的相关性(宋连环等,2009)

理化参数		Hg		
		高潮滩	中潮滩	中潮滩植被带前缘
有机质		0.861*	0.747**	0.407
Fe		0.792*	0.822**	0.524
Mn		0.843*	0.797**	0.530
粒度	<2	0.199	0.827**	0.433
	<8	0.264	0.817**	0.417
	<16	0.344	0.798**	0.444
	<32	0.362	0.749**	0.494
	<63	0.250	0.544**	0.445

注: $*p<0.05$; $**p<0.01$ 。

的污染全部达到了警戒水平。单因子评价中,Cd 对综合污染指数的贡献最高,Hg 对综合污染指数的贡献最低,基本处于无污染状态。在潜在生态危害指数法计算中加入了毒性因子后的评价显示,崇明东滩湿地污染程度较低,主要的污染物质为 Hg,有部分站位超过了轻微污染的限值,达到了中等污染水平。在这几类重金属元素中,Hg 和 Cd 的毒性系数最大,即将要达到中等污染的级别。以上三种评价方法各有优缺点。地累积指数法比较简单;Nemerow 综合污染评价法强调了最大综合污染指数,但指数常常偏高;潜在生态危害指数法考虑了重金属对环境和人类的毒性系数,有一定的实际意义。

以崇明东滩湿地表层沉积物为研究对象,在粒径分析、重金属以及有机碳含量测定的基础上,李雅娟等(2012)采用 ArcGIS 中的地统计分析模块研究了重金属 Cu、Pb、Zn、Cr 和 Cd 的空间分布格局,并运用地累积指数法和潜在生态危害指数法对重金属污染现状进行了评价。结果表明,目前崇明东滩湿地重金属 Cu、Pb、Zn、Cr 和 Cd 受沉积物粒径分布和有机碳的影响,重金属含量呈现自岸向海和自北向南下降的趋势。崇明东滩湿地重金属污染状况总体为清洁,Cr、Zn 和 Cu 污染级别属于良好,但 Cd、Pb 和 Cu 的污染程度相对较高。总体重金属污染程度在长江口滩涂、我国河口湿地和全球滨岸地区范畴内均处于居中地位,近十年来污染程度有所减轻。而且崇明东滩湿地具有较强的重金属污染物"过滤器"功能。

由于海岸带地区耕地的短缺,围垦开发的河口湿地是一种重要的土地资源。Ma 等(2015)在崇明东滩湿地研究了经过长期农业开垦活动的地区和未开垦地区重金属 Al、Fe、Mn、Cu、Cr、Ni、Zn 和 Pb 的浓度和空间分布(图 16-5)。结果表明,土壤细颗粒组分(<20 μm)和重金属浓度之间存在显著的正相关关系。相对于各地区的背景参考值,崇明东滩湿地总体区域的重金属沉积量有所增加。20 世纪 60 年代,开垦后土地的 Cu、Cr、Zn 和 Pb 浓度均低于未开垦的湿地。20 世纪 90 年代,除了 Cr,开垦后土地的 Cu、Zn 和 Pb 浓度比未开垦的湿地更高。在上海崇明东滩鸟类国家级自然保护区总体区域,开垦活动对 Ni 的影响极小。研究结果说明,不同地区重金属浓度和空间分布特征的差异是由背景沉积和人为活动的共同作用造成的(特别是在 20 世纪 60 年代的地区)。崇明东滩湿地当前重金属含量主

要由背景沉积决定,但开垦历史对开垦土地中的重金属浓度有一定影响。淋洗脱盐效应对重金属的影响主要发生在短期开垦的土壤中(1998 年后地区),而且长期的农业活动对重金属浓度有显著影响。

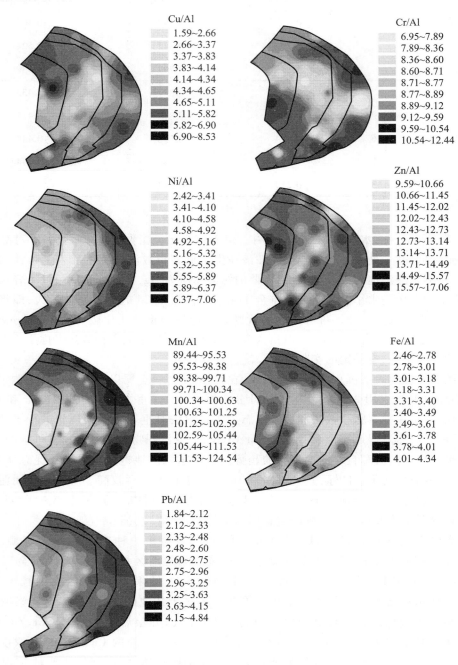

图 16-5　崇明东滩湿地表层沉积物重金属成分和等高数值图(Ma et al., 2015)

三、新技术的应用

环境磁学是 20 世纪 70 年代后期发展起来的一门新兴的边缘学科,以磁性测量作为其核心技术,具有快速、简便、经济、安全等特点,因此在环境科学等领域得到广泛应用,尤其是在重金属污染的研究上已有不少成功的实践。吕达等(2007)对取自崇明东滩湿地高潮滩、中潮滩和低潮滩的沉积物柱状样进行了磁学、粒径和重金属含量等指标的分析、比较与综合研究。研究结果表明,崇明东滩湿地沉积物的粒径类型以 4~63 μm 粒径的粉砂为主,粒径小于 4 μm 的黏土和粒径大于 63 μm 的砂次之。崇明东滩湿地除低潮滩无污染外,中潮滩和高潮滩均有中度的重金属污染(表 16-4)。选取中度重金属污染的高潮滩沉积物柱状样进行粒径、重金属含量以及磁性参数的相关性分析,结果表明,磁化率频率系数、非滞后剩磁、饱和等温剩磁与重金属含量和黏土粒径之间有较高的相关性,并以此建立了磁诊断线性回归模型。

表 16-4　崇明东滩湿地沉积物中重金属含量(据吕达等,2007 修改)

采样点		Pb/(μg·g⁻¹)	Cr/(μg·g⁻¹)	Cd/(μg·g⁻¹)	Cu/(μg·g⁻¹)	Zn/(μg·g⁻¹)	Ni/(μg·g⁻¹)
高潮滩	最大值	50.16	96.00	0.302	47.90	129.00	35.00
	最小值	22.37	30.30	0.097	10.40	30.20	1.90
	平均值	32.85	57.27	0.253	38.52	92.00	18.97
中潮滩	最大值	53.63	38.30	0.378	23.90	109.50	65.20
	最小值	18.68	12.20	0.263	18.10	94.30	43.10
	平均值	39.86	25.65	0.308	21.50	104.45	52.66
低潮滩	最大值	88.74	85.30	0.275	38.70	85.30	20.00
	最小值	18.42	23.60	0.087	10.50	27.60	1.70
	平均值	44.78	47.93	0.179	18.90	63.72	11.90
上海滨岸背景值		27.56	75.56	0.130	27.95	84.72	31.52

另外,高光谱遥感技术现已被广泛应用于地表矿物成分的识别,其含量、植物化学成分的估测,土壤调查等方面的研究。利用地物光谱仪提取各波段平均波长的光谱反射率,并结合实测的土壤重金属含量,崇明东滩湿地土壤重金属 Zn、Cr、Cu 预测值与实测值相关系数达到极显著相关,实测值与预测值的平均相对误差为 3%~4%(刘华和张利权,2007)。该研究认为,高光谱遥感技术可以反演盐沼土壤重金属含量,进一步结合遥感资料进行大尺度重金属污染遥感信息提取和反演是可行的。

参 考 文 献

毕春娟,陈振楼,许世远,贺宝根,李丽娜,陈晓枫. 2006. 河口近岸水体中颗粒态重金属的潮周期变化. 环境科学,27(1):132-136.

邓可, 杨世伦, 刘素美, 张经. 2009. 长江口崇明东滩冬季沉积物-水界面营养盐通量. 华东师范大学学报(自然科学版), (3): 17-27.

高磊, 李道季, 王延明, 余立华, 孔定江, 李玫, 李云, 方涛. 2006a. 长江口最大浑浊带潮滩沉积物间隙水营养盐剖面研究. 环境科学, 27(9): 1744-1752.

高磊, 李道季, 余立华, 王延明, 孔定江. 2006b. 长江口崇明东滩沉积物间隙水中营养盐剖面及其数学模拟. 沉积学报, 24(5): 722-732.

高磊, 李道季, 余立华, 孔定江, 王延明. 2009. 春季长江口崇明东滩沉积物-水界面营养盐交换过程研究. 海洋与湖沼, 40(2): 109-116.

康勤书, 吴莹, 张经, 周俊丽, 程和琴. 2003. 崇明东滩湿地重金属分布特征及其污染状况. 海洋学报, 25(S2): 1-7.

李雅娟, 杨世伦, 侯立军, 周菊珍, 刘英文. 2012. 崇明东滩表层沉积物重金属空间分布特征及其污染评价. 环境科学, 33(7): 2368-2375.

刘华, 张利权. 2007. 崇明东滩盐沼土壤重金属含量的高光谱估算模型. 生态学报, 27(8): 3427-3434.

吕达, 郑祥民, 周立旻, 吕金妹, 王永杰. 2007. 崇明东滩湿地沉积物重金属污染的磁诊断. 环境科学研究, 20(6): 38-43.

潘静, 陈大舟, 杨永亮, 汤桦, 刘晓端. 2009. 长江口东滩湿地柱状沉积物中多氯联苯的分布和变化趋势. 环境科学研究, 22(11): 1282-1287.

彭晓佳, 李朝君, 张文佺, 王磊. 2009. 典型污染物在崇明东滩不同类型湿地的分布规律. 安徽农业科学, 37(31): 15330-15332, 15384.

全为民, 韩金娣, 平先隐, 钱蓓蕾, 沈盎绿, 李春鞠, 施利燕, 陈亚瞿. 2008. 长江口湿地沉积物中的氮、磷与重金属. 海洋科学, 32(6): 89-93.

全为民, 李春鞠, 沈盎绿, 钱蓓蕾, 平仙隐, 韩金娣, 施利燕, 陈亚瞿. 2006. 崇明东滩湿地营养盐与重金属的分布与累积. 生态学报, 26(10): 3324-3331.

沈根祥, 黄丽华, 钱晓雍, 潘丹丹, 施圣高, Gullino M L. 2009. 环境友好农业生产方式生态补偿标准探讨——以崇明岛东滩绿色农业示范项目为例. 农业环境科学学报, 28(5): 1079-1084.

宋连环, 郑祥民, 周立旻, 张国玉, 任少芳, 王永杰. 2009. 崇明东滩湿地沉积物中汞累积特征及其影响因素研究. 环境科学研究, 22(12): 1426-1432.

王立群, 戴雪荣, 刘清玉, 陆敏, 张福瑞. 2006. 长江口崇明东滩地貌发育过程中的活性铁变化及环境意义. 海洋通报, 25(3): 45-51.

翟万林, 龙江平. 2010. 沉积物重金属污染评价方法对比——以上海崇明东滩为例. 贵阳学院学报(自然科学版), 5(3): 20-25.

朱立峰, 郑祥民, 周立旻, 王永杰. 2009. 崇明东滩湿地沉积物砷的形态特征. 城市环境与城市生态, 22(5): 26-28, 33.

朱晓华, 潘静, 路国慧, 陈大舟, 汤桦, 王卓, 刘晓端, 杨永亮. 2014. 崇明岛湿地沉积物中六六六的长期变化趋势. 地球与环境, 42(4): 496-501.

Ma C, Zheng R, Zhao J, Han X, Wang L, Gao X, Zhang C. 2015. Relationships between heavy metal concentrations in soils and reclamation history in the reclaimed coastal area of Chongming Dongtan of the Yangtze River Estuary, China. *Journal of Soils and Sediments*, 15(1): 139-152.

Quan W M, Han J D, Shen A L, Ping X Y, Qian P L, Li C J, Shi L Y, Chen Y Q. 2007. Uptake and distribution of N, P and heavy metals in three dominant salt marsh macrophytes from Yangtze River Estuary, China. *Marine Environmental Research*, 64(1): 21-37.

Wang Y J, Zhou L M, Zheng X M, Qian P, Wu Y H. 2012. Dynamics of arsenic in salt marsh sediments from Dongtan wetland of the Yangtze River Estuary, China. *Journal of Environmental Sciences*, 24(12): 2113-2121.

第十七章

气候变化的影响与应对

第一节　大气温度升高的影响

一、植物生理响应

全球气候变化已经成为不容置疑的事实。自工业革命以来,由于人类活动导致化石燃料的大量使用、土地利用的变化及农业生产加大,全球大气中 CO_2、CH_4、N_2O 等温室气体的排放量显著增加,远远大于工业革命之前的水平。温室气体的增加引起温室效应,从而导致全球变暖。政府间气候变化专门委员会(IPCC,Intergovernmental Panel on Climate Change)分别于1991 年、1996 年、2001 年、2007 年和 2013 年完成并发布了 5 次气候变化评估报告。最近的IPCC 第五次气候变化评估报告中得出,自 1950 年以来,气候系统观测到的许多变化是过去几十年甚至千年以来史无前例的,1880 年到 2012 年,全球海陆表面平均温度呈线性上升趋势,升高了 0.85 ℃;2003 年到 2012 年年均温比 1850 年到 1900 年平均温度上升了 0.78 ℃。

温度和 CO_2 浓度升高对植物的影响可分为直接和间接两种作用。首先,升温将直接改变植物的光合能力和生长速率,从而改变植物的物候,并延长植物的生长期。间接的影响主要包括改变土壤含水量和对营养物质的利用,因此植物的生长、生物量生产及分配也将随之发生改变。

在崇明东滩湿地利用开顶室气候变化模拟系统(Open-top Chamber,OTC)的升温试验发现,大气温度升高一年后,芦苇最大净光合速率和光补偿点显著增加,暗呼吸速率和光饱和点显著降低,表现出正效应(杨淑慧等,2012)。然而升温两年后结果相反,升温条件下表观量子效率的年际差异不显著。非线性拟合芦苇叶片光合-光响应曲线的结果显示,其在升温第一年和第二年分别发生上调和下移现象。蒸腾速率表现出增加趋势,气孔导度和胞间 CO_2 浓度对升温的响应与光合有效辐射强度有关。这可能意味着长时间升温条件下,芦苇叶片因非气孔因素限制发生光合适应现象。

但也有研究发现,增温使崇明东滩湿地的芦苇净光合速率、蒸腾速率和气孔导度分别降低了 12%~23%,但是对胞间 CO_2 浓度和水分利用效率没有明显影响(祁秋艳等,2012)。此外,非线性拟合芦苇叶片光合响应曲线的结果显示,升湿处理和对照下芦苇的光合响应曲线均表现为先迅速增加后渐平缓的趋势,OTC 内芦苇的光合响应曲线始终位于对照的下方。同时,增温显著地降低了芦苇的表观量子效率和光饱和点。增温条件下,芦苇的叶氮含量显著减少,比叶重显著增加,但光合氮素利用效率未产生显著的变化。另外,相关性分析的结果显示,比叶重与最大净光合速率、光合氮素利用效率呈现出显著的负相关,与叶氮含量呈现极显著的负相关。叶氮含量与光合氮素利用效率之间呈现极显著的正相关,两者均与最大净光合速率显著正相关,其中叶氮含量与最大净光合速率的相关性则达到了极显著的水平。总之,模拟增温效应对芦苇的光合特征产生了显著的影响。

随着大气 CO_2 浓度的增加,崇明东滩湿地的互花米草与芦苇净光合速率增加,暗呼吸速率下降(梁霞等,2006)。互花米草与芦苇的光合/呼吸-CO_2 响应机制不同,互花米草表现出更高的表观羧化效率和暗呼吸速率。互花米草的净光合速率、气孔导度及蒸腾速率在正常大气 CO_2 浓度下均高于芦苇,在 2 倍的 CO_2 浓度下则显著下降,表现出对设定环境因子和高 CO_2 浓度胁迫的光合生理响应。本项研究通过对入侵植物互花米草与土著种芦苇在特定时间段内的光合特性比较研究,将有助于揭示互花米草和芦苇的光合/呼吸-CO_2 响应机制,为解释将来大气 CO_2 浓度升高的环境下,互花米草对土著植物的竞争优势提供了实验依据。

二、植被生长响应

同样利用崇明东滩湿地 OTC 模拟升温试验,相关研究发现,温度升高使芦苇株高显著增加,但对茎粗的影响不明显(石冰等,2010)。与正常大气温度相比,升温处理显著增加了芦苇的叶长、叶宽和叶面积,但却显著减少了叶面积比率和比叶面积,对叶长/叶宽和叶质比无显著影响。升温使芦苇开花个体数、开花率、花序高、花颈长、花数以及种子数量均显著减少,说明对植物繁殖起到抑制作用。此外,升温时地上部分各层生物量显著增加,而且从下到上增加程度逐渐增大。根、茎、叶的生物量显著增加,花的生物量显著减少。升温对芦苇根系各层生物量影响不同,上层生物量显著增加,中层显著减少,下层变化不明显。进一步测定发现,升温使芦苇根系和花的生物量占总生物量的比例显著下降,茎和叶生物量所占比例则显著升高。

通过分析近 30 年来长江口区域气候变化特征,并结合 Landsat 系列卫星的 TM 和 ETM[+] 遥感数据,相关研究发现,崇明东滩湿地 1984—2013 年年均温显著增加,日照时数显著下降,年降水量变化趋势不显著(于泉洲等,2014)。在各季节间气温存在显著增加趋势(冬季没有类似情况),降水量和日照时数变化趋势不显著。植被年际变化在不同季节的特征较类似,湿地归一化植被指数(normalized differential vegetation index,NDVI)皆随时间增加,但增加的强度和显著性有所差异。湿地 NDVI 在各年内的季节变化呈现单峰变化特征,从春季开始增加,在夏季末达到最大值,然后下降,在冬季降至最低。年内的植被季节变化特征受月均温的控制较为显著。

第二节　海平面上升的影响

一、海平面上升

全球平均温度的升高会引起积雪和两极冰川融化、海水受热膨胀,从而导致全球平均海平面上升。19 世纪中叶以来,全球海平面上升速率高于过去两千年的平均速率。1901—2010 年,全球平均海平面上升了 0.19 m。1901—2010 年,全球平均海平面上升速率为 1.7 mm · a^{-1};1971—2010 年,上升速率为 2.0 mm · a^{-1};1993—2010 年,上升速率为 3.2 mm · a^{-1}。21 世纪,全球平均海平面将继续上升,相对于 1986—2005 年,2081—2100 年的全球平均海平面将上升 0.26～0.82 m(图 17-1)。

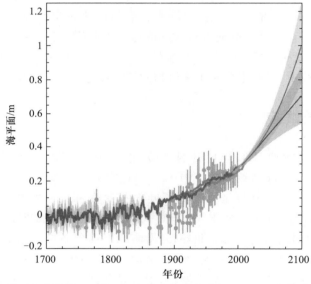

图 17-1　IPCC 公布的海平面上升情景。下线:RCP(代表性浓度路径)2.6 温室气体排放情景;上线:RCP 8.5 温室气体排放情景(来自 IPCC 第五次气候变化评估报告,Church *et al.*, 2013)

海平面上升对河口滨海湿地生态系统的影响主要与相对海平面变化速率、潮滩沉积速率、区域坡度、海堤等障碍物和环境条件有关。全球平均海平面是上升的,但是由于不同地区的地壳运动方向和速度不同,针对某一地区,地壳也有垂直运动,缓慢地上升或下降,因此其实际相对海平面并不一定是上升的。正因如此,研究考虑当地地壳垂直运动的相对海平面变化对于全球海平面上升的影响才有意义。

河口湿地生态系统内部有不同的生境(或植被)类型,都会被潮水周期性淹没,但是由于距离海岸的远近不同,有各自适合的淹没周期、频率、深度、海水盐度等水文条件,因此,湿地生态系统内部各种生境类型在滩涂上有规律地平行于海岸呈带状分布。相对海平面变化引起平均潮位线和平均大潮高潮位线的水平位置发生移动,原来位置上的淹没周期、频率、深度、海水盐度等水文条件也会随之发生变化,不同的生境类型为了找到适合的土壤积水期、海水盐度等生长环境,会随着潮位线的变化发生迁移。

虽然沿海各地地壳垂直运动方向和趋势有所差异,但是大部分地区的相对海平面还是上升的。相对海平面上升使得潮滩地表相对平均潮位和平均大潮高潮位的高度提高,而潮滩沉积就会减缓地表相对高度提高的程度,因此,潮滩沉积有可能使得潮滩区域跟得上相对海平面的升高。研究表明,潮滩生境的分布与海平面上升和泥质沉积物的平衡有关:如果潮滩地表的沉积速率大于相对海平面上升速率,潮滩沉积对潮滩的影响大于相对海平面上升的影响,潮滩有可能因为沉积而向海洋方向扩展;如果沉积速率恰好等于相对海平面上升速率,其淹没深度、频率、海水盐度等环境条件不会发生改变,潮滩生境分布不会发生变化;如果潮滩沉积速率小于相对海平面上升速率,潮滩植被仍然会向海移动,潮滩沉积只会削弱一部分海平面上升对潮滩生境的影响。

二、海平面上升影响的模拟研究

在海平面上升影响的相关研究中,科学、客观的数学模型是重要而有效的研究工具。模型模拟和评估可以深入地理解海平面上升对河口滨海生态系统影响的特征和作用机制,评价河口区域土地利用变化的潜在影响,利于认识当前及未来气候变化和海平面上升的趋势,揭示海平面上升影响下河口生态系统的变化,为土地利用决策提供科学依据。

根据遥感数据、原位 GPS、潮汐表、海图和地理空间分析模型,在低海平面上升情景下(0.1 m),崇明东滩湿地至 2100 年(21 世纪末)将会损失 11% 的陆地区域;在高海平面上升情景下(0.8 m),崇明东滩湿地 39% 的陆地区域将会受到淹没危险(Tian *et al.*,2010)。这些区域主要是光滩和海三棱藨草生境。在高海平面上升情景下,到 2050 年约 937 hm^2 的光滩和 191 hm^2 的海三棱藨草生境将会受淹;将损失约 1420 hm^2 的光滩和 719 hm^2 的海三棱藨草生境(表 17-1)。总之,海三棱藨草生境和光滩区域更易受海平面上升威胁,而这些区域恰恰是迁徙鸟类不可或缺的栖息地。

表 17-1 不同海平面上升情景下崇明东滩湿地 2050 年和 2100 年陆地的潜在损失(Tian *et al.*,2010)

情景分析时期	低海平面上升情景		高海平面上升情景	
	受淹面积/hm^2	占总面积比例/%	受淹面积/hm^2	占总面积比例/%
2050 年	328	5.7	1151	20
2100 年	634	11	2229	38.6

在国际上,海平面影响湿地模型(sea level affecting marshes model,SLAMM)是较为主流的评估模型。该模型使用决策树,结合几何学和定性关系实现土地类型转换的表达。SLAMM 模型主要模拟水淹、淤积、冲刷、盐潮和土壤透水等 6 个过程及其在海平面上升情景下对滨海湿地的影响。当前,崇明东滩湿地处在海平面上升和入海泥沙减少的双重胁迫之下。应用 SLAMM 模型可以评估海平面上升情景下湿地对海平面上升和入海泥沙减少双重威胁的长期响应(Wang *et al.*,2014)。短时间尺度(2025 年)预测结果表明,海平面上升速率高和沉积速

率减半的情景对崇明东滩湿地低潮滩湿地有相当大的影响。受影响的区域主要分布在崇明东滩湿地南部,主要是由于南部区域沉降速率快、沉积速率低或存在侵蚀。中时间尺度(2050年)预测结果表明,海平面上升速率高和沉积速率减半的情景对中潮滩和低潮滩湿地区域有很大的影响。随着海平面上升,海三棱藨草群落生境演变为光滩。除了崇明东滩湿地南部区域外,中部和北部区域也开始受其影响。长时间尺度(2100年)预测结果表明,海平面上升速率高和沉积速率减半的情景不仅对中潮滩和低潮滩的滨海湿地有相当大的影响,而且也影响高潮滩(图17-2)。影响区域包括了崇明东滩湿地的所有区域,其盐沼植被面积大量减少,部分区域甚至全部消失。

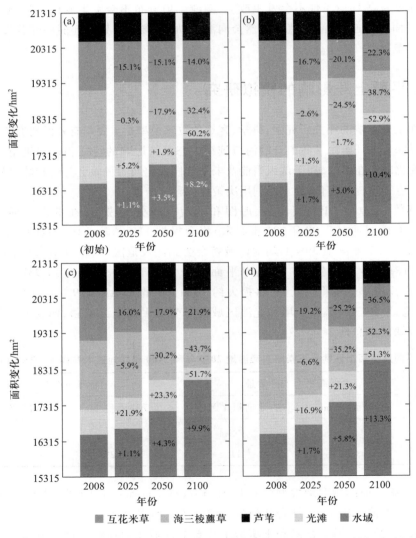

图17-2 不同海平面上升和泥沙沉积情景下的崇明东滩湿地生境格局变化。(a)低海平面上升情景+无泥沙减少;(b)高海平面上升情景+无泥沙减少;(c)低海平面上升情景+沉积速率减半;(d)高海平面上升情景+沉积速率减半(Wang *et al.*,2014)

然而,当考虑不同物种对淹水压力的适应性差异时,崇明东滩湿地的植被格局对海平面上升的响应也会有所不同(Ge et al.,2015)。随着淹水压力的不断增加,互花米草和芦苇的定植率会有所降低。而先锋种海三棱藨草对淹水的耐受力较强,能够在地势低洼的区域存活,甚至是原来外来种入侵的区域。海平面上升与淤积量减少的综合作用会导致互花米草和芦苇的进一步退化,而海三棱藨草可能不会显著减少。植被面积的减少最终会导致该地区植被总原始生产量的减少。盐水入侵更会加剧这种影响,尤其会对芦苇产生严重影响。相比较而言,互花米草和海三棱藨草对盐度的生理耐受力更高。在海平面上升造成的地形地貌变化影响下,种属特异的自适应性特征终会引起崇明东滩湿地的植被格局改变。

三、上游来沙减少的影响

海平面上升是当今世界面临的一个重大地质环境问题。海平面上升的淹没效应导致潮间带湿地面积损失,但泥沙淤积可以抵消或削弱海平面上升对潮间带湿地的影响。因此泥沙供给不足的河口湿地则面临淹没消失的危险(刘英文等,2011)。2005—2010年,崇明东滩湿地由于泥沙淤积获得了约1.79 km²(平均每年0.36 km²)的潮间带湿地,而相对海平面上升的"淹没"效应导致崇明东滩潮间带湿地面积损失0.44~0.64 km²(平均每年0.09~0.13 km²),潮间带面积实际增长1.15~1.35 km²(平均每年0.23~0.27 km²)。今后几十年,受全球海平面加速上升和长江入海泥沙进一步减少的影响,崇明东滩湿地的净淤积速率可能进一步下降。

而且,崇明东滩湿地的相对海平面上升(区域地面沉降和全球海平面上升之和)速率较大,且呈加速趋势(杨世伦等,2005)。1980—1995年崇明东滩湿地平均沉降速率为每年5~6 mm,1995—2001年约为每年25 mm。崇明东滩湿地潮滩平均坡度约为2‰。当海平面上升速率为每年10 mm时,潮滩每年将有1.5 km²因淹没而损失,除非泥沙的淤积能抵消海平面上升的影响。由于三峡工程等的影响,长江的输沙率和含沙量将下降到上述临界值之下,加之海平面的加速上升,今后几十年研究区潮滩将遭受侵蚀。

总体而言,崇明东滩湿地滩面淤积速率尽管较过去明显下降,但目前仍保持着净淤涨态势。但未来受全球海平面上升和长江入海泥沙减少等因素影响,崇明东滩湿地的净淤积速率可能进一步下降。海平面上升、地面沉降、自然淤积速率降低,三者共同作用将导致崇明东滩湿地面积逐渐减少,并将影响到上海市后备土地资源的开发利用。为了及时获知崇明东滩湿地的发展趋势,系统监测和深入研究十分必要。

第三节 全球变化的应对

一、生态系统脆弱性分析

河口滨海湿地对气候变暖所导致的海平面上升极为敏感,海平面上升将可能导致河口湿地面积锐减、生境退化和生物多样性下降等。研究河口湿地对海平面上升的响应过程与机制,构建海平面上升影响下河口湿地脆弱性评价体系和方法,客观定量评价河口湿地生态系统脆弱性,制订切实可行的应对策略和措施,是保障海岸带生态系统安全的重要前提。海平面上升对河口湿地生态系统的影响是多方面的,能够反映其脆弱性的指标也较多,因此基于河口湿地生态系统对海平面上升的响应机制、评价对象和研究目标,从系统脆弱性成因、状态变化和适应性等方面构建脆弱性指标体系,进行定量空间评价。

"脆弱性"一词在 20 世纪 80 年代末被应用于地学中自然灾害风险研究领域。目前脆弱性概念已被广泛应用到气候变化、土地利用/覆被变化、自然生态环境评价等多领域中,但不同领域对脆弱性的理解和定义存在差异。综合 IPCC 和有关专家对脆弱性的分析和定义,脆弱性是系统在扰动作用下所遭受的潜在影响与系统适应能力两者构成的函数。脆弱性的概念包括系统的暴露度(exposure)、敏感度(sensitivity)和适应度(adaptation)。目前我国有关海平面上升影响下滨海湿地生态系统脆弱性评价的研究较少,仍未形成完善的滨海湿地生态系统脆弱性评价指标体系。

依据系统脆弱性与暴露度、敏感度和适应度之间的相互关系(图 17-3),相关研究建立了海平面上升影响下崇明东滩湿地生态系统脆弱性评价框架(崔利芳等,2014)。生态系统的暴露度为海平面上升对其的影响,敏感度为生态系统对海平面上升的响应,适应度为生态系统自身适应与减缓海平面上升对其影响的能力。

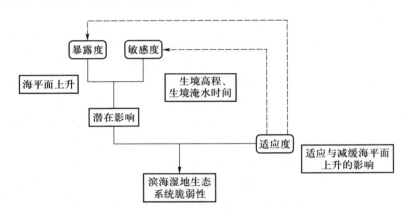

图 17-3　海平面上升影响下滨海湿地生态系统脆弱性评估框架(崔利芳等,2014)

基于海岸带地貌、相对海平面上升、海岸线变化、潮差和波高等的脆弱性评价指标体系已经普遍被应用到美国、欧洲、加拿大、巴西和印度等地的海岸带脆弱性评价研究中。在美国海岸带生态系统的脆弱性评价研究中,选取了海平面上升速率、海岸线变化、平均潮差和海岸带坡度作为海岸带脆弱性指标。在地中海东部海岸带生态系统脆弱性评价研究中,选取了潮间带高程、海平面上升速率和日均淹水时间等指标构建了脆弱性评价指标体系。在印度西海岸带生态系统的脆弱性评价研究中,选取海平面上升速率、沉积速率、波高和海岸带坡度作为评价指标体系。在澳大利亚东南部海岸带生态系统的脆弱性评价研究中,选取了海平面上升速率、岩石类型、海岸带坡度、海岸线变化、平均波高和平均潮差等 9 项指标,构建海岸带脆弱性评价指标体系。

以上海崇明东滩鸟类国家级自然保护区为主体的长江口湿地区域,Cui 等(2015)采用

"源-途径-受体-影响"（source-pathway-receptor-consequence，SPRC）模型（图17-4），构建了基于海平面上升速率、地面沉降速率、生境高程、生境淹水阈值和沉积速率为指标的脆弱性评价指标体系（表17-2）。在 GIS 平台上量化各脆弱性指标，计算脆弱性指数并分级，建立了在不同海平面上升情景和时间尺度（2010—2100年）的长江口湿地生态系统脆弱性的定量空间评价。

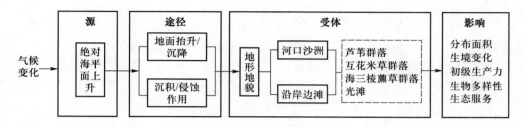

图17-4　海平面上升影响下长江口湿地生态系统脆弱性评价的 SPRC 模型（Cui *et al.*，2015）

表17-2　海平面上升影响下长江口湿地生态系统脆弱性评价指标（Cui *et al.*，2015）

评价对象	项目层	指标层	单位	数据来源
长江口湿地生态系统	暴露度	海平面上升速率 地面沉降/抬升速率	$cm \cdot a^{-1}$ $cm \cdot a^{-1}$	上海地质资料信息共享平台
	敏感度	生境高程、日均淹水时间	m、$h \cdot d^{-1}$	国家海洋局刊发的潮位表
	适应度	沉积速率	$cm \cdot a^{-1}$	长江口水文水资源勘测局

"源"（S）：表示对河口湿地生态系统造成影响的因子，即海平面上升。河口湿地是介于陆地与海洋生态系统之间的过渡带，对海平面上升极为敏感。

"途径"（P）：联系源和受体的纽带，即影响源通过某种方式作用于受体。绝对海平面上升通过海岸带地壳的垂直运动和海岸带泥沙的沉积作用共同影响河口湿地生态系统。

"受体"（R）：表示受到影响源作用的系统，即河口湿地生态系统，根据长江口地理地貌特征和滨海湿地生态系统类型进一步划分受体。

"影响"（C）：表示源通过各种途径作用于受体最终导致的结果。气候变暖引起的海平面上升，通过海岸带地面沉降运动和沉积物沉积作用，将可能改变河口湿地生境高程，影响植被的生存和分布，进而影响湿地生态系统的结构和功能。

该研究按脆弱性指标等级划分，分析了在不同海平面上升情景（近30年长江口沿海海平面上升情景、IPCC第四次评估排放情景特别报告中的 A1F1 情景和 IPCC 第五次评估温室气体排放情景中的 RCP 8.5 情景）和时间尺度（短期 2010—2030 年、中期 2010—2050 年和长期 2010—2100 年）下河口湿地生态系统脆弱性等级的空间分布（表17-3）。

在当前海平面上升情景和 A1F1 海平面上升情景下，短期（2010—2030年）处于低度脆弱的河口湿地主要位于崇明东滩湿地南岸和东南沿岸。中期（2010—2050年）处于低度脆弱的河口湿地主要位于崇明东滩湿地南岸和东南沿岸。长期（2010—2100年）处于高度脆弱的河口湿地主要位于崇明东滩湿地东南沿岸。这些区域的地面沉降速率相对较大，而且沉积速率较小,从而改变湿地生境的实际高程。这导致在海平面上升影响下,河口湿地生境的淹水时间延长,超出其耐受范围,从而影响湿地生态系统的结构和功能。

表 17-3　不同海平面上升情景和时间尺度下河口湿地脆弱性等级百分比(Cui *et al.*,2015)

海平面上升情景	时间尺度	脆弱性等级/%			
		无	低	中	高
近 30 年	短期	93.3	6.4	0.3	0
	中期	90.0	9.5	0.5	0
	长期	88.8	8.1	1.6	1.5
A1F1	短期	90.9	8.8	0.3	0
	中期	89.2	9.3	1.2	0.3
	长期	87.3	3.0	5.1	4.6
RCP 8.5	短期	85.3	12.5	2.2	0
	中期	74.3	14.3	9.2	2.2
	长期	65.1	10.0	11.7	13.2

在 RCP 8.5 海平面上升情景下,短期(2010—2030 年)处于低度脆弱的区域主要位于崇明东滩湿地南岸和东南沿岸。中期(2010—2050 年)处于低度脆弱的区域主要位于崇明东滩湿地东部和北部沿岸,处于中、高度脆弱的区域主要位于崇明东滩湿地南岸。长期(2010—2100 年)处于低度脆弱的区域主要分布于崇明东滩湿地东部沿岸,处于中、高度脆弱的区域主要位于崇明东滩北部沿岸、南岸和东南沿岸。河口湿地脆弱区主要位于地面沉降明显或沉积速率小甚至为负的区域,在海平面上升不断加快的情景下,河口湿地脆弱区的面积逐渐扩大且脆弱性等级逐渐增加。

二、适应性管理策略

近 30 年,长江口沿海海平面呈明显的上升趋势,上升速率为每年 3.0 mm 以上,高于全球平均水平(国家海洋局发布的《海平面上升公报》)。海平面上升可能延长河口湿地生境的淹水时间,影响盐沼植被的生存和分布,进而影响河口湿地生态系统的结构和功能;若淹水时间超过植被的耐受范围,将导致河口湿地生境面临衰退和丧失的威胁。同时长江口湿地不仅存在地面沉降现象,而且年均输沙量逐渐下降。此外长江口沿岸大都建有堤坝,切断了河口湿地向陆迁移的路径,形成"海岸带挤压"(coastal squeeze),这将进一步加剧海平面上升对河口湿地的影响。

根据不同海平面上升情景下长江口湿地生态系统的定量空间评价结果,不断加速上升的海平面对河口湿地有显著影响,尤其是在发生地面沉降和侵蚀的地域,河口湿地的脆弱性面积和脆弱性等级都显著增加。因此提出切实可行的适应与减缓措施和建议,为保护长江口湿地生态系统安全提供重要科学依据。

(1)泥沙沉积的科学管理:河流携带大量泥沙在河口处沉积并逐渐淤涨,是河口湿地适应与减缓海平面上升对其影响的重要措施。沉积物的沉积速率是决定海平面上升对河口湿地影响的重要因素之一。若沉积速率大于或等于海平面上升速率,将会减缓甚至抵消海平面上升对河口湿地的影响。若沉积速率小于海平面上升速率,海平面上升将改变河口湿地生境(主要是高程),进而改变河口湿地的日均淹水时间,影响盐沼植被的生存和分布。如果相对海平面上升速率超出河口湿地生态系统的耐受范围,将影响盐沼植物的存活和生长,进而改变河口湿地生态系统的结构和功能,最终导致生境丧失。长江每年携带大量泥沙在长江口处沉积,但近几十年由于自然因素和人类活动的影响,如长江流域大量水库的修建、引水调水、河流采沙等,长江的年输沙量从 20 世纪 80 年代开始不断下降,至 2011 年仅为 $0.72×10^8$ t,不足 20 世纪 50~60 年代平均水平的 1/7。崇明东滩湿地在 1958—1977 年、1977—1996 年和 1996—2004 年三个时段的淤积速率分别为 19.1 $km^2 \cdot a^{-1}$、5.1 $km^2 \cdot a^{-1}$ 和 4.9 $km^2 \cdot a^{-1}$,下降趋势明显。由此可知,在泥沙量逐渐减少和海平面不断加速上升的背景下,长江口湿地面临淤积速率减缓甚至被侵蚀的威胁。因此采取工程措施改变近岸泥沙的运移格局,促进泥沙沉积和河口湿地的淤涨,是减缓海平面上升对河口湿地影响的有效措施之一。

(2)丁坝护岸促淤:丁坝是我国海岸防护采用较多的一种保护河口湿地工程,它是一种与岸线垂直或高角度相交的线形实体结构工程,能够拦流截沙、消耗海浪正面冲刷的能量,可有效促进河口湿地淤涨并防治海岸侵蚀。目前长江口的崇明岛、长兴岛和横沙岛已建有数百条丁坝保滩促淤,防止海岸侵蚀。通过筑堤促淤工程,能有效增加泥沙的沉积量,促进河口湿地快速淤涨发育,有利于减缓甚至抵消海平面上升对河口湿地的影响。

(3)扩展新生湿地的生态工程:作为海陆系统之间缓冲带的滨海湿地,盐沼植被具有显著的缓流消浪作用,有利于沉积物沉积,促进潮滩淤高并快速向海延伸,使河口湿地面积逐渐增加。同时滩涂植物本身的枯枝落叶也直接参与沉积。实验证明,崇明东滩湿地有植物生长的滩地淤积速率是附近裸滩的 2~3 倍。植被覆盖率较高的高潮滩淤积速率较植被覆盖率低的中、低潮滩大(姜亦飞等,2012)。因此,加强保护盐沼植被并科学实施扩展新生湿地的生态工程,可加速滩地的淤高和向海淤涨,增加河口湿地的面积和高程,从而达到减缓海平面上升对河口湿地影响的作用。

(4)疏浚泥的利用:疏浚泥作为一种资源,国外已开展了应用疏浚泥扩展河口湿地的生态工程。其生态工程主要包括修复受损河口湿地、保护沉降或受侵蚀的河口湿地和建造人工生态岛等。长江口深水航道治理工程开始于 1998 年,期间每年生产大量的疏浚泥,2010 年 3 月随着长江口 12.5 m 深水航道的贯通,之后每年疏浚维护量约 6100 万 m^3。因此,可利用长江口深水航道疏浚泥进行吹填工程,通过人工吹泥上滩,加速滩地向海淤涨,扩大河口湿地面积。此外也可将疏浚泥吹填到光滩或浅滩,使其高程达到目标高程之后,种植长江口先锋物种和优势物种(海三棱藨草和芦苇),从而进一步促进河口湿地的淤涨。这些扩展新生湿地的生态工程,能够有效地减缓或抵消海平面上升对长江口湿地的影响,维持河口湿地生态系统服务功能。

(5)控制河口湿地围垦:20 世纪 90 年代,长江口湿地的围垦主要发生于高潮滩,但 2000 年之后,围垦工程的实施主要发生于中、低潮滩。快速的经济发展促使河口湿地的围垦强度逐渐增加,高强度的围垦工程不仅使大面积的河口湿地丧失,而且也改变了河口湿地生态系统的结构和功能(陈吉余和陈沈良,2002)。例如,崇明东滩湿地在 1992 年和 1998 年先后进行了滩涂围垦并建成了海防大堤(俗称 92 大堤和 98 大堤),但随着大堤的建成,高潮滩的芦苇大都被围垦,导致大面积芦苇群落丧失。而且长江口海岸带基本都修建了堤坝,河口湿地生态系统向陆迁移路径被切断。在长江输沙量呈不断下降的趋势、河口湿地淤涨速度变缓以及海平面上升背景下,大规模围垦将进一步加剧海平面上升对长江口湿地生态系统的威胁。因此,遵循长江口河口演变规律,合理控制河口湿地围垦,是应对和减缓气候变化所导致的海平面上升对河口湿地影响的重要措施之一。

参 考 文 献

崔利芳,王宁,葛振鸣,张利权. 2014. 海平面上升影响下长江口滨海湿地脆弱性评价. 应用生态学报, 25(2): 553-561.

姜亦飞,杜金洲,张敬,张文祥,张经. 2012. 长江口崇明东滩不同植被带沉积速率研究. 海洋学报, 34(2): 114-121.

梁霞,张利权,赵广琦. 2006. 芦苇与外来植物互花米草在不同 CO_2 浓度下的光合特性比较. 生态学报, 6(3):842-848.

刘英文,杨世伦,罗向欣. 2011. 海平面上升的淹没效应和岸滩冲淤对潮间带湿地面积影响的分离估算. 上海国土资源, 32(3): 23-26, 45.

祁秋艳,杨淑慧,仲启铖,张超,王开运. 2012. 崇明东滩芦苇光合特征对模拟增温的响应. 华东师范大学学报(自然科学版), (6): 29-38.

石冰,马金妍,王开运,巩晋楠,张超,刘为华. 2010. 崇明东滩围垦芦苇生长、繁殖和生物量分配对大气温度升高的响应. 长江流域资源与环境, (4): 383-388.

杨世伦,朱骏,李鹏. 2005. 长江口前沿潮滩对来沙锐减和海面上升的响应. 海洋科学进展, 23(2): 152-158.

杨淑慧,祁秋艳,仲启铖,张超,王开运. 2012. 崇明东滩围垦湿地芦苇光合作用对模拟升温的响应初探. 长江流域资源与环境, (5): 604-610.

于泉洲,梁春玲,刘煜杰. 2014. 近 30 年长江口崇明东滩植被对于气候变化的响应特征. 生态科学, 33(6): 1169-1176.

Church J A, Clark P U, Cazenave A, Gregory J M, Jevrejeva S, Levermann A, Merrifield M A, Milne G A, Nerem R S, Nunn P D, Payne A J, Pfeffer W T, Stammer D, Unnikrishnan A S. 2013. Sea Level Change. In: Stocker T F, Qin D, Plattner G K, Tignor M, Allen S K, Boschung J, Nauels A, Xia Y, Bex V, Midgley P M (eds.). *Climate Change* 2013: *The Physical Science Basis. Contribution of Working Group I to the Fifth Assessment Report of the Intergovernmental Panel on Climate Change*. Cambridge and New York: Cambridge University Press.

Cui L F, Ge Z M, Yuan L, Zhang L Q. 2015. Vulnerability assessment of the coastal wetlands in the Yangtze Estuary, China to sea-level rise. *Estuarine, Coastal and Shelf Science*, 156: 42-51.

Ge Z M, Cao H B, Cui L F, Zhao B, Zhang L Q. 2015. Future vegetation patterns and primary production in the coastal wetlands of East China under sea level rise, sediment reduction, and saltwater intrusion. *Journal of Geophysical Research: Biogeosciences*, 120(10): 1923–1940.

Tian B, Zhang L Q, Wang X R, Zhou Y X, Zhang W. 2010. Forecasting the effects of sea-level rise at Chongming Dongtan Nature Reserve in the Yangtze Delta, Shanghai, China. *Ecological Engineering*, 36(10): 1383–1388.

Wang H, Ge Z M, Yuan L, Zhang L Q. 2014. Evaluation of the combined threat from sea-level rise and sedimentation reduction to the coastal wetlands in the Yangtze Estuary, China. *Ecological Engineering*, 71: 346–354.

附录 A

上海崇明东滩鸟类国家级自然保护区相关
科学研究论文列表（1985—2015）

1985 年

徐志明. 1985. 崇明岛东部潮滩沉积. 海洋与湖沼，16(3)：231-239.

1989 年

陈德昌，尤伟来，虞志英. 1989. 崇明东滩环境质量评价. 海洋环境科学，8(1)：22-26.

1990 年

杨世伦. 1990. 崇明东部滩涂沉积物的理化特性. 华东师范大学学报（自然科学版），03：
110-112.

1991 年

孙振华，虞快. 1991. 崇明东滩候鸟自然保护区的建立及其功能区划. 上海环境科学，10(3)：
16-19.

1992 年

孙振华，高峻，赵仁泉. 1992. 崇明东滩候鸟自然保护区的滩涂植被. 上海环境科学，11(3)：
22-25.

张利权，雍学葵. 1992. 海三棱藨草种群的物候与分布格局研究. 植物生态学与地植物学学报，
16(1)：43-51.

1993 年

茅志昌. 1993. 长江口的台风浪及其对崇明东滩的冲淤作用. 东海海洋，11(4)：8-16.

1996 年

孙振华，赵仁泉. 1996. 崇明东滩候鸟自然保护区的动态变化. 上海环境科学，15（10）：
　41-44.

1997 年

杨留法. 1997. 试论粉砂淤泥质海岸带微地貌类型的划分——以上海市崇明县东部潮滩为例.
　上海师范大学学报（自然科学版），26（3）：72-77.

1998 年

孙振华，虞快. 1998. 崇明东滩鸟类自然保护区的建立及其意义. 上海建设科技，4：24-26.

2001 年

袁兴中，陆健健. 2001a. 长江口潮沟大型底栖动物群落的初步研究. 动物学研究，22（3）：
　211-215.

袁兴中，陆健健. 2001b. 长江口岛屿湿地的底栖动物资源研究. 自然资源学报，16（1）：
　37-41.

2002 年

敬凯，唐仕敏，陈家宽，马志军. 2002a. 崇明东滩白头鹤的越冬生态. 动物学杂志，37（6）：
　29-34.

敬凯，唐仕敏，陈家宽，马志军. 2002b. 崇明东滩越冬白头鹤觅食地特征的初步研究. 动物学
　研究，23（1）：84-88.

栾晓峰，谢一民，杜德昌，徐宏发. 2002. 上海崇明东滩鸟类自然保护区生态环境及有效管理
　评价. 上海师范大学学报（自然科学版），31（3）：73-79.

杨世伦，赵庆英，丁平兴，朱骏. 2002. 上海岸滩动力泥沙条件的年周期变化及其与滩均高程
　的统计. 海洋科学，2：37-41.

袁兴中，陆健健. 2002. 长江口潮滩湿地大型底栖动物群落的生态学特征. 长江流域资源与环
　境，11（5）：414-420.

袁兴中，陆健健，刘红. 2002. 河口盐沼植物对大型底栖动物群落的影响. 生态学报，22（3）：
　326-333.

赵雨云，马志军，陈家宽. 2002. 崇明东滩越冬白头鹤食性的研究. 复旦学报（自然科学版），
　41（6）：609-613.

2003 年

康勤书，吴莹，张经，周俊丽，程和琴. 2003. 崇明东滩湿地重金属分布特征及其污染状况. 海
　洋学报，25（S2）：1-7.

刘清玉，戴雪荣，何小勤. 2003a. 崇明东滩沉积环境探讨. 海洋地质动态，19（12）：1-4.

刘清玉，戴雪荣，何小勤. 2003b. 崇明东滩表层沉积物的粒度空间分布特征. 上海地质，4：5-8.

刘敏, 侯立军, 许世远. 2003. 底栖穴居动物对潮滩沉积物中营养盐早期成岩作用的影响. 上海环境科学, 3: 180−184.

吴玲玲, 陆健健, 童春富, 刘存岐. 2003. 围垦对滩涂湿地生态系统服务功能影响的研究——以崇明东滩湿地为例. 长江流域资源与环境, 12(5): 411−416.

左本荣, 陈坚, 胡山, 陈德辉, 袁峻峰. 2003. 崇明东滩鸟类自然保护区被子植物区系研究. 上海师范大学学报(自然科学版), 32(1): 77−82.

赵平, 袁晓, 唐思贤, 王天厚. 2003. 崇明东滩冬季水鸟的种类和生境偏好. 动物学研究, 24(5): 387−391.

赵雨云, 马志军, 李博, 陈家宽. 2003. 鸭类摄食对海三棱藨草种子萌发的影响. 生态学杂志, 22(4): 82−85.

Ma Z J, Li B, Jing K, Zhao B, Tang S M, Chen J K. 2003. Effects of tidewater on the feeding ecology of hooded crane (*Grus monacha*) and conservation of their wintering habitats at Chongming Dongtan, China. *Ecological Research*, 18(3): 321−329.

2004 年

陈中义, 李博, 陈家宽. 2004. 米草属植物入侵的生态后果及管理对策. 生物多样性, 12(2): 280−289.

高建华, 汪亚平, 王爱军, 李占海, 杨旸. 2004. ADCP 在长江口悬沙输运观测中的应用. 地理研究, 23(4): 455−462.

贺宝根, 王初, 周乃晟, 许世远. 2004. 长江口潮滩浅水区域流速与含沙量的关系初析. 泥沙研究, 5: 56−61.

何小勤, 戴雪荣, 刘清玉, 李良杰, 顾成军. 2004. 长江口崇明东滩现代地貌过程实地观测与分析. 海洋地质与第四季地质, 24(2): 23−27.

李九发, 沈焕庭, 万新宁, 应铭, 茅志昌. 2004. 长江河口涨潮槽泥沙运动规律. 泥沙研究, 5: 34−40.

秦卫华, 王智, 蒋明康. 2004. 互花米草对长江口两个湿地自然保护区的入侵. 杂草科学, (4): 15−16.

施俊杰, 张振声, 张诗履, 沙文达. 2004. 崇明滩涂湿地的保护措施. 上海建设科技, 1: 28−29, 37.

陶康华, 倪军, 吴怡婷, 张渊. 2004. 上海市崇明东滩地区生态保护原则与生态区划. 现代城市研究, 12: 13−15.

杨永兴, 吴玲玲, 赵桂瑜, 杨长明. 2004. 上海市崇明东滩湿地生态服务功能、湿地退化与保护对策. 现代城市研究, 19(12): 8−12.

Chen Z Y, Li B, Zhong Y, Chen J K. 2004. Local competitive effects of introduced *Spartina alterniflora* on *Scirpus mariqueter* at Dongtan of Chongming Island, the Yangtze River Estuary and their potential ecological consequences. *Hydrobiologia*, 528(1): 99−106.

Jin L, Gu Y, Xiao M, Chen J, Li B. 2004. The history of *Solidago canadensis* invasion and the development of its mycorrhizal associations in newly-reclaimed land. *Functional Plant Biology*, 31

（10）：979-986.

Ma Z J, Li B, Zhao B, Jing K, Tang S M, Chen J K. 2004. Are artificial wetlands good alternatives to natural wetlands for waterbirds? —A case study on Chongming Island, China. *Biodiversity and Conservation*, 13(2)：333-350.

Zhao B, Kreuter U, Li B, Ma Z J, Chen J K, Nakagoshi N. 2004. An ecosystem service value assessment of land-use change on Chongming Island, China. *Land Use Policy*, 21(2)：139-148.

2005 年

陈振楼, 刘杰, 许世远, 王东启, 郑祥民. 2005. 大型底栖动物对长江口潮滩沉积物-水界面无机氮交换的影响. 环境科学, 26(6)：43-50.

陈中义. 2005. 长江口海三棱藨草的生态价值及利用与保护. 河南科技大学学报(自然科学版), 26(2)：64-67.

陈中义, 李博, 陈家宽. 2005a. 互花米草与海三棱藨草的生长特征和相对竞争能力. 生物多样性, 13(2)：130-136.

陈中义, 李博, 陈家宽. 2005b. 长江口崇明东滩土壤盐度和潮间带高程对外来种互花米草生长的影响. 长江大学学报, 2(2)：6-9.

陈中义, 付萃长, 王海毅, 李博, 吴纪华, 陈家宽. 2005. 互花米草入侵东滩盐沼对大型底栖无脊椎动物群落的影响. 湿地科学, 3(1)：1-7.

葛振鸣, 王天厚, 施文彧, 赵平. 2005. 崇明东滩围垦堤内植被快速次生演替特征. 应用生态学报, 16(9)：1677-1681.

刘敏, 侯立军, 许世远, 余婕, 欧冬妮, 刘巧梅. 2005. 长江口潮滩生态系统氮微循环过程中大型底栖动物效应实验模拟. 生态学报, 25(5)：1132-1137.

汪青, 刘敏, 侯立军, 欧冬妮, 刘巧梅, 余婕. 2005. 海三棱藨草对崇明东滩沉积物磷素分布的影响. 长江流域资源与环境, 14(6)：731-734.

王亮, 张彤. 2005. 崇明东滩 15 年动态发展变化研究. 上海地质, 94：8-10, 15.

王金军, 贺宝根. 2005. 长江输沙与河口的冲淤变化关系. 上海师范大学学报(自然科学版), 34(4)：96-100.

杨世伦, 朱骏, 李鹏. 2005. 长江口前沿潮滩对来沙锐减和海面上升的响应. 海洋科学进展, 23(2)：152-158.

赵平, 葛振鸣, 王天厚, 汤臣栋. 2005. 崇明东滩芦苇的生态特征及其演替过程的分析. 华东师范大学学报(自然科学版), 3：98-104.

赵平, 夏冬平, 王天厚. 2005. 上海市崇明东滩湿地生态恢复与重建工程中社会经济价值分析. 生态学杂志, 24(1)：75-78.

赵广琦, 张利权, 梁霞. 2005. 芦苇与入侵植物互花米草的光合特性比较. 生态学报, 25(7)：1604-1611.

周慧, 仲阳康, 赵平, 葛振鸣, 王天厚. 2005. 崇明东滩冬季水鸟生态位分析. 动物学杂志, 40(1)：59-65.

Chen H, Wang D Q, Chen Z L, Wang J, Xu S Y. 2005. The variation of sediments organic carbon content in Chongming east tidal flat during *Scirpus mariqueter* growing stage. *Journal of Geographical Sciences*, 15(4)：500-508.

2006 年

毕春娟，陈振楼，许世远，贺宝根，李丽娜，陈晓枫. 2006. 河口近岸水体中颗粒态重金属的潮周期变化. 环境科学，27(1)：132-136.

方涛，李道季，李茂田，邓爽. 2006. 长江口崇明东滩底栖动物在不同类型沉积物的分布及季节性变化. 海洋环境科学，25(1)：24-26，48.

高磊，李道季，王延明，余立华，孔定江，李玫，李云，方涛. 2006a. 长江口最大浑浊带潮滩沉积物间隙水营养盐剖面研究. 环境科学，27(9)：1744-1752.

高磊，李道季，余立华，王延明，孔定江. 2006b. 长江口崇明东滩沉积物间隙水中营养盐剖面及其数学模拟. 沉积学报，24(5)：722-732.

高占国，张利权. 2006a. 上海盐沼植被的多季相地面光谱测量与分析. 生态学报，26(3)：793-800.

高占国，张利权. 2006b. 盐沼植被光谱特征的间接排序识别分析. 国土资源遥感，(2)：51-56.

高占国，张利权. 2006c. 应用间接排序识别盐沼植被的光谱特征：以崇明东滩为例. 植物生态学报，30(2)：252-260.

葛振鸣，王天厚，周晓，赵平，施文彧. 2006. 上海崇明东滩堤内次生人工湿地鸟类冬春季生境选择的因子分析. 动物学研究，27(2)：144-150.

干晓静，章克家，唐仕敏，李博，马志军. 2006. 上海地区鸟类新记录 3 种：史氏蝗莺、斑背大尾莺、钝翅苇莺. 复旦学报（自然科学版），45(3)：417-420.

梁霞，张利权，赵广琦. 2006. 芦苇与外来植物互花米草在不同 CO_2 浓度下的光合特性比较. 生态学报，26(2)：842-848.

章克家，钮栋梁，马强. 2006. 上海崇明东滩须浮鸥繁殖期雏鸟生长初步研究及首次雏鸟环志和彩色旗标. 四川动物，4：847-849.

李丽娜，陈振楼，许世远，毕春娟. 2006. 长江口滨岸潮滩无齿相手蟹体内重金属元素的时空分布及其在环境监测中的指示作用. 海洋环境科学，25(1)：10-13.

全为民，李春鞠，沈盎绿，钱蓓蕾，平仙隐，韩金娣，施利燕，陈亚瞿. 2006. 崇明东滩湿地营养盐与重金属的分布与累积. 生态学报，26(10)：3324-3331.

谢东风，范代读，高抒. 2006. 崇明岛东滩潮沟体系及其沉积动力学. 海洋地质与第四纪地质，26(2)：9-16.

徐晓军，王华，由文辉，刘宝兴. 2006. 崇明东滩互花米草群落中底栖动物群落动态的初步研究. 海洋湖沼通报，(2)：89-95.

闫芊，何文珊，陆健健. 2006. 崇明东滩湿地植被演替过程中生物量与氮含量的时空变化. 生态学杂志，25(9)：1019-1023.

徐玲，李波，袁晓，徐宏发. 2006. 崇明东滩春季鸟类群落特征. 动物学杂志，41(6)：120-126.

王立群,戴雪荣. 2006. 长江口崇明东滩沉积物地球化学记录及其环境意义. 上海地质,
  3:5-9.

王立群,戴雪荣,刘清玉,陆敏,张福瑞. 2006. 长江口崇明东滩地貌发育过程中的活性铁变
  化及环境意义. 海洋通报,25(3):45-51.

王智晨,张亦默,潘晓云,马志军,陈家宽,李博. 2006. 冬季火烧与收割对互花米草地上部
  分生长与繁殖的影响. 生物多样性,14(4):275-283.

袁晓,章克家. 2006. 崇明东滩黑脸琵鹭迁徙种群的初步研究. 华东师范大学学报(自然科学
  版),(6):131-136.

杨红霞,王东启,陈振楼,陈华,王军,许世远,杨龙元. 2006. 长江口潮滩湿地-大气界面碳
  通量特征. 环境科学学报,26(4):667-673.

杨红霞,王东启,陈振楼,许世远. 2006. 长江口崇明东滩潮间带温室气体排放初步研究. 海
  洋环境科学,25(4):20-23.

张东,杨明明,李俊祥,陈小勇. 2006. 崇明东滩互花米草的无性扩散能力. 华东师范大学学
  报(自然科学版),(2):130-135.

周俊丽,吴莹,张经,孙承兴. 2006. 长江口潮滩先锋植物藨草腐烂分解过程研究. 海洋科学
  进展,24(1):44-50.

Gao Z G, Zhang L Q. 2006. Multi-seasonal spectral characteristics analysis of coastal salt marsh
  vegetation in Shanghai, China. *Estuarine Coastal and Shelf Science*, 69(1-2): 217-224.

Wang Q, Wang C H, Zhao B, Ma Z J, Luo Y Q, Chen J K, Li B. 2006. Effects of growing
  conditions on the growth of and interactions between salt marsh plants: Implications for invasibility
  of habitats. *Biological Invasions*, 8(7): 1547-1560.

2007 年

陈华,王东启,陈振楼,杨红霞,王军,许世远. 2007. 崇明东滩海三棱藨草生长期沉积物有
  机碳含量变化. 环境科学学报,27(1):135-142.

冯广朋,庄平,刘健,张涛,李长松,章龙珍,赵峰,黄晓荣. 2007. 崇明东滩团结沙鱼类群落
  多样性与生长特性. 海洋渔业,29(1):38-43.

高磊,李道季,余立华,孔定江,王延明. 2007. 长江口崇明东滩沉积物中生源硅的地球化学
  分布特征. 海洋与湖沼,38(5):411-419.

高宇,王卿,何美梅,解晶,赵斌. 2007. 滩涂作业对上海崇明东滩自然保护区的影响评价. 生
  态学报,27(9):3752-3760.

龚士良,杨世伦. 2007. 长江口岸带冲淤及后备土地资源的沉降效应——以上海崇明东滩为
  例. 水文,27(5):78-82.

郭海强,顾永剑,李博,陈家宽,陈吉泉,赵斌. 2007. 全球碳通量东滩野外观测站的建立. 湿
  地科学与管理,3(1):30-33.

黄华梅,张利权,袁琳. 2007. 崇明东滩自然保护区盐沼植被的时空动态. 生态学报,27(10):
  4166-4172.

姜姗,葛振鸣,裴恩乐,徐骁俊,桑莉莉,王天厚. 2007. 崇明东滩堤内次生人工湿地冬季水

鸟的夜间行为. 动物学杂志, 42(6): 21-27.

李贺鹏, 张利权. 2007. 外来植物互花米草的物理控制实验研究. 华东师范大学学报(自然科学版), (6): 44-55.

刘红, 何青, 孟翊, 王元叶, 唐建华. 2007. 长江口表层沉积物分布特征及动力响应. 地理学报, 62(1): 81-92.

刘华, 张利权. 2007. 崇明东滩盐沼土壤重金属含量的高光谱估算模型. 生态学报, 27(8): 3427-3434.

吕达, 郑祥民, 周立旻, 吕金妹, 王永杰. 2007. 崇明东滩湿地沉积物重金属污染的磁诊断. 环境科学研究, 20(6): 38-43.

毛义伟, 李胤, 曹丹, 周立晨, 施文彧, 王天厚. 2007. 崇明东滩沿海湿地生态系统健康评价.

童春富, 章飞军, 陆健健. 2007. 长江口海三棱藨草带生长季大型底栖动物群落变化特征. 动物学研究, 28(6): 640-646.

闫芊, 陆健健, 何文珊. 2007. 崇明东滩湿地高等植被演替特征. 应用生态学报, 18(5): 1097-1101.

汪承焕, 王卿, 赵斌, 陈家宽, 李博. 2007. 盐沼植物群落的分带及其形成机制. 南京大学学报(自然科学版), 43: 15-25.

王东启, 陈振楼, 王军, 许世远, 杨红霞, 陈华, 杨龙元. 2007. 夏季长江口潮间带 CH_4、CO_2 和 N_2O 通量特征. 地球化学, 36(1): 78-88.

赵云龙, 安传光, 林凌, 段晓伟, 曾错, 崔丽丽. 2007. 放牧对滩涂底栖动物的影响. 应用生态学报, 18(5): 1086-1090.

朱晶, 敬凯, 干晓静, 马志军. 2007. 迁徙停歇期鸻鹬类在崇明东滩潮间带的食物分布. 生态学报, 27(6): 2149-2159.

朱颖, 李俊祥, 孟陈, 吴彤, 张挺. 2007. 上海崇明岛东部近 20 年土地利用变化. 应用生态学报, 18(9): 2040-2044.

郑宗生, 周云轩, 蒋雪中, 沈芳. 2007. 崇明东滩水边线信息提取与潮滩 DEM 的建立. 遥感技术与应用, 22(1): 35-38, 94.

Chen H L, Li B, Hu J B, Chen J K, Wu J H. 2007. Effects of *Spartina alterniflora* invasion on benthic nematode communities in the Yangtze Estuary. *Marine Ecology Progress*, 336 (12): 99-110.

Chen H L, Li B, Fang C M, Chen J K, Wu J H. 2007. Exotic plant influences soil nematode communities through litter input. *Soil Biology and Biochemistry*, 39(7): 1782-1793.

Chen Q Q, Gu H Q, Zhou J Z, Yi M, Hu K. 2007. Trends of soil organic matter turnover in the salt marsh of the Yangtze River Estuary. *Journal of Geographical Sciences*, 17: 101-113.

Cheng X L, Peng R H, Chen J Q, Luo Y Q, Zhang Q F, An S Q, Chen J K, Li B. 2007. CH_4 and N_2O emissions from *Spartina alterniflora* and *Phragmites australis* in experimental mesocosms. *Chemosphere*, 68(3): 420-427.

Jing K, Ma Z J, Li B, Li J H, Chen J K. 2007. Foraging strategies involved in habitat use of shorebirds at the intertidal area of Chongming Dongtan, China. *Ecological Research*, 22(4):

559-570.

Liao C Z, Luo Y Q, Jiang L F, Zhou X H, Wu X H, Fang C M, Chen J K, Li B. 2007. Invasion of *Spartina alterniflora* enhanced ecosystem carbon and nitrogen stocks in the Yangtze Estuary, China. *Ecosystems*, 10(8): 1351-1361.

Luo J L, Bao K, Nie M, Zhang W Q, Xiao M, Li B. 2007. Cladistic and phenetic analyses of relationships among *Fusarium* spp. in Dongtan wetland by morphology and isozymes. *Biochemical Systematics and Ecology*, 35(7): 410-420.

Quan W M, Han J D, Shen A L, Ping X Y, Qian P L, Li C J, Shi L Y, Chen Y Q. 2007. Uptake and distribution of N, P and heavy metals in three dominant salt marsh macrophytes from Yangtze River Estuary, China. *Marine Environmental Research*, 64(1): 21-37.

Zhu J, Jing K, Gan X J, Ma Z J. 2007. Food supply in intertidal area for shorebirds during stopover at Chongming Dongtan, China. *Acta Ecologica Sinica*, 27(6): 2149-2159.

2008 年

贺宝根, 王初, 周乃晟, 许世远. 2008. 长江河口崇明东滩周期性淹水区域水流的基本特征. 地球科学进展, 23(3): 276-283.

何小勤, 戴雪荣, 顾成军. 2008. 崇明东滩不同部位潮周期沉积分析. 人民长江, 39(6): 106-108.

李华, 杨世伦, Ysebaert T, 王元叶, 李鹏, 张文祥. 2008. 长江口潮间带淤泥质沉积物粒径空间分异机制. 中国环境科学, 28(2): 178-182.

刘红, 何青, 吉晓强, 王亚, 徐俊杰. 2008. 波流共同作用下潮滩剖面沉积物和地貌分异规律——以长江口崇明东滩为例. 沉积学报, 26(5): 833-842.

顾孝连, 庄平, 章龙珍, 张涛, 石小涛, 赵峰, 刘健. 2008. 长江口中华鲟幼鱼对底质的选择. 27(2): 213-217.

李占海, 陈沈良, 张国安. 2008. 长江口崇明东滩水域悬沙粒径组成和再悬浮作用特征. 海洋学报, 30(6): 154-163.

全为民, 韩金娣, 平先隐, 钱蓓蕾, 沈盎绿, 李春鞠, 施利燕, 陈亚瞿. 2008a. 长江口湿地沉积物中的氮、磷与重金属. 海洋科学, 32(6): 89-93.

全为民, 赵云龙, 朱江兴, 施利燕, 陈亚瞿. 2008b. 上海市潮滩湿地大型底栖动物的空间分布格局. 生态学报, 28(10): 5179-5187.

桑莉莉, 葛振鸣, 裴恩乐, 徐骁俊, 姜姗, 王天厚. 2008. 崇明东滩人工湿地越冬水禽行为观察. 生态学杂志, 27(6): 940-945.

田波, 周云轩, 张利权, 马志军, 杨波, 汤臣栋. 2008. 遥感与 GIS 支持下的崇明东滩迁徙鸟类生境适宜性分析. 生态学报, 28(7): 3049-3059.

田波, 周云轩, 郑宗生, 刘志国, 李贵东, 张杰. 2008. 面向对象的河口滩涂冲淤变化遥感分析. 长江流域资源与环境, 17(3): 419-423.

王初, 贺宝根, 周乃晟, 许世远. 2008. 长江口崇明东滩盐沼前缘地带悬浮泥沙横向通量的潮周期变化. 海洋学报, 31(1): 143-151.

王亮, 李静, 杨娟, 蔡永立. 2008. 崇明东滩海三棱藨草生殖对策探讨. 信阳师范学院学报(自然科学版), 21(4): 539-542.

解晶, 王卿, 贾昕, 吴千红. 2008. 崇明东滩芦苇(*Phragmite australis*)群落中昆虫群落季节动态的初步研究. 复旦学报(自然科学版), 47(5): 633-638.

徐晓军, 由文辉, 张锦平, 李备军. 2008. 崇明东滩底栖动物群落与潮滩高程的关系. 江苏环境科技, 21(3): 30-32, 35.

袁琳, 张利权, 肖德荣, 张杰, 王睿照, 袁连奇, 古志钦, 陈曦, 平原, 祝振昌. 2008. 刈割与水位调节集成技术控制互花米草(*Spartina alterniflora*). 生态学报, 28(11): 5723-5730.

余婕, 刘敏, 侯立军, 许世远, 欧冬妮, 程书波. 2008. 崇明东滩大型底栖动物食源的稳定同位素示踪. 自然资源学报, 23(2): 319-326.

张雯雯, 殷勇, 黄家祥, 季晓梅, 顾慧娜, 朱大奎. 2008. 崇明岛现代潮滩地貌和生态环境问题分析. 海洋通报, 27(4): 81-87, 116.

赵常青, 茅志昌, 虞志英, 徐海根, 李九发. 2008. 长江口崇明东滩冲淤演变分析. 海洋湖沼通报, 3: 27-34.

Cheng X L, Chen J Q, Luo Y Q, Henderson R, An S, Zhang Q, Chen J, Li B. 2008. Assessing the effects of short-term *Spartina alterniflora* invasion on labile and recalcitrant C and N pools by means of soil fractionation and stable C and N isotopes. *Geoderma*, 145: 177-184.

Gao L, Li D J, Wang Y M, Yu L H, Kong D J, Li M, Li Y, Fang T. 2008. Benthic nutrient fluxes in the intertidal flat within the Changjiang (Yangtze River) Estuary. *Chinese Journal of Geochemistry*, 27(1): 58-71.

Hou L J, Liu M, Ou D N, Yang Y, Xu S Y. 2008. Influences of the macrophyte (*Scirpus mariqueter*) on phosphorous geochemical properties in the intertidal marsh of the Yangtze Estuary. *Journal of Geophysical Research*, 113(G4): 4647-4664.

Li H P, Zhang L Q. 2008. An experimental study on physical controls of an exotic plant *Spartina alterniflora* in Shanghai, China. *Ecological Engineering*, 32(1): 11-21.

Liao C Z, Peng R H, Luo Y, Zhou X H, Wu X W, Fang C M, Chen J K, Li B. 2008. Altered ecosystem carbon and nitrogen cycles by plant invasion: A meta-analysis. *New Phytologist*, 177(3): 706-714.

Liao C Z, Luo Y Q, Fang C M, Chen J K, Li B. 2008. Litter pool sizes decomposition and nitrogen dynamics in *Spartina alterniflora*: Invaded and native coastal marshlands of the Yangtze Estuary. *Oecologia*, 156(3): 589-600.

Tian B, Zhou Y X, Zhang L Q, Yuan L. 2008. Analyzing the habitat suitability for migratory birds at the Chongming Dongtan Nature Reserve in Shanghai, China. *Estuarine Coastal and Shelf Science*, 80(2): 296-302.

Wang J Q, Zhang X D, Nie M, Fu C Z, Chen J K, Li B. 2008. Exotic *Spartina alterniflora* provides compatible habitats for native estuarine crab *Sesarma dehaani* in the Yangtze River Estuary. *Ecological Engineering*, 34(1): 57-64.

Yan Y, Zhao B, Chen J Q, Guo H Q, Gu Y J, Wu Q H, Li B. 2008. Closing the carbon budget of estuarine wetlands with tower-based measurements and MODIS time series. *Global Change Biology*, 14(7)：1690-1702.

Yang S L, Li H, Ysebaert T, Bouma T J, Zhang W X, Wang Y Y, Li P, Li M, Ding P X. 2008. Spatial and temporal variations in sediment grain size in tidal wetlands, Yangtze Estuary：On the role of physical and biotic controls. *Estuarine, Coastal and Shelf Science*, 77：657-671.

Zhao B, Guo H, Yan Y, Wang Q, Li B. 2008. A simple waterline approach for tidelands using multi-temporal satellite images：A case study in the Yangtze Delta. *Estuarine Coastal and Shelf Science*, 77(1)：134-142.

2009 年

邓可, 杨世伦, 刘素美, 张经. 2009. 长江口崇明东滩冬季沉积物-水界面营养盐通量. 华东师范大学学报(自然科学版), (3)：17-27.

高磊, 李道季, 余立华, 孔定江, 王延明. 2009. 春季长江口崇明东滩沉积物-水界面营养盐交换过程研究. 海洋与湖沼, 40(2)：109-116.

古志钦, 张利权. 2009. 互花米草对持续淹水胁迫的生理响应. 环境科学学报, 29(4)：876-881.

何小勤, 戴雪荣, 顾成军. 2009. 崇明东滩不同部位的季节性沉积研究. 长江流域资源与环境, 18(2)：157-162.

韩震, 恽才兴, 戴志军, 刘瑜, 张宏. 2009. 淤泥质潮滩高程及冲淤变化遥感定量反演方法研究——以长江口崇明东滩为例. 海洋湖沼通报, 01：12-18.

惠鑫, 马强, 向余劲攻, 蔡志扬, 宋国贤, 袁晓, 马志军. 2009. 崇明东滩鸻鹬类迁徙路线的环志分析. 动物学杂志, 44(3)：23-29.

李艳丽, 肖春玲, 王磊, 张文佺, 张士萍, 王红丽, 付小花, 乐毅全. 2009. 上海崇明东滩两种典型湿地土壤有机碳汇聚能力差异及成因. 应用生态学报, 20(6)：1310-1316.

况润元, 周云轩, 李行, 田波. 2009. 崇明东滩鸟类生境适宜性空间模糊评价. 长江流域资源与环境, 18(3)：229-233.

李行, 周云轩, 况润元, 田波. 2009. 大河口区淤涨型自然保护区功能区划研究——以崇明东滩鸟类国家级自然保护区为例. 中山大学学报(自然科学版), 48(2)：106-112.

潘静, 陈大舟, 杨永亮, 汤桦, 刘晓端. 2009. 长江口东滩湿地柱状沉积物中多氯联苯的分布和变化趋势. 环境科学研究, 22(11)：1282-1287.

彭晓佳, 李朝君, 张文佺, 王磊. 2009. 典型污染物在崇明东滩不同类型湿地的分布规律. 安徽农业科学, 37(31)：15330-15332, 15384.

宋连环, 郑祥民, 周立旻, 张国玉, 任少芳, 王永杰. 2009. 崇明东滩湿地沉积物中汞累积特征及其影响因素研究. 环境科学研究, 22(12)：1426-1432.

宋国贤, 朱丽莎, 钮栋梁. 2009. 崇明东滩湿地的保育与利用. 人民长江, 40(8)：31-34.

沈根祥, 黄丽华, 钱晓雍, 潘丹丹, 施圣高, Gullino M L. 2009. 环境友好农业生产方式生态补偿标准探讨——以崇明岛东滩绿色农业示范项目为例. 农业环境科学学报, 28(5)：1079-1084.

辛沛, 金光球, 李凌, 宋志尧. 2009. 崇明东滩盐沼潮沟水动力过程观测与分析. 水科学进展, 20(1): 74-79.

张佰莲, 田秀华, 刘群秀, 宋国贤. 2009. 崇明东滩自然保护区越冬白头鹤警戒行为的观察. 东北林业大学学报, 7: 93-95.

张士萍, 张文佺, 李艳丽, 乐毅全, 王少平, 王磊. 2009. 崇明东滩湿地土壤生物活性差异性及环境效应分析. 农业环境科学学报, 28(1): 112-118.

张涛, 庄平, 刘健, 章龙珍, 冯广朋, 侯俊利, 赵峰, 刘鉴毅. 2009. 长江口崇明东滩鱼类群落组成和生物多样性. 生态学杂志, 28(10): 2056-2062.

朱立峰, 郑祥民, 周立旻, 王永杰. 2009. 崇明东滩湿地沉积物砷的形态特征. 城市环境与城市生态, 22(5): 26-28, 33.

Chen Z B, Guo L, Jin B S, Wu J H, Zheng G G. 2009. Effect of the exotic plant *Spartina alterniflora* on macrobenthos communities in salt marshes of the Yangtze River Estuary, China. *Estuarine Coastal and Shelf Science*, 82(2): 265-272.

Choi C Y, Gan X J, Ma Q, Zhang K J, Chen J K, Ma Z J. 2009. Body condition and fuel deposition patterns of calidrid sandpipers during migratory stopover. *Ardea*, 97(1): 61-70.

Gan X J, Cai Y T, Choi C Y, Ma Z J, Chen J K. 2009. Potential impacts of invasive *Spartina alterniflora* on spring bird communities at Chongming Dongtan, a Chinese wetland of international importance. *Estuarine Coastal and Shelf Science*, 83(2): 211-218.

Guo H Q, Noormets A, Zhao B, Chen J Q, Sun G, Gu Y J, Li B, Chen J K. 2009. Tidal effects on net ecosystem exchange of carbon in an estuarine wetland. *Agricultural and Forest Meteorology*, 149(11): 1820-1828.

Jiang L F, Luo Y Q, Chen J K, Li B. 2009. Ecophysiological characteristics of invasive *Spartina alterniflora* and native species in salt marshes of Yangtze River Estuary, China. *Estuarine, Coastal and Shelf Science*, 81: 74-82.

Li B, Liao C Z, Zhang X D, Chen H L, Wang Q, Chen Z Y, Gan X J, Zhao B, Ma Z J, Cheng X L, Jiang L F, Chen J K. 2009. *Spartina alterniflora* invasions in the Yangtze River Estuary, China: An overview of current status and ecosystem effects. *Ecological Engineering*, 35(4): 511-520.

Li H, Yang S L. 2009. Trapping effect of tidal marsh vegetation on suspended sediment, Yangtze Delta. *Journal of Coastal Research*, 25: 915-924.

Ma Z J, Wang Y, Wang X J, Li B, Cai Y T, Chen J K. 2009. Waterbird population changes in the wetlands at Chongming Dongtan in the Yangtze River Estuary, China. *Environmental Management*, 43(6): 1187-1200.

Tang L, Gao Y, Wang J, Wang C, Li B, Chen J, Zhao B. 2009. Designing an effective clipping regime for controlling the invasive plant *Spartina alterniflora* in an estuarine salt marsh. *Ecological Engineering*, 35(5): 874-881.

Yang G, Tang L, Wang J Q, Wang C H, Liang Z S, Li B, Chen J K, Zhao B. 2009. Clipping at early florescence is more efficient for controlling the invasive plant *Spartina alterniflora*. *Ecological*

Research, 24(5): 1033-1041.

Wang C H, Tang L, Fei S F, Wang J Q, Gao Y, Wang Q, Chen J K, Li B. 2009. Determinants of seed bank dynamics of two dominant helophytes in a tidal salt marsh. *Ecological Engineering*, 35 (5): 800-809.

Wang J Q, Tang L, Zhang X D, Wang C H, Gao Y, Jiang L F, Chen J K, Li B. 2009. Fine-scale environmental heterogeneities of tidal creeks affect distribution of crab burrows in a Chinese salt marsh. *Ecological Engineering*, 35(12): 1685-1692.

Wang D Q, Chen Z L, Xu S Y. 2009. Methane emission from Yangtze estuarine wetland, China. *Journal of Geophysical Research: Biogeoscience*, 114(G2): 1588-1593.

Wu Y T, Wang C H, Zhang X D, Zhao B, Jiang L F, Chen J K, Li B. 2009. Effects of saltmarsh invasion by *Spartina alterniflora* on arthropod community structure and diets. *Biological Invasions*, 11(3): 635-649.

Xiao D R, Zhang L Q, Zhu Z C. 2009. A study on seed characteristics and seed bank of *Spartina alterniflora* at saltmarshes in the Yangtze Estuary, China. *Estuarine Coastal and Shelf Science*, 83 (1): 105-110.

Xin P, Jin G Q, Li L, Barry D A. 2009. Effects of crab burrows on pore water flows in salt marshes. *Advances in Water Resources*, 32(3): 439-449.

Zhao B, Yan Y, Guo H Q, He M M, Gu Y J, Li B. 2009. Monitoring rapid vegetation succession in estuarine wetland using time series MODIS-based indicators: An application in the Yangtze River Delta area. *Ecological Indicators*, 9(2): 346-356.

Zhou S C, Jin B S, Guo L, Qin H M, Chu T J, Wu J H. 2009. Spatial distribution of zooplankton in the intertidal marsh creeks of the Yangtze River Estuary, China. *Estuarine Coastal and Shelf Science*, 85(3): 399-406.

2010 年

董斌, 吴迪, 宋国贤, 谢一民, 裴恩乐, 王天厚. 2010. 上海崇明东滩震旦鸦雀冬季种群栖息地的生境选择. 生态学报, 30(16): 4351-4358.

何小勤, 戴雪荣, 顾成军. 2010. 基于海图的崇明岛东滩近 40 年发育变化与趋势. 海洋地质与第四纪地质, 30(4): 105-113.

吉晓强, 何青, 刘红, Ysebaert T. 2010. 崇明东滩水文泥沙过程分析. 泥沙研究, 1: 46-57.

李雅娟, 杨世伦, 侯立军, 周菊珍, 刘英文. 2012. 崇明东滩表层沉积物重金属空间分布特征及其污染评价. 环境科学, 33(7): 2368-2375.

李行, 周云轩, 况润元. 2010. 上海崇明东滩岸线演变分析及趋势预测. 吉林大学学报(地球科学版), 40(2): 417-424.

孟晗, 惠威, 肖义平, 田官荣, 全哲学. 2010. 崇明岛东滩不同植物覆盖的土壤可培养细菌多样性比较. 复旦学报(自然科学版), (1): 43-50.

石冰, 马金妍, 王开运, 巩晋楠, 张超, 刘为华. 2010. 崇明东滩围垦芦苇生长、繁殖和生物量分配对大气温度升高的响应. 长江流域资源与环境, (4): 383-388.

滕吉艳，史贵涛，薛文杰，宋国贤，汤臣栋. 2010. 崇明东滩大气湿沉降酸性特征. 环境化学，29(4)：649-653.

王红丽，李艳丽，张文佺，王磊，付小花，乐毅全. 2010. 崇明东滩湿地土壤养分的分布特征及其环境效应. 环境科学与技术，33(1)：1-5.

袁琦，崔玉雪，陈庆强，吕宝一，谢冰. 2010. 崇明东滩潮间带硫酸盐还原菌及有机质含量的初步研究. 环境科学，31(9)：2155-2159.

翟万林，龙江平. 2010. 沉积物重金属污染评价方法对比——以上海崇明东滩为例. 贵阳学院学报（自然科学版），5(3)：20-25.

庄平，罗刚，张涛，章龙珍，刘健，冯广朋，侯俊利. 2010. 长江口水域中华鲟幼鱼与 6 种主要经济鱼类的食性及食物竞争. 生态学报，30(20)：5544-5554.

Cheng X L, Luo Y Q, Xu Q, Lin G H, Zhang Q F, Chen J K, Li B. 2010. Seasonal variation in CH$_4$ emission and its ^{13}C: Isotopic signature from *Spartina alterniflora* and *Scirpus mariqueter* soils in an estuarine wetland. *Plant and Soil*, 327(1-2)：85-94.

Gan X J, Choi C Y, Wang Y, Ma Z J, Chen J K, Li B. 2010. Alteration of habitat structure and food resources by invasive smooth cordgrass affects habitat use by wintering saltmarsh birds at Chongming Dongtan, East China. *Auk*, 127(2):317-327.

Yan Y E, Ouyang Z T, Guo H Q, Jin S S, Zhao B. 2010. Detecting the spatiotemporal changes of tidal flood in the estuarine wetland by using MODIS time series data. *Journal of Hydrology*, 384(1)：156-163.

Pan L, Che H Z, Geng F H, Xia X G, Wang Y Q, Zhu C, Chen M, Gao W, Guo J P. 2010. Aerosol optical properties based on ground measurements over the Chinese Yangtze Delta Region. *Atmospheric Environment*, 44(21-22)：2587-2596.

Qin H M, Chu T J, Xu W, Lei G C, Chen Z B, Quan W M, Chen J K, Wu J H. 2010. Effects of invasive cordgrass on crab distributions and diets in a Chinese salt marsh. *Marine Ecology Progress Series*, 415：177-187.

Tang L, Gao Y, Wang C, Wang J, Li B, Chen J, Zhao B. 2010. How tidal regime and treatment timing influence the clipping frequency for controlling invasive *Spartina alterniflora*: Implications for reducing management costs. *Biological Invasions*, 12：593-601.

Tian B, Zhang L Q, Wang X R, Zhou Y X, Zhang W. 2010. Forecasting the effects of sea-level rise at Chongming Dongtan Nature Reserve in the Yangtze Delta, Shanghai, China. *Ecological Engineering*, 36(10)：1383-1388.

Wang C H, Lu M, Yang B, Yang Q, Zhang X D, Hara T, Li B. 2010. Effects of environmental gradients on the performances of four dominant plants in a Chinese saltmarsh. *Ecological Research*, 25(2)：347-358.

Wang J Q, Zhang X D, Jiang L F, Bertness M D, Fang C M, Chen J K, Hara T, Li B. 2010. Bioturbation of burrowing crabs promotes sediment turnover and carbon and nitrogen movements in an estuarine salt marsh. *Ecosystems*, 13(4)：586-599.

Wang R Z, Yuan L, Zhang L Q. 2010. Impacts of *Spartina alterniflora* invasion on the benthic communities of salt marshes in the Yangtze Estuary, China. *Ecological Engineering*, 36(6): 799-806.

Wang Y J, Zhou L M, Zheng X M, Qian P, Wu Y H. 2012. Dynamics of arsenic in salt marsh sediments from Dongtan wetland of the Yangtze River Estuary, China. *Journal of Environmental Sciences*, 24(12): 2113-2121.

Xiao D R, Zhang L Q, Zhu Z C. 2010. The range expansion patterns of *Spartina alterniflora* on salt marshes in the Yangtze Estuary, China. *Estuarine Coastal and Shelf Science*, 88(1): 99-104.

Yan Y E, Guo H Q, Gao Y, Zhao B, Chen J Q, Li B, Chen J K. 2010. Variations of net ecosystem CO_2 exchange in a tidal inundated wetland-Coupling MODIS and tower-based fluxes. *Journal of Geophysical Research: Atmospheres*, 115(D15): 346-361.

2011 年

丁丽, 徐建益, 陈家宽, 汤臣栋. 2011. 崇明东滩互花米草生态控制与鸟类栖息地优化. 人民长江, 42(S2): 122-124, 162.

范学忠, 张利权, 袁琳, 邹维娜. 2011. 基于空间分带的崇明东滩水鸟适宜生境的时空动态分析. 生态学报, 31(13): 3820-3829.

刘英文, 杨世伦, 罗向欣. 2011. 海平面上升的淹没效应和岸滩冲淤对潮间带湿地面积影响的分离估算. 上海国土资源. 32(3): 23-26, 45.

马琳, 杜建飞, 闫丽丽, 陈建民, 李想. 2011. 崇明东滩湿地降水化学特征及来源解析. 中国环境科学, 31(11): 1768-1775.

王卿. 2011. 互花米草在上海崇明东滩的入侵历史、分布现状和扩张趋势的预测. 长江流域资源与环境, (6): 690-696.

肖德荣, 张利权, 祝振昌, 田昆. 2011. 上海崇明东滩互花米草种子产量与活性对刈割的响应. 生态环境学报, 20(11): 1681-1686.

杨璐, 朱再玲, 卞翔, 肖明. 2011. 崇明东滩植物根际生物活性及与理化因素的相关性研究. 上海师范大学学报(自然科学版), 40(4): 416-420.

祝振昌, 张利权, 肖德荣. 2011. 上海崇明东滩互花米草种子产量及其萌发对温度的响应. 生态学报, 31(6): 1574-1581.

朱燕玲, 过仲阳, 叶属峰, 栗小东, 王丹. 2011. 崇明东滩海岸带生态系统退化诊断体系的构建. 应用生态学报, 22(2): 513-518.

Boulord A, Yang X T, Wang T H, Wang X M, Jiguet F. 2011. Determining the sex of reed parrotbills *Paradoxornis heudei* from biometrics and variations in the estimated sex ratio, Chongming Dongtan Nature Reserve, China. *Zoological Studies*, 50(5): 560-565.

Boulord A, Wang T H, Wang X M, Song G X. 2011. Impact of reed harvesting and Smooth Cordgrass *Spartina alterniflora* invasion on nesting reed parrotbill *Paradoxornis heudei*. *Bird Conservation International*, 21(21): 25-35.

Choi C Y, Hua N, Gan X J, Persson C, Ma Q, Zhang H X, Ma Z J. 2011. Age structure and age-related differences in molt status and fuel deposition of Dunlins during the nonbreeding season at

Chongming Dongtan in East China. *Journal of Field Ornithology*, 82(2)：202−214.

He Y L, Li X Z, Craft C, Ma Z G, Sun Y G. 2011. Relationships between vegetation zonation and environmental factors in newly formed tidal marshes of the Yangtze River Estuary. *Wetlands Ecology and Management*, 19(4)：341−349.

Li Y, Wang L, Zhang W, Wang H, Fu X, Le Y. 2011. The variability of soil microbial community composition of different types of tidal wetland in Chongming Dongtan and its effect on soil microbial respiration. *Ecological Engineering*, 37：1276−1282.

Ma Z J, Gan X J, Cai Y T, Chen J K, Li B. 2011. Effects of exotic *Spartina alterniflora* on the habitat patch associations of breeding saltmarsh birds at Chongming Dongtan in the Yangtze River Estuary, China. *Biological Invasions*, 13(7)：1673−1686.

Peng R H, Fang C M, Li B, Chen J K. 2011. *Spartina alterniflora* invasion increases soil inorganic nitrogen pools through interactions with tidal subsidies in the Yangtze Estuary, China. *Oecologia*, 165(3)：797−807.

Schwarz C, Ysebaert T, Zhu Z C, Zhang L Q, Bouma T J, Herman P M J. 2011. Abiotics governing the establishment and expansion of two contrasting salt marsh species in the Yangtze Estuary, China. *Wetlands*, 31：1011−1021.

Tang Y, Wang L, Jia J, Li Y, Zhang W, Wang H, Sun Y. 2011. Response of soil microbial respiration of tidal wetlands in the Yangtze River Estuary to different artificial disturbances. *Ecological Engineering*, 37：1638−1646.

Ysebaert T, Yang S L, Zhang L, He Q, Bouma T J, Herman P M J. 2011. Wave attenuation by two contrasting ecosystem engineering salt marsh macrophytes in the intertidal pioneer zone. *Wetlands*, 31：1043−1054.

Yuan L, Zhang L Q, Xiao D R, Huang H M. 2011. The application of cutting plus waterlogging to control *Spartina alterniflora* on saltmarshes in the Yangtze Estuary, China. *Estuarine Coastal and Shelf Science*, 92(1)：103−110.

Zhang S P, Wang L, Hu J J, Zhang W Q, Fu X H, Le Y Q, Jin F M. 2011. Organic carbon accumulation capability of two typical tidal wetland soils in Chongming Dongtan, China. *Journal of Environmental Sciences*, 23(1)：87−94.

Zhang X, Hua N, Ma Q, Xue W J, Feng X S, Wu W, Tang C D, Ma Z J. 2011. Diet of Great Knots (*Calidris tenuirostris*) during spring stopover at Chongming Dongtan, China. *Chinese Birds*, 2(1)：27−32.

2012 年

陈庆强, 杨艳, 周菊珍, 张国森, 崔莹. 2012. 长江口盐沼土壤有机质分布与矿化的空间差异. 沉积学报, 30(1)：128−136.

胡春芳, 李枫, 丛日杰, 张玉铭, 汤臣栋, 庚志忠, 冯雪松. 2012. 崇明东滩斑背大尾莺的巢址特征. 东北林业大学学报, 40(5)：107−111.

姜亦飞, 杜金洲, 张敬, 张文祥, 张经. 2012. 长江口崇明东滩不同植被带沉积速率研究. 海洋学报，34（2）：114-121.

刘建华，杨世伦，史本伟，罗向欣，付信坤. 2012. 长江口崇明东滩潮沟地貌形态和演变. 海洋学研究，30（2）：43-50.

潘宇，李德志，袁月，徐洁，高锦瑾，吕媛媛. 2012. 崇明东滩湿地芦苇和互花米草种群的分布格局及其与生境的相关性. 植物资源与环境学报，21（4）：1-9.

阮关心. 2012. 崇明东滩互花米草生态控制与鸟类栖息地优化工程生态效益探讨. 安徽农业科学，40（23）：11799-11801.

祁秋艳，杨淑慧，仲启铖，张超，王开运. 2012. 崇明东滩芦苇光合特征对模拟增温的响应. 华东师范大学学报（自然科学版），（6）：29-38.

汤臣栋. 2012. 崇明东滩鸻鹬类迁徙的环志研究. 湿地科学与管理，08（1）：38-42.

肖德荣，田昆. 2012. 上海崇明东滩外来物种互花米草实生苗扩散格局研究. 西南林业大学学报，32（4）：56-60.

肖德荣，祝振昌，袁琳，田昆. 2012. 上海崇明东滩外来物种互花米草二次入侵过程. 应用生态学报，23（11）：2997-3002.

杨淑慧，祁秋艳，仲启铖，张超，王开运. 2012. 崇明东滩围垦湿地芦苇光合作用对模拟升温的响应初探. 长江流域资源与环境，（5）：604-610.

张艳楠，李艳丽，王磊，陈金海，胡煜，付小花，乐毅全. 2012. 崇明东滩不同演替阶段湿地土壤有机碳汇聚能力的差异性及其微生物机制. 农业环境科学学报，31（3）：631-637.

章振亚，丁陈利，肖明. 2012. 崇明东滩湿地不同潮汐带入侵植物互花米草根际细菌的多样性. 生态学报，32（21）：6636-6646.

赵美霞，李德志，潘宇，吕媛媛，高锦瑾，程立丽. 2012. 崇明东滩湿地芦苇和互花米草 N、P 利用策略的生态化学计量学分析. 广西植物，32（6）：715-722.

郑艳玲，侯立军，陆敏，刘敏，谢冰，李勇，赵慧. 2012a. 崇明东滩夏冬季表层沉积物细菌多样性研究. 中国环境科学，32（2）：300-310.

郑艳玲，侯立军，陆敏，谢冰，刘敏，李勇，赵慧. 2012b. 崇明东滩夏季沉积物厌氧氨氧化菌群落结构与空间分布特征. 环境科学，33（3）：992-999.

Cao M, Xin P, Jin G, Li L. 2012. A field study on groundwater dynamics in a salt marsh—Chongming Dongtan wetland. *Ecological Engineering*, 40：61-69.

Chen J H, Wang L, Li Y L, Zhang W Q, Fu X H, Le Y Q. 2012. Effect of *Spartina alterniflora* invasion and its controlling technologies on soil microbial respiration of a tidal wetland in Chongming Dongtan, China. *Ecological Engineering*, 41（s1-2）：52-59.

Fan X Z, Zhang L Q. 2012. Spatiotemporal dynamics of ecological variation of waterbird habitats in Dongtan area of Chongming Island. *Chinese Journal of Oceanology and Limnology*, 30（3）：485-496.

Hu Y, Li Y L, Wang L, Tang Y S, Chen J H, Fu X H, Le Y Q, Wu J H. 2012. Variability of soil organic carbon reservation capability between coastal salt marsh and riverside freshwater wetland in Chongming Dongtan and its microbial mechanism. *Journal of Environmental Sciences*, 24（6）：1053-1063.

Tang L, Gao Y, Wang C H, Zhao B, Li B. 2012. A plant invader declines through its modification to habitats: A case study of a 16-year chronosequence of *Spartina alterniflora* invasion in a salt marsh. *Ecological Engineering*, 49(6): 565−574.

Wang X Y, Shen D W, Jiao J, Xu N N, Yu S, Zhou X F, Shi M M. 2012. Genotypic diversity enhances invasive ability of *Spartina alterniflora*. *Molecular Ecology*, 21(10): 2542−2551.

Yang S L, Shi B W, Bouma T J, Ysebaert T, Luo X X. 2012. Wave attenuation at a salt marsh margin: A case study of an exposed coast on the Yangtze Estuary. *Estuaries and Coasts*, 35: 169−182.

Yu Z J, Li Y J, Deng H G, Wang D Q, Chen Z L, Xu S Y. 2012. Effect of *Scirpus mariqueter* on nitrous oxide emissions from a subtropical monsoon estuarine wetland. *Journal of Geophysical Research: Biogeosciences*, 117(G2): 213−223.

Zhu Z C, Zhang L Q, Wang N, Schwarz C, Ysebaert T. 2012. Interactions between the range expansion of saltmarsh vegetation and hydrodynamic regimes in the Yangtze Estuary, China. *Estuarine Coastal and Shelf Science*, 96(1): 273−279.

2013 年

陈勇, 何中发, 黎兵, 赵宝成. 2013. 崇明东滩潮沟发育特征及其影响因素定量分析. 吉林大学学报(地球科学版), 43(1): 212−219.

金欣, 任晓彤, 彭鹤博, 马强, 汤臣栋, 钮栋梁, 马志军. 2013. 崇明东滩鸟类栖息地优化区越冬水鸟的栖息地利用及影响因子. 动物学杂志, 48(5): 686−692.

余骥, 马长安, 吕巍巍, 田伟, 张铭清, 赵云龙. 2013. 崇明东滩潮间带大型底栖动物的空间分布与历史演变. 海洋与湖沼, 44(4): 1078−1085.

张美, 牛俊英, 杨晓婷, 汤臣栋, 王天厚. 2013. 上海崇明东滩人工湿地冬春季水鸟的生境因子分析. 长江流域资源与环境, 22(7): 858−864.

张璇, 华宁, 汤臣栋, 马强, 薛文杰, 吴巍, 马志军. 2013. 崇明东滩黑腹滨鹬(*Calidris alpina*)食物来源和组成的稳定同位素分析. 复旦学报(自然科学版), 52(1): 112−118.

郑宗生, 周云轩, 田波, 姜晓轶, 刘志国. 2013. 基于数字海图及遥感的近 60 年崇明东滩湿地演变分析. 海洋通报, 25(1): 130−136.

Chu T J, Sheng Q, Wang S K, Hung M Y, Wu J H. 2013. Population dynamics and secondary production of crabs in a Chinese salt marsh. *Crustaceana*, 86(3): 278−300.

Dai X Y, Ma J J, Zhang H, Xu W C. 2013. Evaluation of ecosystem health for the coastal wetlands at the Yangtze Estuary, Shanghai. *Wetlands Ecology and Management*, 21(6): 1−13.

Ge Z M, Cao H B, Zhang L Q. 2013. A process-based grid model for the simulation of range expansion of *Spartina alterniflora* on the coastal saltmarshes in the Yangtze Estuary. *Ecological Engineering*, 58: 105−112.

Huang K, Lin K F, Guo J, Zhou X Y, Wang J X, Zhao J H, Zhao P, Xu F, Liu L L, Zhang W. 2013. Polybrominated diphenyl ethers in birds from Chongming Island, Yangtze Estuary, China: Insight into migratory behavior. *Chemosphere*, 91(10): 1416−1425.

Li H, Shao J J, Qiu S Y, Li B. 2013. Native *Phragmites* dieback reduced its dominance in the salt marshes invaded by exotic *Spartina* in the Yangtze River Estuary, China. *Ecological Engineering*, 57: 236-241.

Tang L, Gao Y, Wang C, Li B, Chen J, Zhao B. 2013. Habitat heterogeneity influences restoration efficacy: Implications of a habitat-specific management regime for an invaded marsh. *Estuarine, Coastal and Shelf Science*, 125: 20-26.

Yuan Y, Wang K Y, Li D Z, Pan Y, Lv Y Y, Zhao M X, Gao J J. 2013. Interspecific interactions between *Phragmites australis* and *Spartina alterniflora* along a tidal gradient in the Dongtan Wetland, Eastern China. *Plos One*, 8(1): 1-12.

Zhang Y N, Li Y, Wang L, Tang Y S, Chen J H, Hu Y, Fu X H, Le Y Q. 2013. Soil microbiological variability under different successional stages of the Chongming Dongtan wetland and its effect on soil organic carbon storage. *Ecological Engineering*, 52(2): 308-315.

Zeleke J, Lu S L, Wang J G, J X Huang, Li B, Ogram A V, Quan Z X. 2013. Methyl Coenzyme M Reductase A (*mcrA*) Gene-Based investigation of Methanogens in the mudflat sediments of Yangtze River Estuary, China. *Microbial Ecology*, 66(2): 257-267.

2014 年

蔡赫, 卞少伟. 2014. 崇明东滩海三棱藨草资源现状及保护对策. 绿色科技, (10): 9-10, 14.

曹浩冰, 葛振鸣, 祝振昌, 张利权. 2014. 崇明东滩盐沼植被扩散格局及其形成机制. 生态学报, 34(14): 3944-3952.

崔利芳, 王宁, 葛振鸣, 张利权. 海平面上升影响下长江口滨海湿地脆弱性评价. 2014. 应用生态学报, 25(2): 553-561.

侯艳超, 李枫, 张欣宇, 丛日杰, 汤臣栋, 庚志忠, 冯雪松. 2014. 上海崇明东滩斑背大尾莺越冬栖息地选择偏好. 东北林业大学学报, 5: 136-138, 142.

任磷婧, 李秀珍, 李希之, 闫中正, 孙永光. 2014a. 长江口滩涂湿地景观变化对典型水鸟生境适宜性的影响. 长江流域资源与环境, 23(10): 1367-1374.

任璘婧, 李秀珍, 杨世伦, 闫中正, 黄星. 2014b. 崇明东滩盐沼植被变化对滩涂湿地促淤消浪功能的影响. 生态学报, 34(12): 3350-3358.

盛强, 黄铭垚, 汤臣栋, 钮栋梁, 马强, 吴纪华. 2014. 不同互花米草治理措施对植物与大型底栖动物的影响. 水生生物学报, (2): 279-290.

宋城城, 王军. 2014. 近30年来长江口水下三角洲地形演变与受控因素分析. 地理学报, 69(11): 1683-1696.

严格, 葛振鸣, 张利权. 2014. 崇明东滩湿地不同盐沼植物群落土壤碳储量分布. 应用生态学报, 25(1): 85-91.

于泉洲, 梁春玲, 刘煜杰. 2014. 近30年长江口崇明东滩植被对于气候变化的响应特征. 生态科学, 33(6): 1169-1176.

张姚, 谢汉宾, 曾伟斌, 汤臣栋, 钮栋梁, 王天厚. 2014. 崇明东滩人工湿地春季水鸟群落结构及其生境分析. 动物学杂志, 49(4): 490-504.

邹业爱，牛俊英，汤臣栋，裴恩乐，唐思贤，路珊，王天厚. 2014. 东亚–澳大利亚迁徙路线上鸻形目水鸟适宜生境变化：以崇明东滩迁徙停歇地为例. 生态学杂志，33(12)：3300–3307.

朱晓华，潘静，路国慧，陈大舟，汤桦，王卓，刘晓端，杨永亮. 2014. 崇明岛湿地沉积物中六六六的长期变化趋势. 地球与环境，42(4)：496–501.

Choi C Y, Gan X J, Hua N, Wang Y, Ma Z J. 2014. The habitat use and home range analysis of Dunlin (*Calidris alpina*) in Chongming Dongtan, China and their conservation implications. *Wetlands*, 34(2): 255–266.

Ge Z M, Zhang L Q, Zhang C. 2014. Effects of salinity on temperature-dependent photosynthetic parameters of a native C_3 and a non-native C_4 marsh grass in the Yangtze Estuary, China. *Photosynthetica*, 52(4): 484–492.

He M M, Zhao B, Ouyang Z T, Yan Y E, Li B. 2014. Linear spectral mixture analysis of Landsat TM data for monitoring invasive exotic plants in estuarine wetlands. *International Journal of Remote Sensing*, 31(16): 4319–4333.

Hu Y, Wang L, Tang Y S, Li Y L, Chen J H, Xi X F, Zhang Y N, Fu X H, Wu J H, Sun Y. 2014. Variability in soil microbial community and activity between coastal and riparian wetlands in the Yangtze River Estuary—Potential impacts on carbon sequestration. *Soil Biology and Biochemistry*, 70: 221–228.

Jin B S, Fu C Z, Zhong J S, Li B, Chen J K, Wu J H. 2014. The impact of geomorphology of marsh creeks on fish assemblage in Changjiang River Estuary. *Chinese Journal of Oceanology and Limnology*, 32(2): 469–479.

Li H, Zhang X M, Zheng R S, Li X, Elmer W H, Wolfe L M, Li B. 2014. Indirect effects of non-native *Spartina alterniflora* and its fungal pathogen (*Fusarium palustre*) on native saltmarsh plants in China. *Journal of Ecology*, 102(5): 1112–1119.

Li X, Zhou Y X, Zhang L P, Kuang R Y. 2014. Shoreline change of Chongming Dongtan and response to river sediment load: A remote sensing assessment. *Journal of Hydrology*, 511: 432–442.

Ren X Q, Liu W L. 2014. A new species of *Sinocorophium* from the Yangtze Estuary (Crustacea: Amphipoda: Corophiidae: Corophiinae: Corophiini), China. *Zootaxa*, 3887(1): 95–100.

Sheng Q, Zhao B, Huang M Y, Wang L, Quan Z X, Fang C M, Li B, Wu J H. 2014. Greenhouse gas emissions following an invasive plant eradication. *Ecological Engineering*, 73(73): 229–237.

Tang L, Gao Y, Li B, Wang Q, Wang C H, Zhao B. 2014. *Spartina alterniflora* with high tolerance to salt stress changes vegetation pattern by outcompeting native species. *Ecosphere*, 5(9): 1–18.

Wang H, Ge Z M, Yuan L, Zhang L Q. 2014. Evaluation of the combined threat from sea-level rise and sedimentation reduction to the coastal wetlands in the Yangtze Estuary, China. *Ecological Engineering*, 71: 346–354.

2015 年

丁文慧，姜俊彦，李秀珍，黄星，李希之，周云轩，汤臣栋. 2015. 崇明东滩南部盐沼植被空间分布及影响因素分析. 植物生态学报，39(7)：704−716.

李希之，李秀珍，任璘婧，沈芳，黄星，闫中正. 2015. 不同情景下长江口滩涂湿地 2020 年景观演变预测. 生态与农村环境学报，31(2)：188−196.

张天雨，葛振鸣，张利权，严格，陈怀璞. 2015. 崇明东滩湿地植被类型和沉积特征对土壤碳、氮分布的影响. 环境科学学报，35(3)：836−843.

Cui L F, Ge Z M, Yuan L, Zhang L Q. 2015. Vulnerability assessment of the coastal wetlands in the Yangtze Estuary, China to sea-level rise. *Estuarine, Coastal and Shelf Science*, 156：42−51.

Ge Z M, Cao H B, Cui L F, Zhao B, Zhang L Q. 2015. Future vegetation patterns and primary production in the coastal wetlands of East China under sea level rise, sediment reduction, and saltwater intrusion. *Journal of Geophysical Research：Biogeosciences*, 120(10)：1923−1940.

Ge Z M, Guo H Q, Zhao B, Zhang L Q. 2015a. Plant invasion impacts on the gross and net primary production of the salt marsh on eastern coast of China：Insights from leaf to ecosystem. *Journal of Geophysical Research：Biogeosciences*, 120(1)：169−186.

Ge Z M, Zhang L Q, Yuan L. 2015b. Spatiotemporal dynamics of salt marsh vegetation regulated by plant invasion and abiotic processes in the Yangtze Estuary：Observations with a modeling approach. *Estuaries and Coasts*, 38(1)：310−324.

Hu Z J, Ge Z M, Ma Q, Zhang Z T, Tang C D, Cao H B, Zhang T Y, Li B, Zhang L Q. 2015. Revegetation of a native species in a newly formed tidal marsh under varying hydrological conditions and planting densities in the Yangtze Estuary. *Ecological Engineering*, 83：354−363.

Ma C, Zheng R, Zhao J, Han X, Wang L, Gao X, Zhang C. 2015. Relationships between heavy metal concentrations in soils and reclamation history in the reclaimed coastal area of Chongming Dongtan of the Yangtze River Estuary, China. *Journal of Soils and Sediments*, 15(1)：139−152.

Sheng Q, Wang L, Wu J H. 2015. Vegetation alters the effects of salinity on greenhouse gas emissions and carbon sequestration in a newly created wetland. *Ecological Engineering*, 84：542−550.

Wang J Q, Bertness M D, Li B, Chen J K, Lu W G. 2015. Plant effects on burrowing crab morphology in a Chinese salt marsh：Native vs. exotic plants. *Ecological Engineering*, 74：376−384.

附录 B

上海崇明东滩鸟类国家级自然保护区相关研究生学位论文列表（2001—2015）

2001 年

叶属峰. 2001. 滩涂湿地泥螺（*Bullacta exarata*）的空间分布、重金属积累特征及其生态经济价值评估. 华东师范大学，博士论文.

袁兴中. 2001. 河口潮滩湿地底栖动物群落的生态学研究. 华东师范大学，博士论文.

2003 年

丁峰元. 2003. 长江口滨海湿地氮、磷循环及污染净化初步研究. 上海师范大学，硕士论文.

刘存歧. 2003. 河口潮滩湿地沉积物中胞外酶研究. 华东师范大学，博士论文.

栾晓峰. 2003. 上海鸟类群落特征及其保护规划研究. 华东师范大学，博士论文.

2004 年

毕春娟. 2004. 长江口滨岸潮滩重金属环境生物地球化学研究. 华东师范大学，博士论文.

陈中义. 2004. 互花米草入侵国际重要湿地崇明东滩的生态后果. 复旦大学，博士论文.

傅勇. 2004. 崇明东滩冬季水鸟生境选择与保护策略研究. 华东师范大学，硕士论文.

韩震. 2004. 海岸带淤泥质潮滩和 Ⅱ 类水体悬浮泥沙遥感信息提取与定量反演研究. 华东师范大学，博士论文.

贺宝根. 2004. 长江口潮滩水动力过程、泥沙输移与冲淤变化. 华东师范大学，博士论文.

何小勤. 2004. 长江口崇明东滩现代地貌过程研究. 华东师范大学，硕士论文.

侯立军. 2004. 长江口滨岸潮滩营养盐环境地球化学过程及生态效应. 华东师范大学，博士论文.

李丽娜. 2004. 长江口滨岸潮滩大型底栖动物重金属的分布累积及其生态毒理效应. 华东师范大学，硕士论文.

刘巧梅. 2004. 长江口潮滩沉积物-水界面营养元素 N 的累积、迁移过程. 华东师范大学，硕士论文.

刘清玉. 2004. 近 40 年来长江口崇明东滩沉积记录与环境过程研究. 华东师范大学, 硕士
　　论文.

欧冬妮. 2004. 长江口潮滩"干湿交替"模式下磷的迁移过程与机制. 华东师范大学, 硕士论文.

童春富. 2004. 河口湿地生态系统结构、功能与服务——以长江口为例. 华东师范大学, 博士
　　论文.

王初. 2004. 长江口潮滩水动力过程及 TN、TP 动力输移. 上海师范大学, 硕士论文.

徐玲. 2004. 崇明东滩湿地植被演替不同阶段鸟类群落动态变化的研究. 华东师范大学, 硕士
　　论文.

赵平. 2004. 上海市崇明东滩湿地生态恢复和重建工程中的生态学研究——以鸟类、植被和生
　　态效益调查为例. 华东师范大学, 硕士论文.

张彤. 2004. 崇明东滩景观格局与变化研究. 华东师范大学, 硕士论文.

张兴正. 2004. 长江口潮滩无机氮界面交换通量研究. 华东师范大学, 硕士论文.

2005 年

敬凯. 2005. 上海崇明东滩鸻鹬类中途停歇生态学研究. 复旦大学, 博士论文.

吴江. 2005. 上海崇明东滩湿地公园生态规划研究. 华东师范大学, 博士论文.

赵广琦. 2005. 崇明东滩湿地生态系统健康评价和芦苇与互花米草入侵的光合生理比较研究.
　　华东师范大学, 博士后论文.

周俊丽. 2005. 长江口湿地生态系统中有机质的生物地球化学过程研究——以崇明东滩为例.
　　华东师范大学, 博士论文.

2006 年

陈华. 2006. 长江口滨岸湿地盐生植被对生源要素循环的影响. 华东师范大学, 硕士论文.

高磊. 2006. 长江口潮滩湿地主要生源要素的动力学过程研究. 华东师范大学, 博士论文.

高占国. 2006. 长江口盐沼植被的光谱特征研究. 华东师范大学, 博士论文.

李万会. 2006. 潮滩湿地沉积物中叶绿素 a 浓度的变化特征及其与沉积物特性间的关系初探.
　　华东师范大学, 硕士论文.

刘昊. 2006. 人工湿地生境在水鸟保护中的作用研究——以崇明东滩地区为例. 华东师范大
　　学, 博士论文.

刘杰. 2006. 长江口潮滩无机氮界面交换研究. 华东师范大学, 博士论文.

徐晓军. 2006. 崇明东滩大型底栖动物群落的生态学研究. 华东师范大学, 硕士论文.

王爱萍. 2006. 长江口滨海湿地磷的迁移转化及净化功能的研究. 同济大学, 硕士论文.

王东启. 2006. 长江口滨岸潮滩沉积物反硝化作用及 N_2O 的排放和吸收. 华东师范大学, 博士
　　论文.

王金军. 2006. 长江泥沙输移与河口潮滩的冲淤变化关系. 上海师范大学, 硕士论文.

王亮. 2006. 崇明东部景观格局动态分析及土地利用变化模拟. 华东师范大学, 硕士论文.

汪青. 2006. 崇明东滩湿地生态系统温室气体排放及机制研究. 华东师范大学, 硕士论文.

闫芊. 2006. 崇明东滩湿地植被的生态演替. 华东师范大学，硕士论文.

姚庆祯. 2006. 痕量元素砷、硒在长江流域及河口的生物地球化学行为探讨. 华东师范大学，博士论文.

张东. 2006. 崇明东滩互花米草的无性扩散与相对竞争力. 华东师范大学，硕士论文.

赵常青. 2006. 长江口崇明东滩、北港下段和横沙东滩演变分析. 华东师范大学，硕士论文.

赵娟. 2006. 长江河口（南支）冲淤变化对流域来水来沙的响应研究. 河海大学，硕士论文.

2007 年

葛振鸣. 2007. 长江口滨海湿地迁徙水禽群落特征及生境修复策略. 华东师范大学，博士论文.

李贺鹏. 2007. 外来入侵植物互花米草控制的生态学研究. 华东师范大学，博士论文.

廖成章. 2007. 外来植物入侵对生态系统碳、氮循环的影响：案例研究与整合分析. 复旦大学，博士论文.

全为民. 2007. 长江口盐沼湿地食物网的初步研究：稳定同位素分析. 复旦大学，博士论文.

沈栋伟. 2007. 互花米草基因型多样性及其与入侵能力的关系. 华东师范大学，硕士论文.

王卿. 2007. 长江口盐沼植物群落分布动态及互花米草入侵的影响. 复旦大学，博士论文.

王元叶. 2007. 细颗粒泥沙近底边界层观测和模型研究. 华东师范大学，博士论文.

杨红霞. 2007. 长江口滨岸湿地 CH_4 和 CO_2 的排放和吸收. 华东师范大学，硕士论文.

张杰. 2007. 长江口潮滩植被检测及时空变化的遥感研究. 华东师范大学，硕士论文.

郑宗生. 2007. 长江口淤泥质潮滩高程遥感定量反演及冲淤演变分析. 华东师范大学，博士论文.

朱颖. 2007. 崇明岛土地资源承载力综合评价指标体系研究. 华东师范大学，硕士论文.

2008 年

曹慧. 2008. 崇明东滩盐沼近底层水流与悬沙变化过程研究. 上海师范大学，硕士论文.

陈慧丽. 2008. 互花米草入侵对长江口盐沼湿地线虫群落的影响及其机制. 复旦大学，博士论文.

陈希. 2008. 崇明岛区植被景观格局及生态效益研究. 华东师范大学，硕士论文.

管玉娟. 2008. 基于 COCA 的海岸带盐沼植被动态扩散模型设计与应用. 华东师范大学，博士论文.

吉晓强. 2008. 崇明东滩水沙输移及植被影响分析. 华东师范大学，硕士论文.

吕金妹. 2008. 崇明东滩沉积物腐殖酸与重金属生物地球化学研究. 华东师范大学，硕士论文.

毛义伟. 2008. 长江口沿海湿地生态系统健康评价. 华东师范大学，硕士论文.

潘静. 2008. 典型东部沿海和西部高原地区持久性有机污染物的污染特征研究. 东华大学，博士论文.

秦晓怡. 2008. 基于 ADCP 的高潮滩盐沼潮流过程研究——以长江口崇明东滩盐沼为例. 上海师范大学，硕士论文.

任杰. 2008. 长江口崇明东滩盐沼边缘带悬浮泥沙短期变化特征研究. 上海师范大学，硕士论文.

唐龙. 2008. 刈割、淹水及芦苇替代综合控制互花米草的生态学机理研究. 复旦大学，博士论文.

田波. 2008. 面向对象的滩涂湿地遥感与 GIS 应用研究——以上海市滩涂湿地研究为例. 华东师范大学，博士论文.

王金庆. 2008. 长江口盐沼优势蟹类的生境选择与生态系统工程师效应. 复旦大学，博士论文.

闫慧敏. 2008. 长江口潮滩湿地生物硅分布与富集机制. 华东师范大学，博士论文.

余婕. 2008. 河口潮滩湿地有机质来源、组成与食物链传递研究. 华东师范大学，博士论文.

张敬. 2008. 长江口及邻近海域沉积速率比较研究. 华东师范大学，硕士论文.

张士萍. 2008. 崇明东滩不同类型湿地土壤生物活性差异性分析及其相关性研究. 同济大学，硕士论文.

张雪梅. 2008. 上海崇明岛及新江湾城多环芳烃和多氯联苯分布特征. 青岛大学，硕士论文.

张亦默. 2008. 中国东部沿海互花米草（Spartina alterniflora）种群生活史的纬度变异与可塑性. 复旦大学，硕士论文.

2009 年

蔡志扬. 2009. 崇明东滩黑腹滨鹬的生态学研究. 复旦大学，硕士论文.

古志钦. 2009. 入侵植物互花米草对长期淹水措施的生理生态学响应. 华东师范大学，硕士论文.

黄华梅. 2009. 上海滩涂盐沼植被的分布格局和时空动态研究. 华东师范大学，博士论文.

李华. 2009. 潮间带盐沼植物的沉积动力学效应研究. 华东师范大学，博士论文.

刘红. 2009. 长江河口泥沙混合和交换过程研究. 华东师范大学，博士论文.

卢蒙. 2009. 氮输入对生态系统碳、氮循环的影响：整合分析. 复旦大学，博士论文.

彭容豪. 2009. 互花米草对河口盐沼生态系统氮循环的影响——上海崇明东滩实例研究. 复旦大学，博士论文.

陶世如. 2009. 互花米草（Spartina alterniflora）凋落物空中分解的季节动态：原位和凋落物袋分解法比较. 复旦大学，硕士论文.

汪承焕. 2009. 环境变异对崇明东滩优势盐沼植物生长、分布与种间竞争的影响. 复旦大学，博士论文.

向圣兰. 2009. 崇明东滩湿地不同植被类型下 N_2O 排放通量研究. 华东师范大学，硕士论文.

徐彬. 2009. 长江口潮滩环境硅的多形态分布特征. 华东师范大学，硕士论文.

严燕儿. 2009. 基于遥感模型和地面观测的河口湿地碳通量研究. 复旦大学，博士论文.

姚东京. 2009. 崇明东滩盐沼前缘带上覆水氮、磷营养盐潮周期变化特征及其影响因素. 上海师范大学，硕士论文.

袁连奇. 2009. 调控淹水胁迫对入侵物种互花米草的控制效果. 华东师范大学，硕士论文.

2010 年

曹爱丽. 2010. 长江口滨海沉积物中无机硫的形态特征及其环境意义. 复旦大学，硕士论文.

陈曦. 2010. 刈割+淹水治理互花米草技术对盐沼土壤的影响. 华东师范大学，硕士论文.

董斌. 2010. 上海崇明东滩震旦鸦雀（*Paradoxornis heudei*）冬季种群生态学研究. 华东师范大学, 硕士论文.

郭海强. 2010. 长江河口湿地碳通量的地面监测及遥感模拟研究. 复旦大学, 博士论文.

惠鑫. 2010. 鸻鹬类在迁徙停歇地雄性早现的初步研究. 复旦大学, 硕士论文.

金斌松. 2010. 长江口盐沼潮沟鱼类多样性时空分布格局. 复旦大学, 博士论文.

李强. 2010. 崇明东滩潮间带潮沟浮游动物群落生态学研究. 华东师范大学, 硕士论文.

李行. 2010. 长江三角洲海岸侵蚀决策支持系统若干关键技术研究. 华东师范大学, 博士论文.

罗祖奎. 2010. 崇明东滩水鸟对鱼塘抛荒早期阶段的反应及食物因子分析. 华东师范大学, 博士论文.

马金妍. 2010. 崇明东滩围垦区湿地水位与土壤对芦苇生长和繁殖的影响. 华东师范大学, 硕士论文.

石冰. 2010. 崇明东滩围垦芦苇生长和繁殖对大气温度升高的响应. 华东师范大学, 硕士论文.

王睿照. 2010. 互花米草入侵对崇明东滩盐沼底栖动物群落的影响. 华东师范大学, 博士论文.

王莹. 2010. GIS 技术支持下的湿地健康评价决策支持系统研究——以崇明东滩为例. 华东师范大学, 硕士论文.

肖德荣. 2010. 长江河口盐沼湿地外来物种互花米草扩散方式与机理研究. 华东师范大学, 博士论文.

阳祖涛. 2010. 高分辨率遥感影像监测河口湿地外来种的方法探讨. 复旦大学, 硕士论文.

赵锦霞. 2010. 崇明东滩养殖塘人工湿地景观特征与越冬水鸟空间分布格局. 华东师范大学, 硕士论文.

周学峰. 2010. 围垦后不同土地利用方式对长江口滩地土壤有机碳的影响. 华东师范大学, 硕士论文.

朱立峰. 2010. 崇明东滩湿地元素砷的时空分布特征及其影响因素初探. 华东师范大学, 硕士论文.

2011 年

安传光. 2011. 长江口潮间带大型底栖动物群落的生态学研究. 华东师范大学, 博士论文.

范学忠. 2011. 崇明东滩基于生态系统的海岸带管理. 华东师范大学, 博士论文.

邓可. 2011. 我国典型近岸海域沉积物-水界面营养盐交换通量及生物扰动的影响. 中国海洋大学, 博士论文.

李路. 2011. 长江河口盐水入侵时空变化特征和机理. 华东师范大学, 博士论文.

李鹏. 2011. 长江供沙锐减背景下河口及其邻近海域悬沙浓度变化和三角洲敏感区部淤响应. 华东师范大学, 博士论文.

李勇. 2011. 长江口潮滩环境下厌氧氨氧化（anammox）过程及形成机制研究. 华东师范大学, 硕士论文.

林啸. 2011. 典型河口区氮循环过程和影响机制研究. 华东师范大学, 博士论文.

马志刚. 2011. 植被分异与环境因子的关系——以崇明东滩芦苇带为例. 华东师范大学, 硕士论文.

秦海明. 2011. 长江口盐沼潮沟大型浮游动物群落生态学研究. 复旦大学，博士论文.

任文玲. 2011. 崇明东滩土壤呼吸动态研究. 华东师范大学，硕士论文.

阮俊杰. 2011. 基于 RS 的上海市滩涂湿地动态变化及其生态系统服务价值的研究. 东华大学，硕士论文.

盛强. 2011. 崇明东滩不同高程上蟹类对植物种间关系的影响——局域尺度"环境压力梯度假说"实验性验证. 复旦大学，硕士论文.

王伟伟. 2011. 长江口潮滩营养动态与稳定同位素指示研究. 华东师范大学，博士论文.

王晓燕. 2011. 互花米草基因型多样性对入侵能力及生态系统功能的影响. 华东师范大学，博士论文.

吴梅桂. 2011. 多核素在长江口崇明东滩表层沉积物的分布及其环境指示意义. 华东师范大学，硕士论文.

谢潇. 2011. 湿地生态系统二氧化碳通量动态特征及其填补策略. 复旦大学，硕士论文.

赵健. 2011. 长江口滨岸潮滩汞的环境地球化学研究. 华东师范大学，博士论文.

张谦栋. 2011. 多环芳烃在长江口滨岸表层及柱状沉积物中的分布、累积及辨源研究. 华东师范大学，硕士论文.

祝振昌. 2011. 崇明东滩互花米草扩散格局及其影响因素研究. 华东师范大学，硕士论文.

2012 年

路兵. 2012. 人类活动影响下长江河口变化的遥感研究. 华东师范大学，硕士论文.

蒋丰佩. 2012. 异质潮滩水沙输运研究. 华东师范大学，硕士论文.

姜亦飞. 2012. 多核素示踪近代环境演变在河口沉积物中的记录. 华东师范大学，硕士论文.

李雅娟. 2012. 崇明东滩湿地的重金属积累效应及其对人类活动的响应. 华东师范大学，硕士论文.

刘英文. 2012. 基于 RTK-GPS 现场观测的崇明东滩冲淤变化研究. 华东师范大学，硕士论文.

史本伟. 2012. 长江口崇明东滩盐沼-光滩过渡带沉积动力过程研究. 华东师范大学，博士论文.

赵美霞. 2012. 崇明东滩湿地芦苇和互花米草 N、P 养分利用策略的生态化学计量学研究. 华东师范大学，硕士论文.

张骁栋. 2012. 互花米草与蟹类扰动对崇明东滩植物种间关系及生地化循环的影响. 复旦大学，博士论文.

张璇. 2012. 崇明东滩滨鹬类的食物组成及食物来源. 复旦大学，硕士论文.

章振亚. 2012. 崇明东滩湿地互花米草与芦苇、海三棱藨草根际固氮微生物多样性研究. 上海师范大学，硕士论文.

宗玮. 2012. 上海海岸带土地利用/覆盖格局变化及驱动机制研究. 华东师范大学，博士论文.

2013 年

Schwarz Christan. 2013. Implications of biogeomorphic feedbacks on tidal landscape development. Radboud University Nijmegen, Royal Netherlands Institute for Sea Research（拉德堡德大学和

荷兰皇家海洋研究所), PhD thesis(博士论文).

Zeleke Habtewold Jemaneh. 2013. Molecular ecology of methanogens and methanotrophs in wetlands of the Yangtze River Estuary. Fudan University(复旦大学), PhD thesis(博士论文).

储忝江. 2013. 长江口盐沼湿地大型底栖动物次级生产力研究. 复旦大学, 博士论文.

高晓琴. 2013. 自生铁硫化物在长江口现代潮滩分布特征及其形成机制分析. 华东师范大学, 硕士论文.

关阅章. 2013. 滨海湿地芦苇凋落物分解对模拟增温的响应. 华东师范大学, 硕士论文.

李慧. 2013. 互花米草入侵盐沼中芦苇顶枯病的发生机制及生态后果. 复旦大学, 博士论文.

谭娟. 2013. 上海市滩涂湿地生态系统调查与健康评价. 东华大学, 硕士论文.

杨洁. 2013. 崇明东滩围垦区土壤性质和草本植物群落特征分异. 华东师范大学, 硕士论文.

王永杰. 2013. 长江河口潮滩沉积物中砷的迁移转化机制研究. 华东师范大学, 博士论文.

汪祖丞. 2013. 典型河口湿地/海湾多环芳烃多介质迁移机制研究. 华东师范大学, 博士论文.

仲启铖. 2013. 温度和水位对滨海围垦湿地碳过程的影响——以崇明东滩为例. 华东师范大学, 博士论文.

2014 年

何彦龙. 2014. 中低潮滩盐沼植被分异的形成机制研究——以崇明东滩盐沼为例. 华东师范大学, 博士论文.

韩樑. 2014. 上海临港滨海湿地植物种类、区系成分和种群生物学特征的生态学调查及其与环境因子间关系的研究. 上海海洋大学, 硕士论文.

胡泓. 2014. 长江口芦苇湿地温室气体排放通量及影响因素研究. 华东师范大学, 硕士论文.

胡梦云. 2014. 长江口边滩湿地生态功能价值评估. 华东师范大学, 硕士论文.

计娜. 2014. 近 30 年来长江口典型岸滩动力、沉积及地貌演变特征研究. 华东师范大学, 硕士论文.

任璘婧. 2014. 变化的长江口滩涂湿地景观与生态系统服务功能. 华东师范大学, 硕士论文.

孙培英. 2014. 长江口中国花鲈和斑尾刺虾虎鱼的生态化学计量研究. 华东师范大学, 硕士论文.

严格. 2014. 崇明东滩湿地盐沼植被生物量及碳储量分布研究. 华东师范大学, 硕士论文.

余骥. 2014. 崇明东滩潮间带大型底栖动物群落的生态学研究. 华东师范大学, 硕士论文.

袁月. 2014. 崇明东滩湿地芦苇与互花米草种群间关系格局与影响因素研究. 华东师范大学, 博士论文.

张墨谦. 2014. 遥感时间序列数据的特征挖掘: 在生态学中的应用. 复旦大学, 博士论文.

邹业爱. 2014. 崇明东滩水鸟群落对生境变化及湿地修复的响应. 华东师范大学, 博士论文.

2015 年

顾骏钦. 2015. 湿地景观服务空间特征及其价值评价研究——以崇明东滩为例. 上海师范大学, 硕士论文.

姜俊彦. 2015. 崇明东滩土壤有机碳汇聚能力及影响因素分析. 华东师范大学, 硕士论文.

李希之. 2015. 长江口滩涂湿地植被变化模拟及其生态效应. 华东师范大学，硕士论文.

李杨杰. 2015. 植被在长江口湿地温室气体排放过程中的影响机制研究. 华东师范大学，博士论文.

林良羽. 2015. 崇明东滩大型底栖动物功能群与沉积物理化因子关系研究. 华东师范大学，硕士论文.

马长安. 2015. 围垦对南汇和崇明东滩湿地大型底栖动物的影响. 华东师范大学，博士论文.

吴波. 2015. 长江口区藻类分布格局及其与环境因子相关性的研究. 华东师范大学，博士论文.

吴绽蕾. 2015. 长江河口湿地沉积物中有机碳及微量元素的沉积埋藏特征. 华东师范大学，硕士论文.

张佳蕊. 2015. 长江口典型淡水潮滩湿地生态系统初级生产力及其对周边河口、海洋的有机碳贡献. 华东师范大学，博士论文.

郑艳玲. 2015. 长江口潮滩湿地氨氧化菌群动态及活性研究. 华东师范大学，博士论文.

索　引

线虫　106,133-135
消费者　71,78
小气候　95
悬沙　8,28-30,32,211
悬沙粒径　11,30

Y

淹水胁迫　109
盐沼光滩　10,123,125
盐沼植被　26,27,30,32,72-74,78,94,196,200,201
盐渍化　44
雁形目　47,51
雁鸭类　47,51,57,108,113,123,126,151,153,155,158,159,174,176,177
氧化还原　13,111,182,186
氧化还原电位　111
遥感技术　17,114,189
叶绿素　71,109
叶面积指数　137,149
叶片导度　98
营养繁殖　105
营养级　71,78
营养物质循环　95
营养盐　75,76,79,87,98,179-181
优势度指数　70,72,84
优势种群　42,51,55,112-114,118,133,165

有机碳　13,90,91,98,99,139,140,181,186,187
有性繁殖　105
淤积速率　197,201
淤泥质　6,10,18,32,67,72,73
淤泥质沉积地带　6
淤涨速率　18-21,26,201
鱼类群落　81,84
越冬地　4,57,60,61

Z

再悬浮　12,28-30,32,33,186
真菌　90,133,135
蒸腾　98,108,110,151,192,193
植被格局演变　45
植被恢复　151,153,166,169
植被类型　90
植被群落　10,43-45,96,114,118,131,137,165
植被指数　21,174
指标体系　173,198,199
中潮型河口　7
种子产量　109,117,118,149
种子繁殖　164
种子库　118,152,166
重金属　77,173,174,184-187,189
总氮　13,91,140,180
总磷　13,180

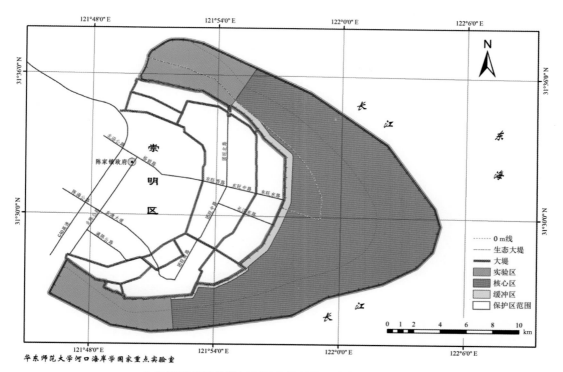

上海崇明东滩鸟类国家级自然保护区功能区划现状图

上海崇明东滩鸟类国家级自然保护区全景

芦苇（唐凌摄）

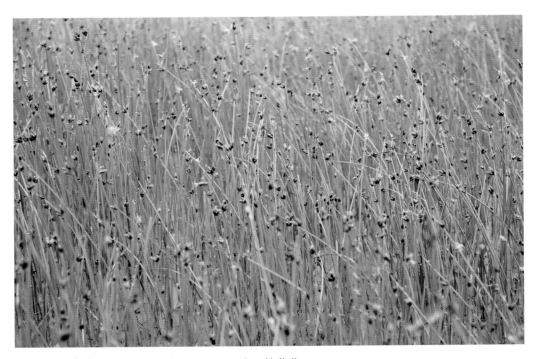
海三棱藨草

互花米草

碱蓬

潮沟地貌

光滩（袁晓摄）

白头鹤（张斌摄）

东方白鹳（陈婷媛摄）

黑脸琵鹭（范明摄）

小天鹅（张春海摄）

黑尾塍鹬群（张斌摄）

越冬雁鸭群（臧洪熙摄）

弧边招潮蟹

天津厚蟹（庚志忠摄）

彩虹明樱蛤

安氏白虾

花鲈

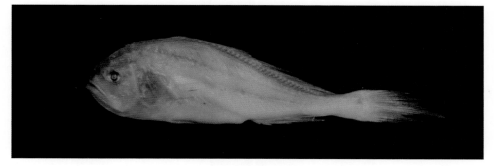

棘头梅童鱼

互花米草生态控制与鸟类栖息地优化工程区（李闯摄）

工程区调水调沙涵闸（李闯摄）

保护区科研野外观测台站